零点起飞学编程

零点起飞学

MySQL

秦婧 刘存勇 等编著

清华大学出版社

北 京

内 容 简 介

本书是一本 MySQL 的入门教程，是手把手教会读者使用该数据库的最佳入门教程。本书概念清楚，用穿插类比和图解的方式进行讲解，可以让读者更加直观地理解和掌握 MySQL 的各个知识点。**本书附带 1 张光盘，收录了本书配套多媒体教学视频及涉及的源文件，便于读者高效、直观地学习。**

本书共 5 篇，包括 20 章内容。第 1 篇讲解 MySQL 的基础，包括 MySQL 数据库的安装、数据库的使用、数据表的使用及约束的使用；第 2 篇讲解 SQL 语句在数据表中的使用，主要包括数据的添加、修改、删除和查询操作；第 3 篇介绍 MySQL 数据库常用的一些对象，包括自定义函数、视图、存储过程和触发器等；第 4 篇为 MySQL 应用实战篇，介绍如何使用最流行的 C#、Java 和 PHP 连接 MySQL 数据库的方法和相关项目案例；第 5 篇为拓展应用篇，介绍 MySQL 日志和数据库性能优化。

本书适合所有想学习 MySQL 数据库技术的初、中级读者快速入门，也适合大中专院校的师生和培训班的学员作为教材使用。

图书在版编目（CIP）数据

零点起飞学 MySQL / 秦婧，刘存勇等编著. —北京：清华大学出版社，2013.7（2017.8重印）
（零点起飞学编程）
ISBN 978-7-302-31700-5

Ⅰ. ①零…　Ⅱ. ①秦…　②刘…　Ⅲ. ①SQL 语言 – 程序设计　Ⅳ. ①TP311.132

中国版本图书馆 CIP 数据核字（2013）第 045636 号

责任编辑：夏兆彦
封面设计：欧振旭
责任校对：徐俊伟
责任印制：刘海龙

出版发行：清华大学出版社
　　　　　网　　　址：http://www.tup.com.cn, http://www.wqbook.com
　　　　　地　　　址：北京清华大学学研大厦 A 座　　　邮　　编：100084
　　　　　社 总 机：010-62770175　　　　　　　　　　邮　　购：010-62786544
　　　　　投稿与读者服务：010-62776969, c-service@tup.tsinghua.edu.cn
　　　　　质 量 反 馈：010-62772015, zhiliang@tup.tsinghua.edu.cn
印 装 者：北京九州迅驰传媒文化有限公司
经　　销：全国新华书店
开　　本：185mm×260mm　　　印　　张：22.25　　　字　　数：556 千字
　　　　　附光盘 1 张
版　　次：2013 年 7 月第 1 版　　　　　　印　　次：2017 年 8 月第 5 次印刷
印　　数：5301~5800
定　　价：49.80 元

产品编号：051517-01

前　　言

　　MySQL 是轻型免费的数据库，得到了大部分中小企业甚至大型企业的青睐。它是目前最流行的数据库之一，与其他数据库产品一样，都可以使用标准的 SQL 语句。此外，它还有很多免费的版本供使用者选择。目前，在很多中小型网站和软件系统中都普遍应用。MySQL 数据库凭借其扩平台的特性，能够适应目前主流的多个操作平台，比如：Windows 操作系统、Linux 操作系统、苹果系列的操作系统等。因此，在 Linux 环境下使用数据库时，选用 MySQL 就会更多一些。

　　为了能够让初学者快速掌握 MySQL 的使用，本书介绍 MySQL 数据库的最新版本 MySQL 5.5，从 MySQL 数据库的安装开始讲起，循序渐进地讲解 MySQL 数据库操作的基本 SQL 语句及数据库的管理，在本书的后面还分别使用目前比较主流的 C#、Java 和 PHP 语言来讲解如何连接 MySQL 数据库等知识。为达到更好的学习效果，本书还对重点内容特别录制了多媒体教学视频，辅助读者学习。

本书有何特色

　　本书将知识范围锁定在了初、中级部分，以大量的实例进行示范和解说，其特点主要体现在以下几个方面：

- ❑　重点内容配有大量多媒体教学视频辅助读者学习，高效、直观。
- ❑　编排采用循序渐进的方式，适合初、中级学者逐步掌握 MySQL 数据库的使用。
- ❑　重点讲述 MySQL 的入门和进阶知识，并为读者理解和实践奠定基础。
- ❑　多采用语法与示例一对一的方式来讲解每一个语法点，方便读者的理解。
- ❑　采用大量实例，讲解 MySQL 中基本的 SQL 语句和图形工具的使用。
- ❑　所有实例都具有代表性和实际意义，着重解决工作中的实际问题。
- ❑　在实际操作比较多的章节中，都安排了一个综合实例，方便读者掌握所学内容。
- ❑　对于学习 MySQL 时比较容易出现的问题进行了详细的说明。
- ❑　介绍了 C#、Java 和 PHP 连接 MySQL 的知识，帮助读者体验数据库的实际应用。
- ❑　结合大中专院校的数据库教学实践编写，适合学生进行数据库应用实践。
- ❑　每章后给出了大量的习题，帮助读者练习，巩固和提高所学的知识。

本书内容安排

　　本书分 5 篇，共 20 章，循序渐进地讲述了 MySQL 的安装方法和 MySQL 的基础知识，从基本概念到具体实践，从新特性的讲解到具体操作，从简单的 SQL 语句编写到复杂的数据库管理，从抽象概念到实际应用，全方位地完成了 MySQL 的讲解。

第1篇　MySQL基础（第1~4章）

首先讲解了 MySQL 数据库在 Windows 环境和 Linux 环境下的安装过程，以及每一个数据库版本的说明。然后讲解数据库的创建、修改数据库的字符集以及删除数据库，数据表的创建、修改数据表以及删除数据表。最后，讲解了约束在 MySQL 数据表的使用。通过对数据库、数据表以及约束的讲解，让读者对 MySQL 数据库有一个概括的了解。

第2篇　操作表中的数据（第5~8章）

在讲述了 MySQL 的基础知识后，本篇主要讲解如何操作表中的数据。主要包括数据表中数据的添加、修改以及删除；数据表中数据的简单查询和复杂查询，以及在查询语句中使用函数来方便数据查询。

第3篇　数据库使用进阶（第9~14章）

在有了数据库表操作的基础后，就可以灵活地使用 SQL 语句来更好地使用和管理数据库了。在本篇中主要讲解了 MySQL 中视图、索引、自定义函数、存储过程、触发器的使用，以及对数据库权限的管理和数据备份。

第4篇　数据库应用实战（第15~18章）

有了前 3 篇的基础后，在本篇中分别使用 C#、Java 和 PHP 语言连接 MySQL 数据库。读者不仅能学会如何用开发语言与 MySQL 打交道，而且还能通过案例的方式了解到各种数据操作。

第5篇　拓展应用（第19~20章）

前面对数据库已经有了基本知识，如果读者还想提高一下自己，可以学习下 MySQL 的日志和性能优化部分，这是提高数据库管理水平的关键。

本书光盘内容

❏　本书重点内容的配套教学视频；
❏　本书实例涉及的源代码；

本书读者对象

本书由浅入深，由理论到实践，尤其适合初级读者逐步学习和完善自己的知识结构。
❏　从未接触过 MySQL 的自学人员；
❏　有志于使用 MySQL 开发的初学者；
❏　学习过其他数据库，但是还想学习 MySQL 数据库的开发者；
❏　高等院校计算机相关专业的老师和学生；
❏　各大中专院校的在校学生和相关授课老师；
❏　准备从事软件开发的求职者；

- 参与毕业设计的学生；
- 其他编程爱好者。

本书阅读建议

- 作为一本入门教程，建议没有基础的读者，从前至后顺次阅读，尽量不要跳跃。
- 书中的实例和示例建议读者都要亲自上机动手实践，学习效果更好。
- 课后习题都动手做一做，以检查自己对本章内容的掌握程度，如果不能顺利完成，建议回过头来重新学习一下本章内容。
- 学习每章内容时，建议读者先仔细阅读书中的讲解，然后再结合本章教学视频，学习效果更佳。

本书作者

　　本书由秦婧、刘存勇主笔编写，其他参与编写的人员有毕梦飞、蔡成立、陈涛、陈晓莉、陈燕、崔栋栋、冯国良、高岱明、黄成、黄会、纪奎秀、江莹、靳华、李凌、李胜君、李雅娟、刘大林、刘惠萍、刘水珍、马月桂、闵智和。

　　阅读本书的过程中若有疑问，请和我们联系。E-mail：bookservice2008@163.com。

编者

目　　录

第 1 篇　MySQL 基础

第 2 篇　操作表中的数据

第 3 篇 数据库使用进阶

第 4 篇　数据库应用实战

第 5 篇　拓 展 技 术

第 1 篇　MySQL 基础

第1章 数据库的安装

MySQL 数据库是当前最流行的数据库之一,它适合个人以及中小型项目的数据存储。在学习任何一款软件时,首先都是要学习它的安装,对于 MySQL 数据库也不例外。在本章中除了讲解 MySQL 的一些特点外,将主要讲解 MySQL 数据库在 Windows 平台以及 Linux 平台的安装过程。

本章的主要知识点如下:

❏ MySQL 历史;

❏ MySQL 主要特性;

❏ MySQL 的稳定性;

❏ Windows 下安装 MySQL;

❏ Linux 下安装 MySQL。

1.1 MySQL 概述

MySQL 是最流行的数据库之一,它是开源数据库,被个人用户以及中小企业青睐,适合中小型软件,但并不意味着该数据库是完全免费的,使用者需要了解这一点。本节将对 MySQL 数据库做一个详细的介绍。

1.1.1 MySQL 特性以及历史

各种资料显示 MySQL 名称起源不是很明确,但公司创办人 Monty Widenius 的女儿名字也叫"My",并且 MySQL 大量的库以及基本目录都使用了"my"这个词。而 MySQL 的图标的名称为"Sakila",该名称是由来自非洲斯威士兰的开放源码软件开发人 Ambrose Twebaze 提出的。

MySQL 内部构件的一些主要特性如下:

❏ 提供了用于 C、C++、Eiffel、Java、Perl、PHP、Python、Ruby 和 Tcl 的 API。

❏ 允许多线程的使用,支持多个 CPU。

❏ 提供了事务性和非事务性存储引擎。

❏ "单扫描多连接"被优化,通过它能实现快速连接。

❏ 服务器可作为数据库提供,也可以嵌入程序当中,更可以单独程序运行在客户端/服务器联网环境下。

MySQL 语句、安全以及函数的主要特性如下:

❏ 在查询以及对应的 WHERE 子句中,提供完整的操作符和函数支持。

❑ 对 SQL GROUP BY 和 ORDER BY 子句提供支持，支持聚合函数。

❑ 支持表别名和列别名。

❑ 允许将不同数据库的表混合在相同的查询中。

❑ 所有的密码传输均采用加密形式，从而保证了密码安全。

MySQL 连接和本地化方面的主要特性如下：

❑ 不管在什么平台，客户端可使用 TCP/IP 协议连接 MySQL 服务器。

❑ 使用特定的命令，不管客户端还是 Windows 服务器都支持共享内存连接。

❑ 提供了 ODBC 和 JDBC 接口。

❑ MySQL 对多种字符集全面支持，并且数据以所选字符集保存。

MySQL 在实践中证明是稳定的，是适合中小型项目的，因此开发者没有必要为该数据库的稳定性以及容量担忧。

🔔说明：MySQL 与常用的主流数据库 Oracle、SQL Server 相比，它的主要特点就是免费，并且在任何平台上都可以使用，占用的空间相对较小。但是，MySQL 也有一些不足，比如：对于大型项目来说，MySQL 的容量和安全性就略逊于 Oracle 数据库。

1.1.2　MySQL 的获取

目前 MySQL 不仅有免费版也有收费的版本，主要的版本有社区版、企业版以及多数据库版本等。具体说明如下所示：

❑ MySQL Community Server：社区版，是免费的版本，本书也将使用该版本作为测试数据库。该版本没有技术支持。

❑ MySQL Enterprise Edition：企业版本，收费，但可以免费使用 30 天，由于收费，可以提供技术支持。

❑ MySQL Cluster：是 MySQL 的数据库集群。需要两台以上数据库，平衡多台数据库。

获取 MySQL 有多种途径，读者可以通过搜索引擎去查找，也可以到官方网站下载，MySQL Community Server 的官方网站下载网址如下：

`http://dev.mysql.com/downloads/mysql`

在该页面可以找到适合自己需要的版本，并下载，如图 1.1 所示。这里将选择 Windows 系统下 5.5 版本进行安装。下载过程主要分为 5 个步骤。

（1）选择框出部分，单击 Download 按钮，进入下载列表，如图 1.2 所示。

（2）在图 1.2 的页面找个镜像网站，进行下载操作，这里使用了标记部分的网站，下载后的文件是 mysql-5.5.25-win32.msi，使用该文件就可以安装 MySQL 数据库。MySQL 命名机制使用由 3 个数字和一个后缀组成的版本号，下面给出了其数字代表的含义：

❑ 第 1 个数字"5"是主版本号，描述了文件格式。所有版本 5 的发行都有相同的文件格式。

图 1.1　安装文件列表

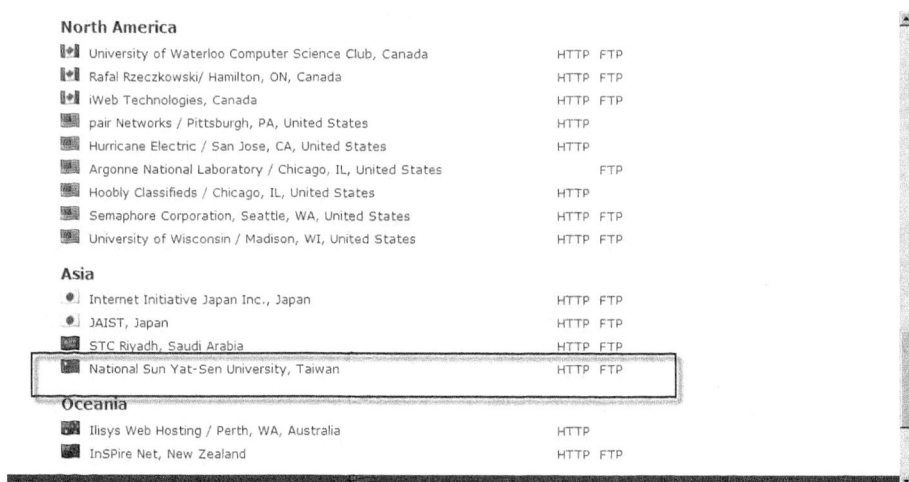

图 1.2　镜像下载列表

- ❑ 第 2 个数字 "5" 是发行级别。主版本号和发行级别组合一起构成发行序列号。
- ❑ 第 3 个数字 "25" 是在此发行系列的版本号，随每个新分发版递增。
- ❑ 数据库更新后，版本字符串的最后一个数字将会递增一次。而新的版本相对于前一个版本增加了新功能或有相对小的不兼容性，那么字符串的第二个数字将也会递增。而如果文件格式发生了改变，那么第一个数字将递增。
- ❑ 最后 win32 表示该版本运行在 32 位 Windows 平台下。

这里建议读者验证下载文件的 MD5 校验和，校验工具可以从以下提供的网址下载：

http://www.nullriver.com/products

具体下载的文件参考图 1.3 所示。

（3）MD5 校验和工具可以从黑框标记部分下载，下载的文件名称为 Install-winMd5Sum.exe，该文件直接安装即可，这里不做讲解，安装完成后运行该软件，参考图 1.4。

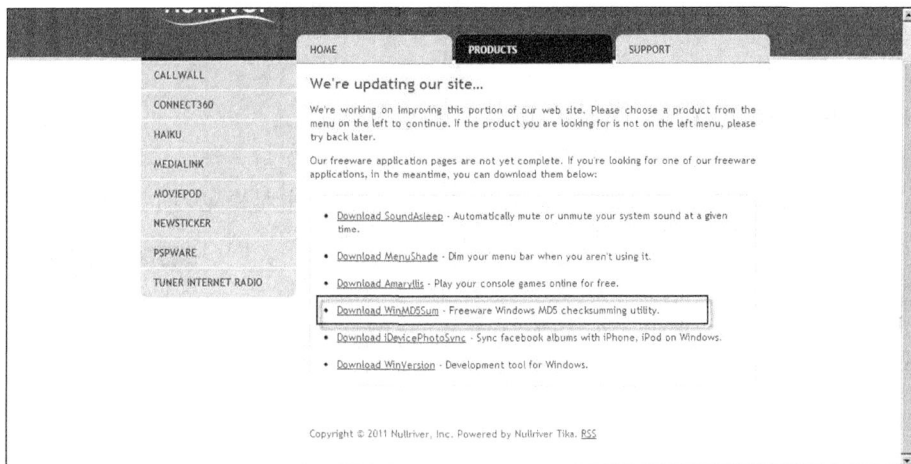

图 1.3 平台列表

（4）把下载的 MySQL 数据库拖放到该窗口中，得到校验和数值，然后在软件中填写官方网站提供的 MD5 校验和数值，参考图 1.5 所示。

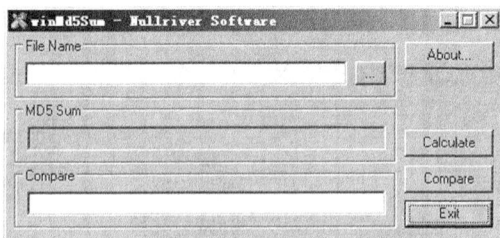

图 1.4 校验和工具

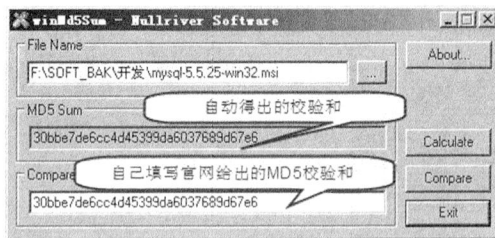

图 1.5 校验和对比

（5）单击图 1.5 所示的 Compare 按钮，进行对比，如果二者相同，则有图 1.6 的提示。

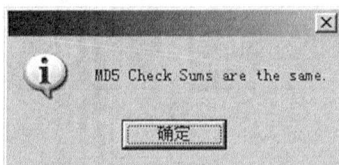

图 1.6 校验和对比成功

当提示成功时，说明该下载文件是一个完整文件，没有丢失数据，也没有被篡改过，下载者可以放心使用。

1.2 MySQL 的安装

MySQL 允许在多种平台上运行，但由于平台的不同，安装方法也有所差异。本节将分别介绍如何在 Windows 平台和 Linux 平台下安装 MySQL。实际上，MySQL 数据库在 Linux 下使用的情况会更多些，这多半是由于 MySQL 数据库不依赖平台的特性及其一些免费的版本的缘故。

1.2.1　Windows 中安装 MySQL

MySQL 并不是适合所有的平台，在某些平台它运行得相对稳定，而 MySQL 是否稳定，取决于它调用的线程库，MySQL 支持的系统平台读者可以参考图 1.7 所示。

在 1.1.2 小节中下载的 MySQL 是运行在 Windows 上的版本，在该环境中数据库安装步骤如下．

1. 启动安装文件

双击准备安装的 mysql-5.5.25-win32.msi 文件，进入 MySQL 安装界面，参考图 1.8 所示，它是安装向导界面，单击 Next 按钮进入下一步设置，单击 Cancel 按钮则放弃该软件的安装。

这里需要单击 Next 按钮，进入下一个界面，如图 1.9 所示。该界面中需要为黑框部分打上对勾，表示同意给出的协议。

图 1.7　平台列表

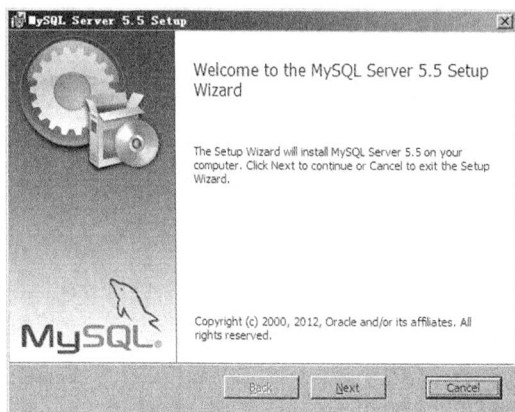

图 1.8　进入安装界面　　　　　图 1.9　同意协议条款

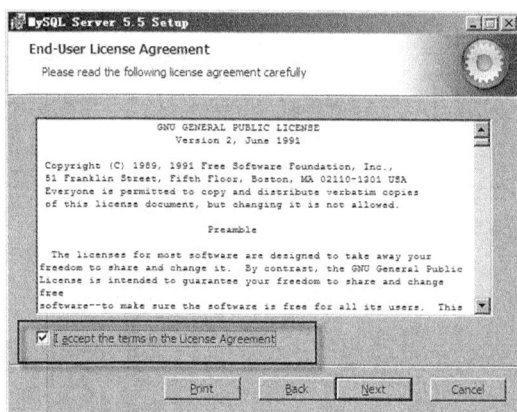

2. 选择安装方式

单击图 1.9 所示的 Next 按钮，进入选择安装方式页面，如图 1.10 所示；在该页面可以选择安装方式，其中 Typical 方式是典型安装方式，也是最简单的安装方式；Custom 则是用户自己控制的方式，例如修改路径等操作，可以选择该方式；而 Complete 方式则是完全安装方式，一般不会选择。由于本软件安装路径需要修改，所以这里选择黑框标记按钮即 Custom 按钮。

单击 Custom 选项，可以进入路径选择页面，如图 1.11 所示。

MySQL 默认安装路径是 C 盘符，而通常情况下，为了软件的安全，开发者都会选择把软件安装在其他盘符，这里选择安装在 D 盘下。

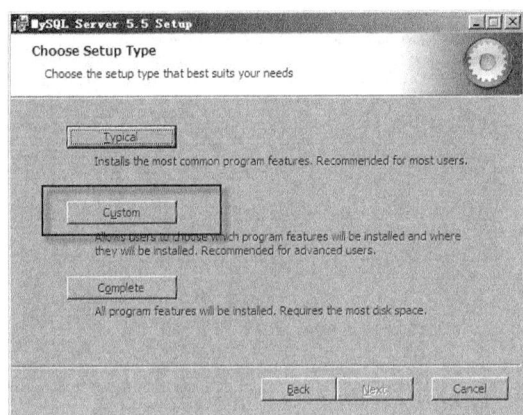

图 1.10　选择安装方式　　　　　　　　　　　图 1.11　路径修改

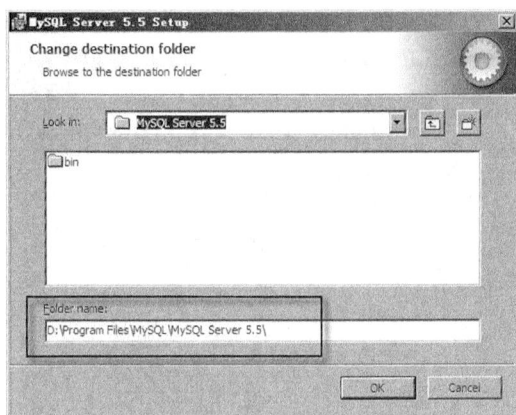

3．选择安装组件

单击图 1.11 中的 OK 按钮，进入组件选择页面，如图 1.12 所示。该页面中可以对所要安装的组件进行选择，这里直接使用默认即可，不需要进行选择操作。

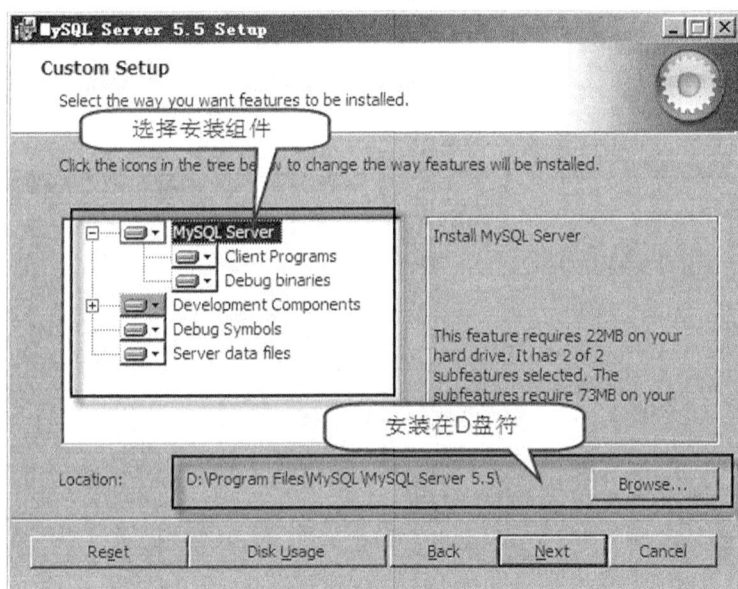

图 1.12　路径修改

4．安装数据库

在图 1.12 中单击 Next 按钮，进入安装数据库步骤，当前面的配置都完成后，可以选择开始安装了，具体过程见图 1.13 所示。

安装完成会进入图 1.14 所示的界面，同时单击图 1.14 界面的 Next 按钮，会提示数据库安装完成，并进入数据库配置步骤。

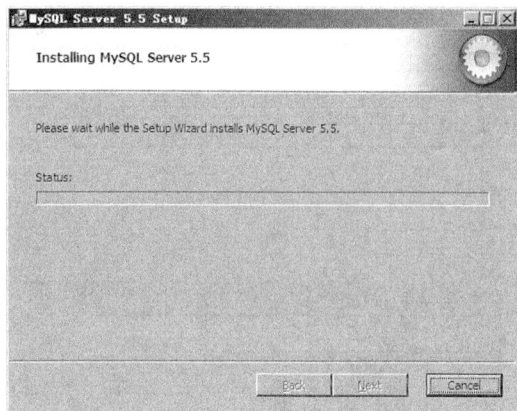

图 1.13　安装 MySQL

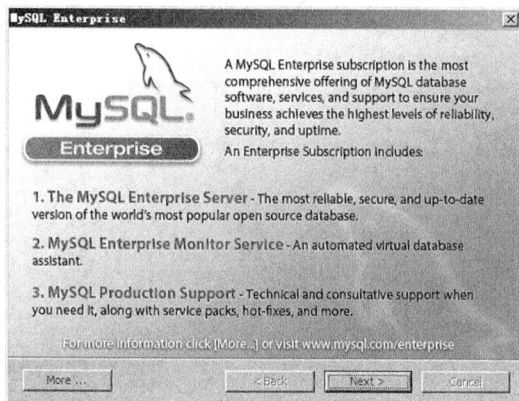

图 1.14　进入配置页面

5. 配置MySQL数据库

如图 1.15 所示，该过程中可以对 MySQL 数据库实例进行配置。

配置向导可以配置 Windows 中的服务器，并且根据用户的交互完成 my.ini 文件的配置，配置向导可以在安装 MySQL 完成后开始，也可以由用户自主调用安装目录下的 MySQLInstanceConfig.exe 文件来运行配置程序，如果配置已经完成，则再次运行该程序时，会提示重新配置已有的服务器实例或者删除已有的实例。单击 Finish 按钮进入配置界面，如图 1.16 所示。

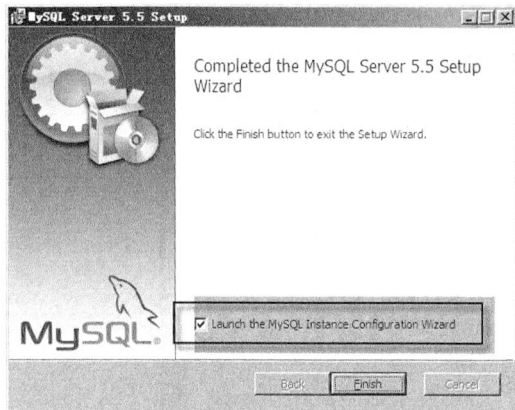

图 1.15　进入配置页面

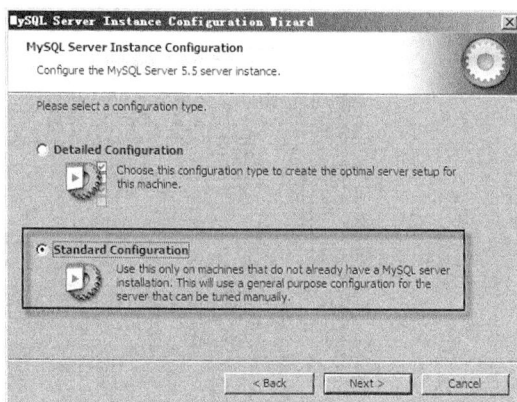

图 1.16　选择实例配置类型

该界面可以选择两种配置类型：

❑ Detailed Configuration：详细配置，适合想要更加细粒度控制服务器配置的高级用户。该选项后面包含 Developer Machine（开发机器）、Server Machine（服务器）和 Dedicated MySQL Server Machine（专用 MySQL 服务器）。其中 Developer Machine 属于个人桌面工作站，它将 MySQL 服务器配置成使用最少的系统资源；Server Machine 表示服务器，该选项会将 MySQL 服务器配置成使用适当比例的系统资源；Dedicated MySQL Server Machine 则表示只运行 MySQL 服务的服务器，该选项认为宿主没有运行其他应用程序。因此 MySQL 服务器配置成使用所有可用系统资源。

❑ Standard Configuration：标准配置，该选项适合想要快速启动 MySQL 而不必考虑
服务器配置的新用户，适合单用户使用，本书将使用标准配置。

单击图 1.16 中的 Next 按钮，进入图 1.17 所示的界面。该界面中选择黑框部分，它会
安装一个 MySQL 的服务，服务名称为 MySQL，该名称可以根据自己的需要修改，并且选
中自动启动该服务。单击 Next 按钮，进入下一个界面，如图 1.18 所示。

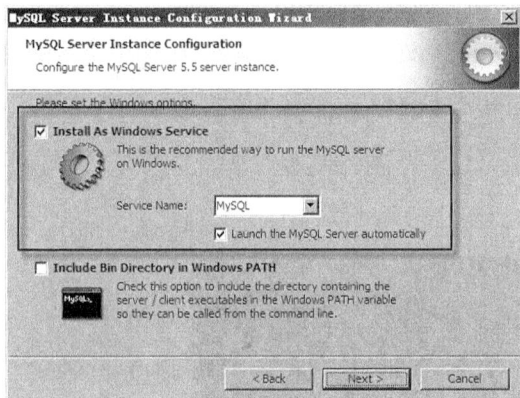

图 1.17　安装服务选项

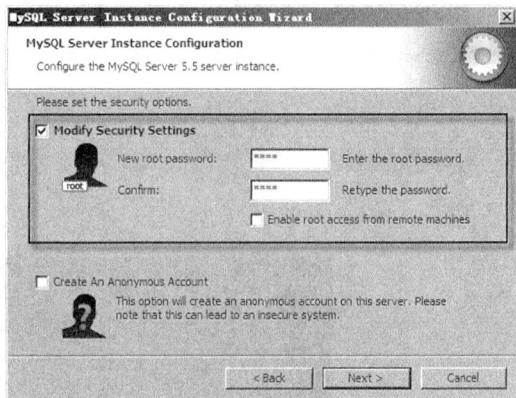

图 1.18　安全设置

该界面中允许为 MySQL 设置密码，该密码为 root 用户的密码，设置完成后单击 Next
按钮，进入图 1.19 所示的界面。

该界面会使得前面的配置生效，例如写入 my.ini 文件，以及启动服务和安全配置等。
在图 1.19 中，各个选项表示都正常生效，如果某项出现错误，则在该项的前面出现"×"。
单击 Finish 按钮，完成对 MySQL 的设置。

当配置完成后，在 Windows 服务窗口中可以看到有关 MySQL 的服务已经启动，如图
1.20 所示。如果不需要启动 MySQL，可以把该服务停止，同时回收所占用的资源。

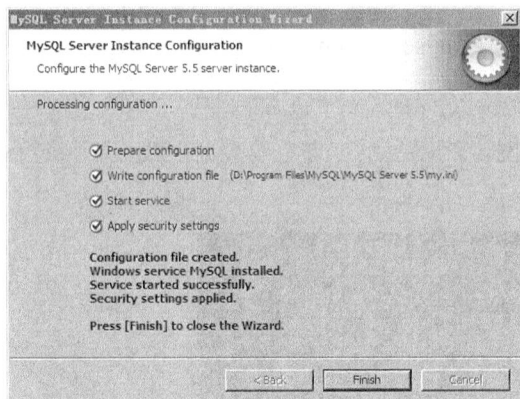

图 1.19　生效配置

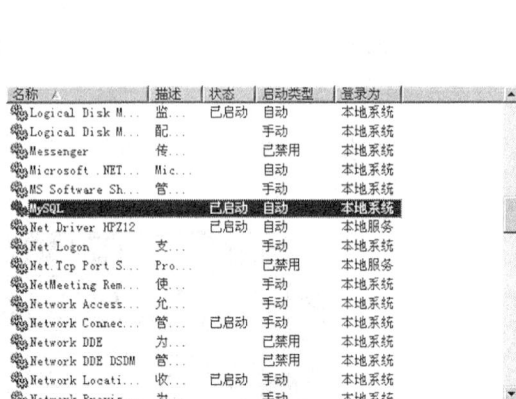

图 1.20　服务启动

1.2.2　Linux 中安装 MySQL

Linux 版本很多种，在 Linux 下安装 MySQL 通常需要 rpm 文件，这里介绍的是在 CentOS

系统下安装 Linux，是新手不错的选择。具体的步骤如下。

1．登录系统

使用 su 命令进入 root 权限。

2．删除老版本数据库

登录系统后可以使用以下命令来查看是否存在老版本的 mysql：

```
rpm -qa mysql
```

如果发现已经存在老版本 mysql，那么可以进行删除处理，删除脚本如下：

```
yum remove mysql
```

删除过程参考图 1.21 所示。

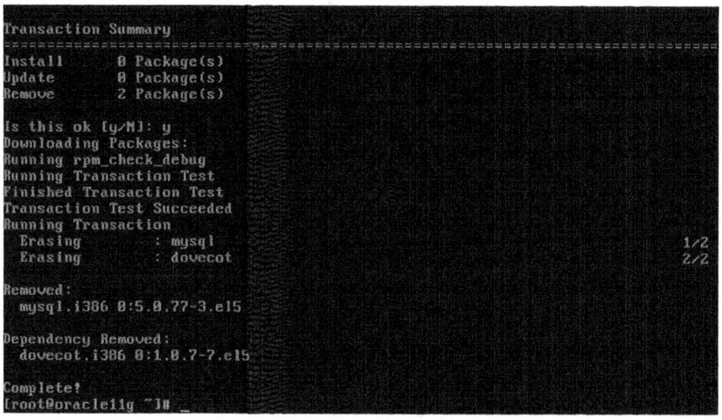

图 1.21　删除老版本数据库

3．安装客户端数据库

在 CentOS 系统中可以使用 yum 命令直接安装 mysql，yum 安装命令如下：

```
yum install mysql
```

安装时如果没有数据包，可以保证系统联网，然后由系统来完成数据下载，下载过程可以参考图 1.22 所示。

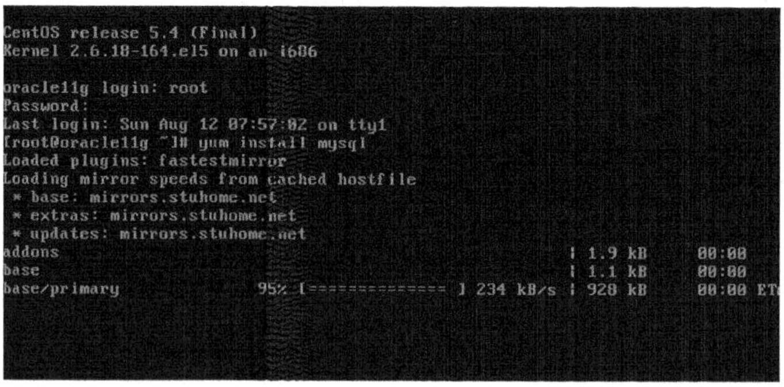

图 1.22　下载安装包

注意：如果在安装过程中出现 yum.id 被占用的情况，则可以使用 vi /var/run/yum.pid 来
删除被占用的 ID，然后使用:wq 命令保存文件并退出即可。

当数据包下载完成后，会立即进行客户端的安装操作，操作过程见图 1.23。

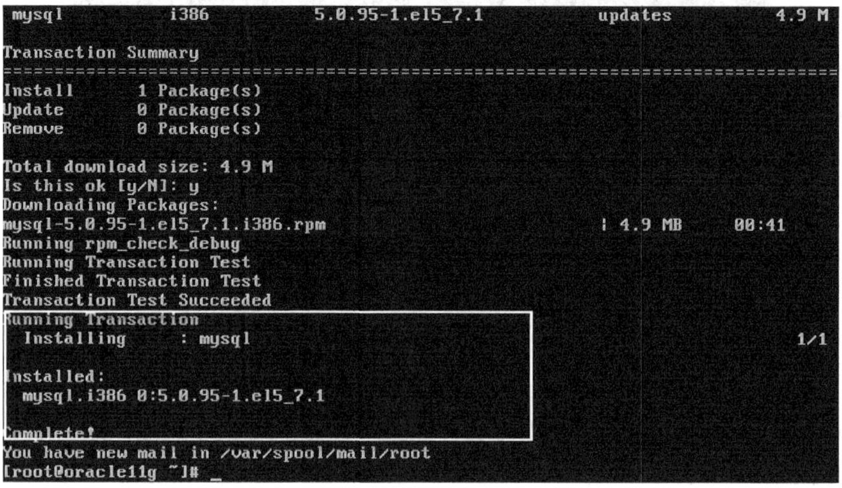

图 1.23　客户端安装完成

4．安装服务端数据库

服务器端的安装和客户端安装操作一样，需要的安装命令如下：

```
yum install mysql-server
```

执行该命令后系统会直接下载需要的数据包，下载过程参考图 1.24。

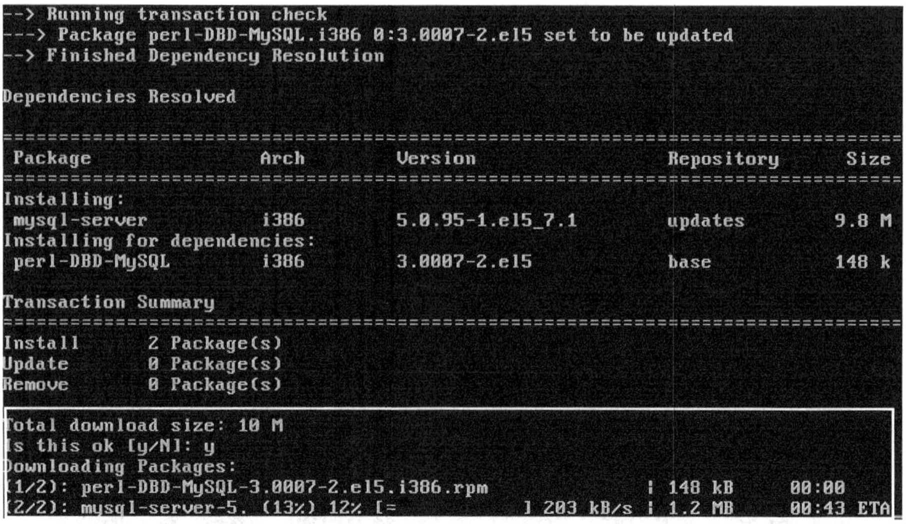

图 1.24　下载服务端

当数据下载完成，会进行安装操作，如图 1.25 所示。
该操作过程简便易行，不需要由管理者考虑包依赖的问题，建议初学者使用。

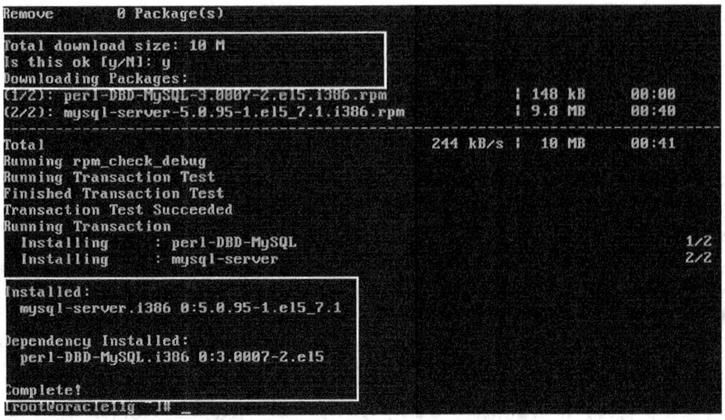

图 1.25　安装服务端

5. 启动数据库服务

数据库安装完成，需要启动数据库服务，执行以下启动命令可以启动数据库服务，操作过程参考图 1.26 所示。

```
/etc/init.d/mysqld start
```

图 1.26　启动数据库服务

6. 连接数据库

当数据库安装完成，服务正常启动，用户就可以登录数据库，进行相关操作，登录数据库使用以下命令：

```
mysql -uroot -p
```

登录时会提示输入密码，不过由于是新数据库，root 的密码为空，所以开发者只需要直接按回车键即可，登录数据库界面见图 1.27。

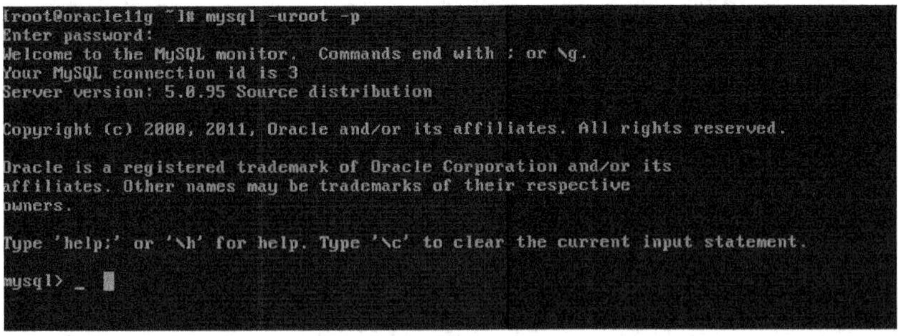

图 1.27　登录数据库

至此在 Linux 下 MySQL 的安装才算完成，CentOS 系统中作者强烈建议新手使用 yum 命令安装数据库，这样可以避免很多麻烦，而且更快地搭建数据库平台。

1.3　本章小结

MySQL 数据库功能齐全，安装方便，并可以免费获取，适合中小型项目的使用。本章介绍了 MySQL 的历史、特性以及如何获取，并详细地介绍了如何安装 MySQL，MySQL 可以安装到大多数常用系统中，本书只介绍了如何在 Windows 下以及 Linux 下进行安装操作。

1.4　本章习题

一、填空题

（1）MySQL 的主要特性有_____。
（2）获取 MySQL 的网址是_____。
（3）目前最新的 MySQL 版本是_____。

二、选择题

（1）MySQL 可以安装在如下哪个操作系统上？_____
　　A．Windows XP　　　　　　　　B．Windows 2003
　　C．Linux　　　　　　　　　　　D．以上都对
（2）MySQL 常用的版本有几个？_____
　　A．1　　　　　　　　　　　　　B．2
　　C．3　　　　　　　　　　　　　D．4
（3）下面哪个数据库有免费的版本？_____
　　A．MySQL　　　　　　　　　　　B．Access
　　C．SQL Server　　　　　　　　　D．以上数据库都是收费的

三、上机题

（1）在 Windows XP 上安装 MySQL 数据库。
（2）在 Linux 上安装 MySQL 数据库。

第 2 章　数据库的创建、修改及删除

数据库顾名思义就是存储数据的仓库，就像存放车的车库一样。在每一个小区里车库都有唯一车库号，在 MySQL 中也可以创建多个不同名称的数据库存储数据。比如：把商品信息存放到商品信息的数据库中，把药品信息存放到药品信息数据库中。

本章的主要知识点如下：

- ❑ 创建数据库；
- ❑ 修改数据库；
- ❑ 删除数据库；
- ❑ 数据库使用实例。

2.1　创建数据库

数据库是用来存储数据的重要对象。每一个数据库都有唯一的名称，并且数据库的名称都是有实际意义的，这样就可以很清晰地看出每个数据库中是存放什么数据的。

2.1.1　创建数据库的基本语法

在 MySQL 数据库中存在系统数据库和自定义数据库，系统数据库是在安装 MySQL 后系统自带的数据库，自定义数据库是通过语法或图形操作界面工具，由用户定义创建的数据库。在创建数据库之前，要先了解目前在 MySQL 数据库中已经存在了哪些数据库？查看现有数据库的语句如下所示：

```
show databases;
```

下面使用上面的语句查看数据库的结果如图 2.1 所示。

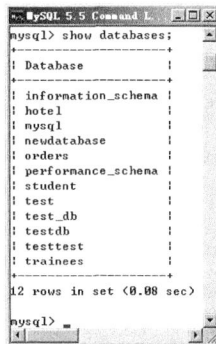

图 2.1　查看 MySQL 中的数据库

从图 2.1 的查看结果中，可以看出目前在 MySQL 中共存在 12 个数据库。其中，有 4 个数据库（information_schema，mysql，performance_schema，test）是系统自带的，后 2 个数据库（test_db，testdb）是用户自定义数据库。在 4 个系统自带的数据库中，mysql 是必不可少的，千万不要删除！

说明：在 mysql 这个系统数据库中存放的是用户的访问权限等信息。

现在已经知道了如何查看已经存在的数据库，那么就可以创建新的用户自定义数据库了，创建数据库的语法如下所示：

```
CREATE DATABASE database_name CHARACTER SET character_name;
```

其中：

- database_name：是指数据库的名称，数据库命名不要使用数字开头，并且尽量要有实际意义。例如：做学生管理系统的数据库可以直接使用英语命名为“STUDENT”或者用汉语拼音的首字母命名为“XS”。
- character_name：是指数据库的字符集，设置字符集的目的是为了避免在数据库中存储的数据出现乱码的情况。如果在创建数据库时不指定字符集，那么就使用系统的字符集。系统默认的字符集是 Server Default。除了系统的默认字符集外，还可以选择 big5、dec8、gb2312、gbk 等。如果要在数据库中存放中文，最好使用 gbk。在创建数据库时，可以省略设置字符集的语句，这样就采用的是数据库默认的字符集。

说明：如果要查看 MySQL 数据库中支持的字符集，可以通过 SHOW CHARACTER SET 语句来查看。查看当前数据库中支持的字符集的结果如图 2.2 所示。

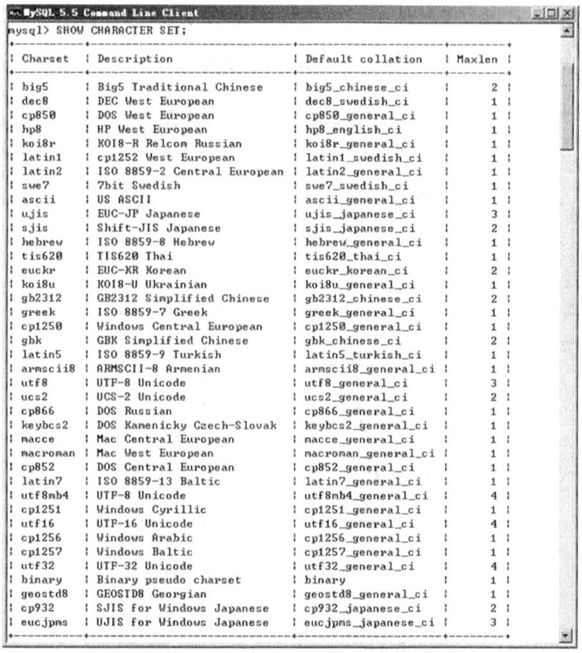

```
MySQL 5.5 Command Line Client
mysql> SHOW CHARACTER SET;
+----------+-----------------------------+---------------------+--------+
| Charset  | Description                 | Default collation   | Maxlen |
+----------+-----------------------------+---------------------+--------+
| big5     | Big5 Traditional Chinese    | big5_chinese_ci     |      2 |
| dec8     | DEC West European           | dec8_swedish_ci     |      1 |
| cp850    | DOS West European           | cp850_general_ci    |      1 |
| hp8      | HP West European            | hp8_english_ci      |      1 |
| koi8r    | KOI8-R Relcom Russian       | koi8r_general_ci    |      1 |
| latin1   | cp1252 West European        | latin1_swedish_ci   |      1 |
| latin2   | ISO 8859-2 Central European | latin2_general_ci   |      1 |
| swe7     | 7bit Swedish                | swe7_swedish_ci     |      1 |
| ascii    | US ASCII                    | ascii_general_ci    |      1 |
| ujis     | EUC-JP Japanese             | ujis_japanese_ci    |      3 |
| sjis     | Shift-JIS Japanese          | sjis_japanese_ci    |      2 |
| hebrew   | ISO 8859-8 Hebrew           | hebrew_general_ci   |      1 |
| tis620   | TIS620 Thai                 | tis620_thai_ci      |      1 |
| euckr    | EUC-KR Korean               | euckr_korean_ci     |      2 |
| koi8u    | KOI8-U Ukrainian            | koi8u_general_ci    |      1 |
| gb2312   | GB2312 Simplified Chinese   | gb2312_chinese_ci   |      2 |
| greek    | ISO 8859-7 Greek            | greek_general_ci    |      1 |
| cp1250   | Windows Central European    | cp1250_general_ci   |      1 |
| gbk      | GBK Simplified Chinese      | gbk_chinese_ci      |      2 |
| latin5   | ISO 8859-9 Turkish          | latin5_turkish_ci   |      1 |
| armscii8 | ARMSCII-8 Armenian          | armscii8_general_ci |      1 |
| utf8     | UTF-8 Unicode               | utf8_general_ci     |      3 |
| ucs2     | UCS-2 Unicode               | ucs2_general_ci     |      2 |
| cp866    | DOS Russian                 | cp866_general_ci    |      1 |
| keybcs2  | DOS Kamenicky Czech-Slovak  | keybcs2_general_ci  |      1 |
| macce    | Mac Central European        | macce_general_ci    |      1 |
| macroman | Mac West European           | macroman_general_ci |      1 |
| cp852    | DOS Central European        | cp852_general_ci    |      1 |
| latin7   | ISO 8859-13 Baltic          | latin7_general_ci   |      1 |
| utf8mb4  | UTF-8 Unicode               | utf8mb4_general_ci  |      4 |
| cp1251   | Windows Cyrillic            | cp1251_general_ci   |      1 |
| utf16    | UTF-16 Unicode              | utf16_general_ci    |      4 |
| cp1256   | Windows Arabic              | cp1256_general_ci   |      1 |
| cp1257   | Windows Baltic              | cp1257_general_ci   |      1 |
| utf32    | UTF-32 Unicode              | utf32_general_ci    |      4 |
| binary   | Binary pseudo charset       | binary              |      1 |
| geostd8  | GEOSTD8 Georgian            | geostd8_general_ci  |      1 |
| cp932    | SJIS for Windows Japanese   | cp932_japanese_ci   |      2 |
| eucjpms  | UJIS for Windows Japanese   | eucjpms_japanese_ci |      3 |
+----------+-----------------------------+---------------------+--------+
```

图 2.2 MySQL 中支持的字符集

2.1.2　使用语句创建数据库

在本小节中就使用上一小节中的语句来创建数据库，示例 1 用来创建一个使用默认字符集的数据库，示例 2 用来创建一个使用指定字符集的数据库。

【示例 1】　创建一个名为 STUDENT 的数据库。

创建数据库的语句如下所示，结果如图 2.3 所示。

```
CREATE DATABASE STUDENT;
```

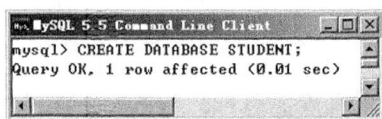

图 2.3　创建 STUDENT 数据库

【示例 2】　创建一个名为 STUDENT_1 的数据库，并设置其字符集为 gbk。

创建数据库的语句如下所示，结果如图 2.4 所示。

```
CREATE DATABASE STUDENT_1 CHARACTER SET gbk;
```

图 2.4　创建 STUDENT_1 数据库

通过示例 1 和示例 2 创建数据库后，查看当前 MySQL 数据库中存在的数据库如图 2.5 所示（用黑框圈上的是示例 1 和示例 2 中创建的数据库）。

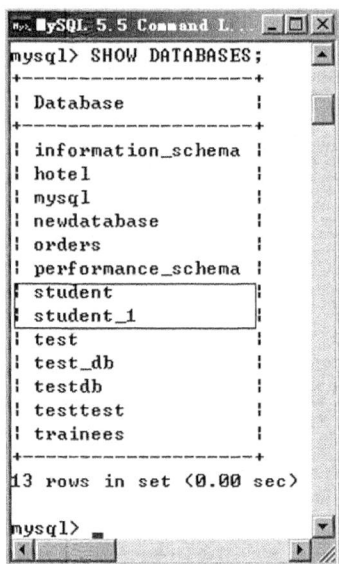

图 2.5　查看数据库

2.1.3　使用图形界面创建数据库

由于 MySQL 数据库目前使用了很多图形化的界面操作工具以方便用户使用，下面就以 MySQL WorkBench 平台为例讲解如何创建数据库。使用该平台创建数据库主要分为如下 4 个步骤。

（1）打开 MySQL WorkBench 界面

MySQL WorkBench 界面如图 2.6 所示。

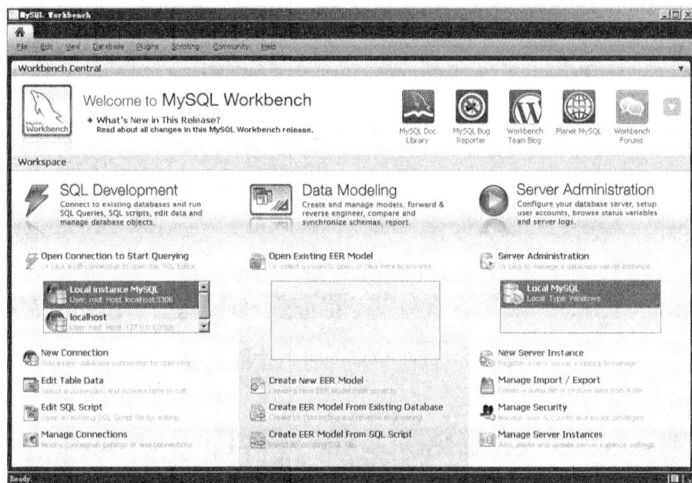

图 2.6　MySQL WorkBench 界面

（2）打开数据库连接

在图 2.6 所示的界面中，双击 Local instance MYSQL 选项，出现如图 2.7 所示的界面。该界面就是数据库的操作界面。

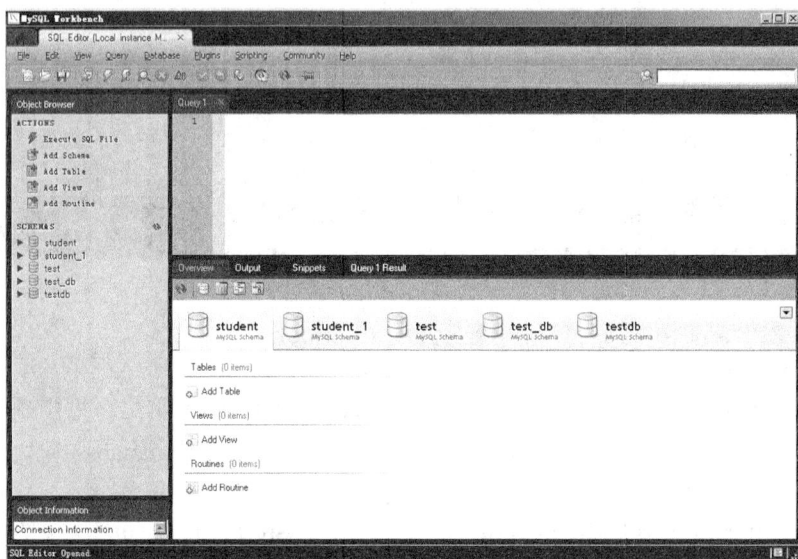

图 2.7　数据库操作界面

（3）选择创建数据库操作

在图 2.7 所示界面中，schemas 的节点下显示的当前数据库连接中存在的数据库。单击图 2.8 所示的位置，创建一个新的 schema，如图 2.9 所示。这里创建 schema 就是我们所说的创建数据库的意思。

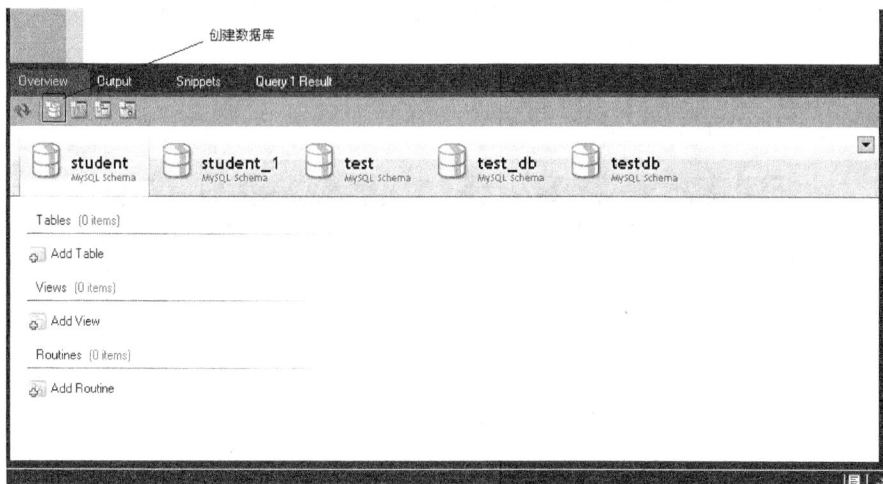

图 2.8　创建数据库时单击的位置

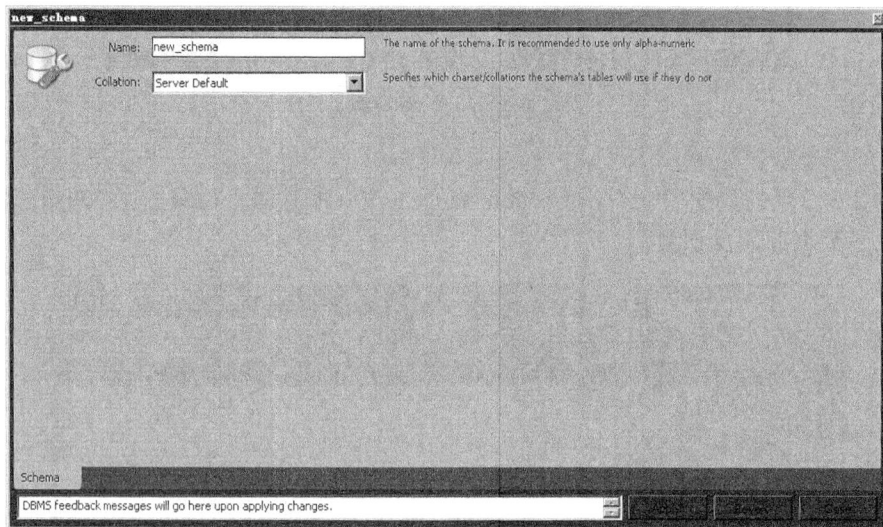

图 2.9　新建数据库界面

（4）完成数据库创建

在图 2.9 所示界面中，第一个框中需要填入数据库的名称，第二个框中选择该数据库使用的字符集。这里在第一个框中数据库名字文本框中填入"newdatabase"，在第二个选择框中选择"gbk"字符集，效果如图 2.10 所示。

按照图 2.10 的样子添加完相应的内容后，单击 Apply 按钮，即可完成数据库的添加。添加后的效果如图 2.11 所示。

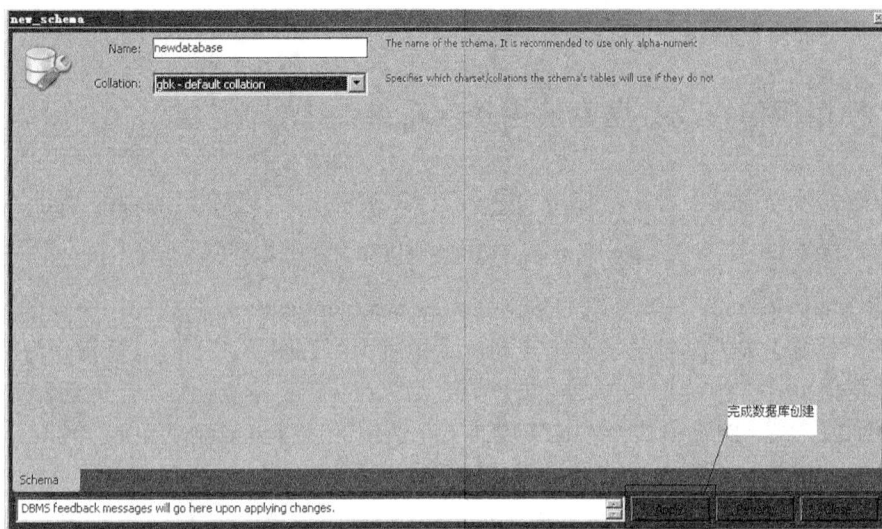

图 2.10　填入数据库名和字符集

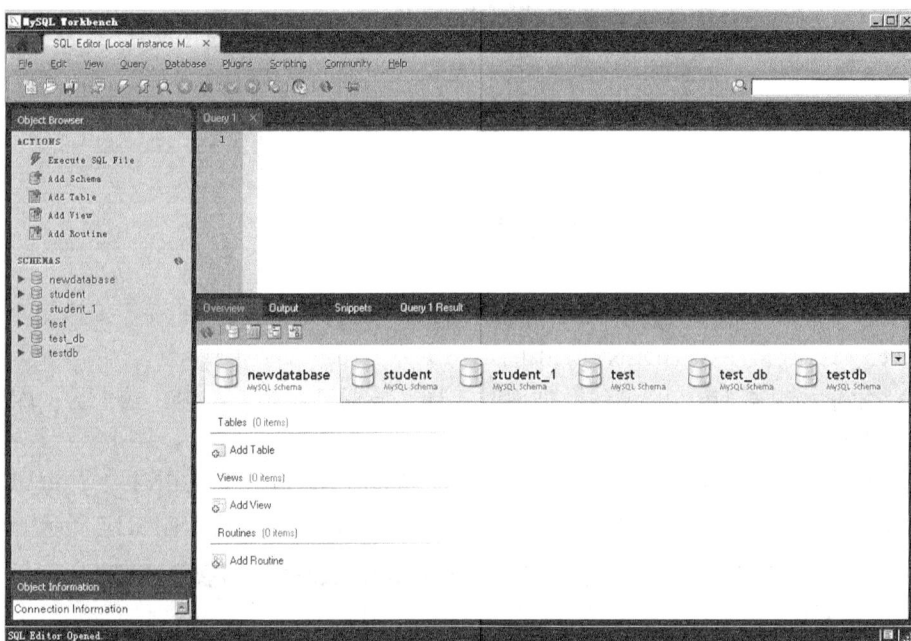

图 2.11　添加数据库 newdatabase 后的界面

通过上面的 4 个步骤，就可以完成数据库的添加操作。

2.2　修改数据库

在 MySQL 数据库中通过数据库修改语句，只能对数据库使用的字符集进行修改。数据库中的这些特性储存在 db.opt 文件中。修改数据库使用的字符集可以通过语句修改也可以通过图形界面来修改。

2.2.1　使用语句修改数据库使用的字符集

修改数据库使用的字符集，使用的是 ALTER 关键字。具体的语法如下所示：

```
ALTER DATABASE database_name CHARACTER SET character_name
```

这里 database_name 是要修改的数据库名；character_name 是修改的字符集的名称。字符集的名称与新建数据库时的字符集相同，这里就不再说明了。下面以示例 3 为例演示如何修改数据集。

【示例 3】　将示例 2 中数据库 STUDENT_1 所用的字符集修改成 utf8。

具体修改语句如下所示，结果如图 2.12 所示。

```
ALTER DATABASE STUDENT_1 CHARACTER SET utf8;
```

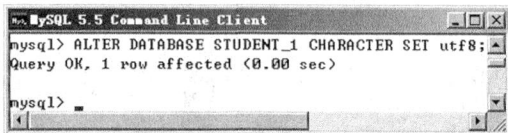

图 2.12　修改数据库的字符集

2.2.2　使用图形界面修改数据库使用的字符集

修改数据库除了使用语句之外，使用图形界面工具修改也很容易。使用 MySQL WorkBench 修改数据库 STUDENT_1 中的字符集分为如下 3 个步骤：

（1）找到数据库连接。与创建数据库时一样，要通过在图 2.6 中，双击数据库连接，然后跳转到图 2.7 中。

（2）选择要修改的数据库。在图 2.7 所示的界面中，右击 STUDENT_1 数据库，如图 2.13 所示，并在弹出的右键菜单中选择 Alter Schema…选项，出现如图 2.14 所示的界面。

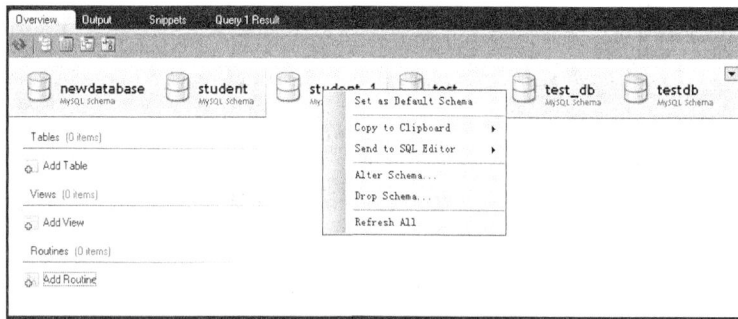

图 2.13　数据库操作右键菜单

（3）完成数据库字符集的修改。在图 2.14 所示的界面中，数据库的名称是不能修改的，选择要更改的字符集。这里选择 GBK，如图 2.15 所示。

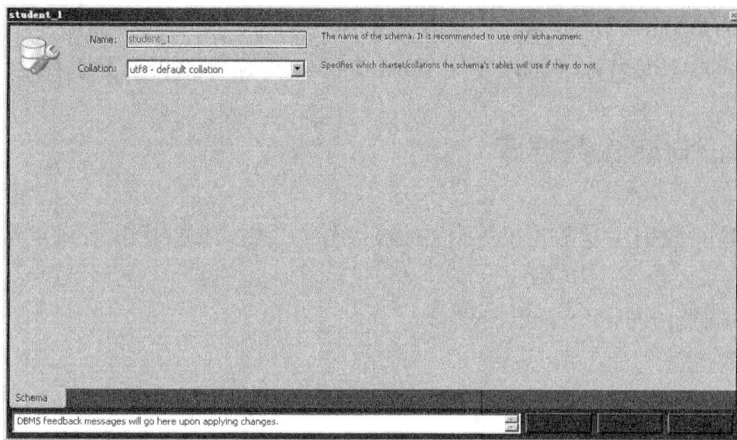

图 2.14　修改数据库字符集界面

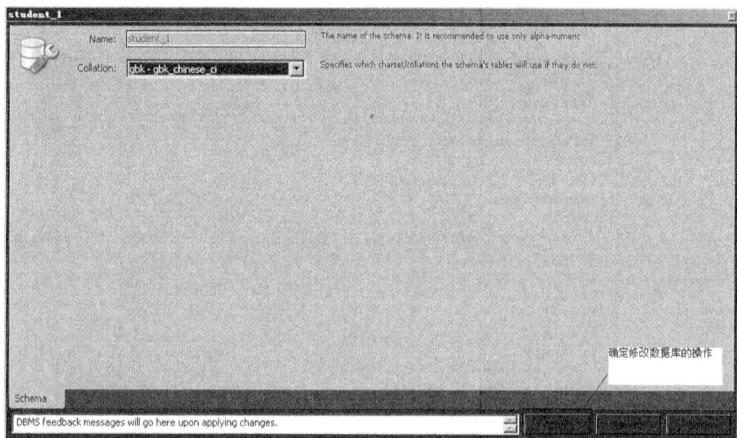

图 2.15　确认修改数据库操作的界面

在图 2.15 所示的界面中，单击 Apply 按钮，即可完成修改数据库字符集的操作。

2.3　删除数据库

当数据库不再使用时应该将其删除，以确保数据库存储空间中存放的是有效的数据。删除数据库后就不能恢复该数据库了，因此删除数据库操作不要轻易使用。最好在删除数据库之前先将数据库进行备份，备份数据库的方法将在本书的后面章节中讲解。

2.3.1　删除数据库的基本语法

在 MySQL 中删除数据库的语法是很简单的，只需要知道数据库的名称就可以将其删除掉。删除数据库的语法如下所示：

```
DROP DATABASE database_name;
```

这里 database_name 是数据库的名称。数据库名称只要写对了就一定会删除的！如果不清楚要删除的数据库名称，可以使用 show databases 命令来查看数据库。

2.3.2　使用语句删除数据库

使用语句删除数据库是数据库操作中最常用的方法，下面就以示例 4 为例来学习如何删除数据库。

【示例 4】　删除数据库 STUDENT_1。

删除数据库的语句如下所示：

```
DROP DATABASE STUDENT_1;
```

删除后并查看数据库的效果如图 2.16 所示。

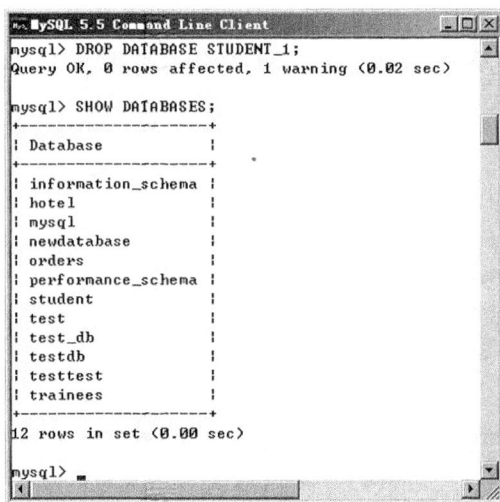

图 2.16　删除 STUDENT_1 的界面

从图 2.16 中可以看出数据库 STUDENT_1 已经被删除了。

2.3.3　使用图形界面删除数据库

使用 MySQL WorkBench 工具删除数据库也很简单，删除数据库只需要 3 个步骤即可完成：

（1）打开数据库操作界面。数据库操作界面就是图 2.7 所示的界面。在这个界面中可以在 schemas 节点中，查看到当前连接中 MySQL 里的所有数据库。

（2）选择要删除的数据库。在显示出的所有数据库中，右击 STUDENT_1 数据库，弹出如图 2.17 所示界面。在弹出的右键菜单中选择 Drop Schema...选项，弹出图 2.18 所示界面。这里显示的是一个是否要删除该数据库的提示，并显示除了执行删除数据库操作所用到的语句。

（3）完成删除操作。在图 2.18 所示的界面中，单击 Apply 按钮，即可删除 STUDENT_1 这个数据库，出现图 2.19 所示的界面。

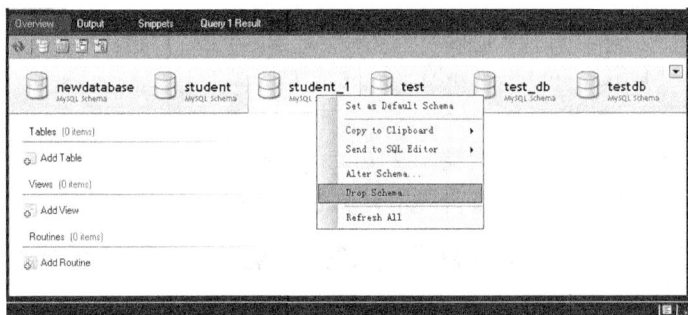

图 2.17　右击数据库名称

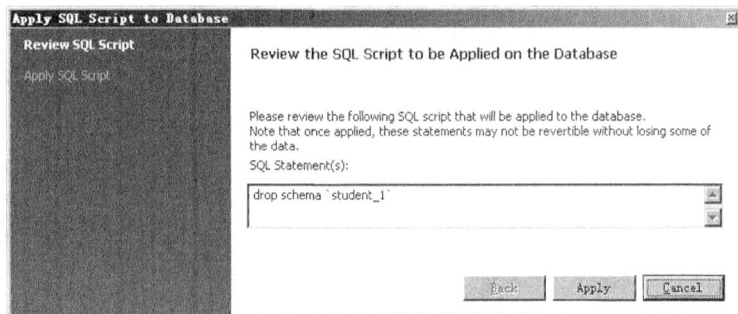

图 2.18　删除脚本提示

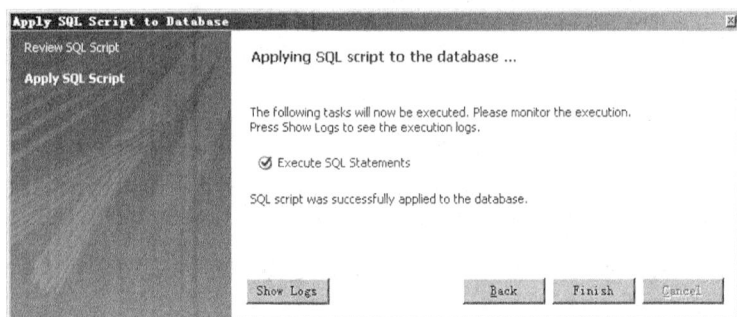

图 2.19　删除完成界面

在图 2.19 所示的界面中，单击 Finish 按钮，即可完成删除数据库的操作。这个界面主要用来提示用户已经执行完删除的语句。

说明：数据库创建成功后，数据库的名字还可以修改吗？相信读者都会认为，在其他熟悉的数据库中，数据库的名字都是可以修改的。那么，在 MySQL 中能否给数据库重命名呢？答案是否定的，在 MySQL 数据库中是没有 RENAME 命令的。

2.4　数据库使用实例

在本章前面的章节中主要讲解了数据库是如何创建、修改以及删除的，那么在本节中要把前面学习的语句用示例 5 全部演示出来。

【示例5】　在 MySQL 的 DOS 环境下，完成如下操作。

（1）输入密码登录数据库

打开 MySQL 5.5 的命令行客户端，在 Enter password 后面输入数据库的密码，密码正确后出现图 2.20 所示的界面。如果密码错误就登录失败，窗口自动关闭。

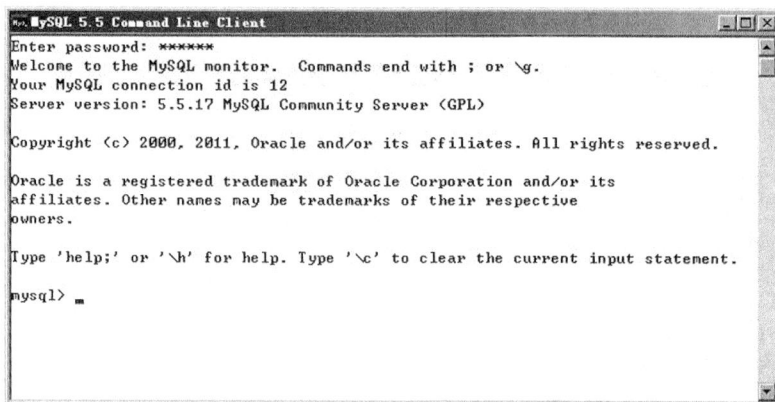

图 2.20　成功登录 MySQL 数据库

（2）查看目前已经存在的数据库

查看已经存在的数据库，要使用的语句如下所示：

```
SHOW DATABASES;
```

查询结果如图 2.21 所示。

（3）创建一个名为 example 的数据库

第 2 个步骤的目的，是来看一下已经存在了哪些数据库，避免在创建数据库时重名。当然，如果创建了重名的数据库也会有错误提示的。

创建一个名为 example 的数据库，只需要将创建数据库的语句替换成如下语句即可：

```
CREATE DATABASE example;
```

执行效果如图 2.22 所示。

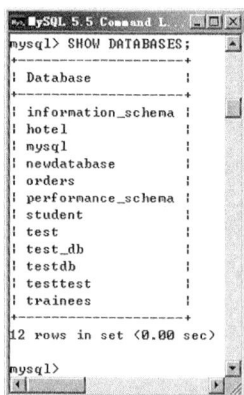

图 2.21　查看存在的数据库

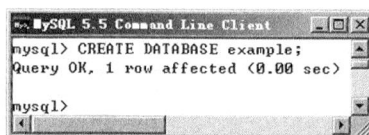

图 2.22　创建数据库 example

创建好数据库后，再查看一下当前数据库连接下存在的数据库，如图 2.23 所示，可以看出 example 已经创建成功。

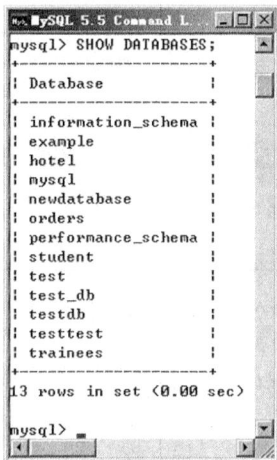

图 2.23 查看是否存在 example 数据库

（4）查看数据库中存在的字符集

查看字符集的方法很简单，就使用前面学习过的 SHOW CHARACTER SET 即可。查询结果如图 2.24 所示。

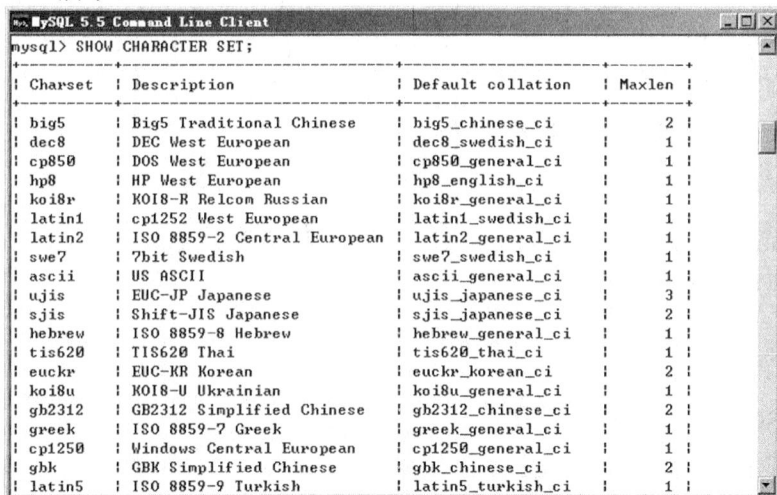

图 2.24 查看字符集

（5）将创建的 example 数据库的字符集修改成 utf8 的形式

使用 ALTER 语句来修改 example 数据库的字符集，语句如下所示，结果如图 2.25 所示。

```
ALTER DATABASE example CHARACTER SET utf8;
```

（6）删除 example 数据库

删除数据库使用的是 DROP 语句完成的，具体语句如下所示，结果如图 2.26 所示。

```
DROP DATABASE example;
```

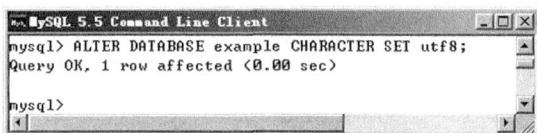

图 2.25　修改字符集操作

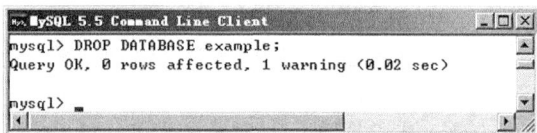

图 2.26　删除 example 数据库

通过示例 5 的演示，相信读者已经能够掌握本章中对数据库的添加、修改以及删除的基本操作。这里，只是使用语句的方式演示，希望读者可以根据示例 5 的要求使用图形界面的方式再尝试一次。

2.5　本章小结

在本章中主要讲解了 MySQL 中数据库的基本操作，包括查看已经存在的数据库、创建数据库、修改数据库的字符集以及删除数据库、查看数据库中字符集等操作。在讲解每种操作时都分别讲解了使用语句和图形界面演示操作的过程。最后，通过一个数据库操作实例让读者更加全面地掌握 MySQL 中数据库的操作。

2.6　本章习题

一、填空题

（1）MySQL 中的系统数据库主要有_____。
（2）创建数据库的语句是_____。
（3）删除数据库的语句是_____。

二、选择题

（1）下面哪个语句是用来查询数据库情况的？_____
　　A. SHOW DATEBASE　　　　　　　B. SHOW DATABASES
　　C. SHOW DATABASE　　　　　　　D. SHOW DATA
（2）下面哪个数据库是系统数据库？_____
　　A. TEST　　　　　　　　　　　　B. SYS
　　C. MYSQL　　　　　　　　　　　D. SYSTEM
（3）在修改数据库时，可以修改数据库的哪个属性？_____

A．数据库名称　　　　　　　　B．数据库的存放位置

C．数据库大小　　　　　　　　D．数据库的字符集

三、上机题

（1）创建一个数据库并命名为 TEST。

（2）分别使用修改语句和图形界面来修改 TEST 数据库的字符集。

（3）删除 TEST 数据库，并使用查询数据库命令验证是否将 TEST 数据库删除了。

第3章 数据表的创建、修改及删除

数据表是数据库中的重要组成部分，每一个数据库都是由若干个数据表组成的。换句话说，没有数据表就无法在数据库中存放数据。比如：在电脑中创建一个空文件夹，如果要把"HELLO MySQL"存到文件夹中，必须把它写在 Word 文档或记事本中以及其他能够存放文本的文档中。这里空文件夹就相当于是数据库，而存放文本的文档就相当于是数据表。

本章的主要知识点如下：

❑ 数据类型的种类以及取值范围；
❑ 如何创建数据表；
❑ 如何修改数据表；
❑ 如何删除数据表。

3.1 数 据 类 型

数据类型是对数据存储方式的一种约定，它能够规定数据存储所占空间的大小。在向数据表中存入数据时必须要指定数据类型，就像在银行中存钱时必须要指定币种是一样的，当存入美元时，要存入你卡中的美元账户中；当存入日元时，要存入你卡中的日元账户中。本节主要讲解在 MySQL 中常用的数据类型，包括数值类型、字符串类型及日期时间类型等类型。

3.1.1 数值类型

所谓数值类型，就是用来存放数字型数据的，包括整数和小数。在 MySQL 数据库中，常用的数值类型有存放整数的 int、tinyint、smallint、bigint，存放小数的 decimal、float、double。比如：当要在数据库中存放年龄信息时，使用整型；当要在数据库中存放花费的金额时，使用小数类型。具体的取值范围如表 3.1、表 3.2 所示。

表 3.1 整数类型

数据类型	取值范围	说　　明
tinyint	$-2^7 \sim 2^7-1$	占用 1 个字节
smallint	$-2^{15} \sim 2^{15}-1$	占用 2 个字节
int	$-2^{31} \sim 2^{31}-1$	占用 4 个字节
bigint	$-2^{63} \sim 2^{63}-1$	占用 8 个字节

表 3.2 小数类型

数据类型	取 值 范 围	说 明
float	占用 4 个字节长度	有两种表示方式，一种是 float（有效位数，小数位数）；另一种是 float（二进制位数），二进制位数表示该小数所占用的二进制位数。可以精确到小数点后 7 位
double	占用 8 个字节长度	表示方式是 double（有效位数，小数位数）。可以精确到小数点后 15 位
decimal	最大的有效位数是 65 位	表示方式是 decimal（有效位数，小数位数）。可以精确到小数点后 30 位

说明：由于存储小数类型占用空间较多，因此某一个要存储的数据是整型就不要用小数型存储。

3.1.2 字符串类型

字符串类型也是数据表中数据存储的重要类型之一。字符串类型主要是用来存储字符串或文本信息的。在 MySQL 数据库中，常用的字符串类型主要包括 char、varchar、binary、varbinary 等类型。比如：要在数据库中存入学生姓名就需要使用字符串类型。具体取值范围如表 3.3 所示。

表 3.3 字符串类型

数据类型	取 值 范 围	说 明
char	0～255 个字符	用于声明一个定长的数据。存储形式是 char(n)，n 代表存储的最大字符数
varchar	0～65535 个字符	用于声明一个变长的数据。存储形式是 varchar(n)，n 代表存储的最大字符数
binary	0～255 个字节	用于声明一个定长的数据。存储的是二进制数据,形式是 binary(n)，n 代表存储的最大字节数
varbinary	0～65535 个字节	用于声明一个变长的数据。存储的是二进制数据，形式是 varbinary(n)，n 代表存储的最大字节数

除了上面列出的 4 种字符串类型外，还有用于存储大型二进制字符串数据和大型字符串数据的 blob 和 text 类型。其中在 blob 中又分为 4 种类型：tinyblob、blob、mediumblob、longblob。在 text 类型中也分为 4 种：tinytext、text、mediumtext、longtext。针对要存入的文本大小，可以选择 blob 或 text 类型中任意一种数据类型。

3.1.3 日期时间类型

在数据库中经常会存放一些日期时间的数据，比如：在数据表中记录添加数据的时间。对于日期和时间类型的数据也可以用字符串类型存放，但是为了使数据标准化，在数据库中提供了专门存储日期和时间的数据类型。在 MySQL 中，日期时间类型包括 datetime、time、timestamp、date 等。具体范围如表 3.4 所示。

表 3.4　日期时间类型

数据类型	取 值 范 围	说　明
datetime	1000-01-01 00:00:00～9999-12-31 23:59:59	存储的格式是 YYYY-MM-DD HH:MM:SS
date	1000-01-01～9999-12-31	存储的格式是 YYYY-MM-DD
timestamp	显示的固定宽度是 19 个字符	主要用来记录 update 或 insert 操作时的时间
time	-838:59:59～838:59:59	存储的格式是 HH:MM:SS

这里，timestamp 类型比较特殊，timestamp 的返回值是 YYYY-MM-DD HH:MM:SS 格式的，如果需要数字值，可以在设置为 timestamp 的数据上加上“+0”。比如：timestamp 得到的返回值是 2012-01-01 13:00:01，那么在 timestamp 上加上“+0”后得到的就是 20120101130001。

3.1.4　其他数据类型

除了上面列出的 3 类常用的数据类型外，还有一些数据类型，比如：枚举类型、集合类型、位类型等。

1. 枚举类型

所谓枚举类型，就是指定数据只能取指定范围内的值。换句话说，就是如果一个数据表中某列被设置成了枚举类型，那么该列只能在设置好的范围内取值。例如：将性别列设置为枚举类型，那么，枚举值可以设置成“男”、“女”，在向表中添加数据时，就只能添加“男”和“女”这两个值。枚举类型用 enum 表示，在定义取值时，必须用单引号把值括住。在 MySQL 数据库中存储枚举值时，并不是直接将值记入数据库中，而是记录值的索引。值的索引是按值的顺序生成的，比如：枚举值是‘昨天’、‘今天’、‘明天’，那么值的索引就是 1、2、3。

注意：在枚举类型中，索引值 0 代表的是错误的空字符串。

2. 集合类型

集合类型与枚举类型类似，都是在已知的值中取值。不同的是，集合类型可以取已知值列表中任意组合的值。例如：在集合类型中列出的值是‘昨天’、‘今天’，那么可以取的值就是‘昨天’、‘今天’以及‘昨天’，‘今天’3 个值。集合类型用 set 表示。它最多可以有 64 个成员。在 MySQL 数据库中，保存集合类型数据时也不是真正地保存值，而是保存其二进制编码。二进制的每一位对应集合中的一项，其中低阶位对应的是集合中的第 1 个成员。

3. 位类型

位类型包括 bit 和 bool 两种类型。bit 类型主要用来定义一个指定位数的数据，它的取值范围是 1～64。那么，它所占用的字节数是根据它的位数决定的，1 个字节等于 8 位；bool 用于逻辑值的判断，只有 true 和 false 两个值。可以用 bool 类型存放判断的只有两个值的字段，这样可以节省数据的存储空间。比如：当在数据库存储酒店房间是否为空房时，可以使用位类型表示。

3.2　创建数据表

在上一节中已经讲解了 MySQL 数据库中常用的数据类型，那么，为要存储的数据指定了数据类型后，数据该如何存放到表中呢？在本节中将讲解如何在 MySQL 数据库中直接使用 SQL 语句和一些辅助的图形工具创建数据表。

3.2.1　创建数据表的语法

数据表属于数据库中的对象，所以使用的语句就是 SQL 语句中的 DML（数据操纵语句）语句。创建数据表使用的是 CREATE TABLE 语句来完成的。具体的语法规则如下所示：

```
CREATE TABLE table_name
(
column_name datatype,
column_name datatype,
…
)
```

这里，table_name 是创建的数据表名；column_name 是表中的列名；datatype 是表中列的数据类型，这些数据类型都是上一节介绍的类型。

📖注意：列名最长为 128 个字符，可包含中文、英文字母、下划线、#号、货币符号（￥）及 AT 符号（@），且同一表中不许有重名列。

3.2.2　使用语句创建数据表

根据创建表的基本语法，就可以在 MySQL 数据库中创建基本的数据表了。下面就以示例 1 为例学习如何创建表。

【示例 1】　创建一个团购商品的信息表。目前，几乎每一个人都去过团购的网站，那么建立一个团购商品信息表需要哪些列呢？比如：团购一张电影票，可以在网站上看到该电影票的价钱、电影票的有效期以及电影的图片信息等。那么，创建一个团购商品信息表，具体信息如表 3.5 所示。

表 3.5　团购商品信息表（productinfo）

字段名	中文释义	数据类型
id	团购商品编号	int
proname	团购商品名称	varchar(20)
proprice	团购商品价格	float(5,2)
prodate	团购商品有效日期	datetime
propic	团购商品图片	varchar(20)
proremarks	团购商品描述	varchar2(50)

建表代码如下所示:

```
create table productinfo
(
id  int,                    --团购商品编号
proname varchar(20),        --团购商品名称
proprice float(5,2),        --团购商品价格
prodate datetime,           --团购商品有效日期
propic varchar(20),         --团购商品图片
proremarks varchar(50)      --团购商品描述
)
```

通过上面的语句,即可在数据库中创建一个名为 productinfo 的数据表。使用 desc 表名就可以在 MySQL 数据库中查看到表的结构,如图 3.1 所示。

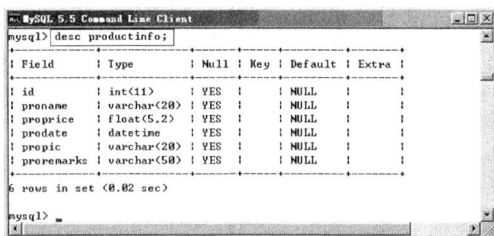

图 3.1　productinfo 表结构

3.2.3　使用图形界面创建数据表

目前有很多图形化的工具都可以用于 MySQL 数据库的操作,这里以 SQLyog 工具为例讲解如何建立团购商品信息的数据表。在该工具中创建数据表分为如下 3 个步骤。

1. 展开要创建表的数据库,打开表设计器

在图 3.2 所示的界面中,右击 Tables 选项,在出现的右键菜单中选择"创建表"选项,出现图 3.3 所示的表设计器界面。

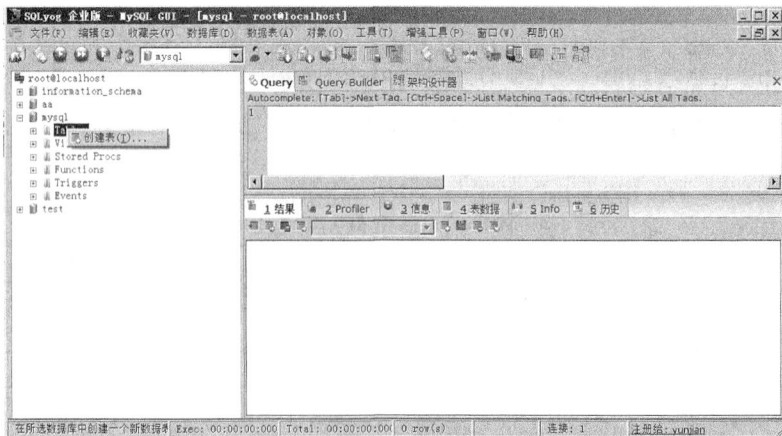

图 3.2　SQLyog 主界面

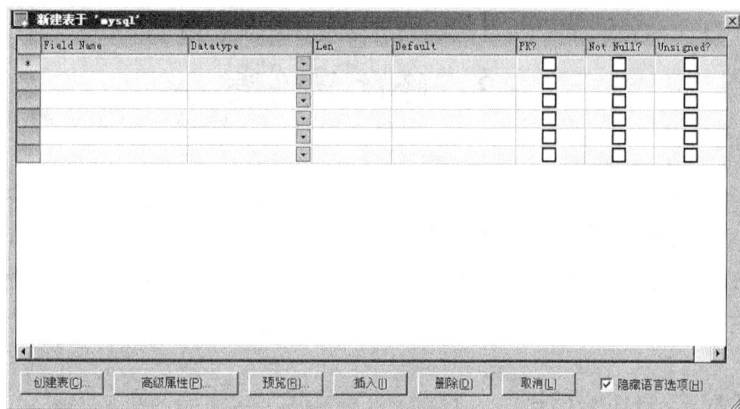

图 3.3 表设计器界面

2．录入数据表的列名和数据类型

在图 3.3 所示的界面中，根据表 3.5 所示的团购商品信息表的列名和数据类型填入相应的位置，填入效果如图 3.4 所示。

图 3.4 录入列名和数据类型界面

3．输入表名

在录入好表的基本信息后，单击图 3.4 所示界面左下方的"创建表"按钮，弹出图 3.5 所示的界面。在界面的文本框中输入表的名字，这里输入 productinfo，单击"确定"按钮，即可完成表的创建。

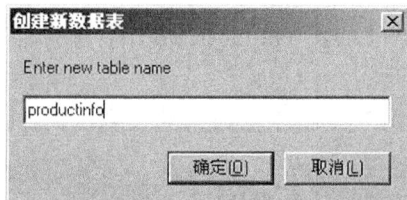

图 3.5 录入表名界面

3.3　修改数据表

修改数据表的前提是数据库中已经存在该表。修改数据表的操作也是数据库管理中必不可少的，就像画素描一样，如果画多了，可以用橡皮擦掉；如果画少了，可以用笔加上。不了解如何修改数据表，就相当于是我们只要画错了就要扔掉重画，这样就增加了不必要的成本。本节中主要讲解使用 SQL 语句和图形工具修改表。

3.3.1　修改数据表的语法

修改数据表的操作无非是在原有数据表的基础上添加、删除、修改列名和数据类型等内容。具体修改数据表的语法如下所示：

```
ALTER TABLE<表名>
    ADD column_name | MODIFY column_name|DROP COLUMN column_name
```

这里 ADD 代表修改表时添加列；MODIFY 代表修改表时修改列的数据；DROP 代表删除表中的数据。

注意：除了上面修改表的语法外，还可以在修改表时使用 CHANGE 关键字更改表中字段的名字。使用的方法是 ALTER TABLE<表名> CHANGE old_colname,new_colname 数据类型。

3.3.2　使用语句修改数据表

根据修改数据表的语法，为了掌握对数据表的修改操作，以团购商品信息表为例分别完成在修改表时添加列、修改表时修改列的数据类型、修改表中的列名以及删除表的列的操作。具体操作如示例 2～示例 5 所示。

【示例 2】　为团购商品信息表（productinfo）中添加一列商品库存数量（proquantity）。在修改表时，使用 ADD 关键字添加列，具体代码如下所示：

```
ALTER TABLE productinfo
ADD proquantity int --添加列
```

通过上面的语句，在 productinfo 表中已经增加了一列。查看添加后的表结构，如图 3.6 所示。

【示例 3】　修改团购商品信息表（productinfo）中商品名称（proname）列，将其长度修改为 30。

在修改表时，使用 MODIFY 关键字修改列的长度，具体代码如下所示：

```
ALTER TABLE productinfo
MODIFY proname varchar(30) --修改列
```

通过上面的语句就把商品名称这个字段的长度改成了 30。查看修改后的表结构，如图

3.7 所示。

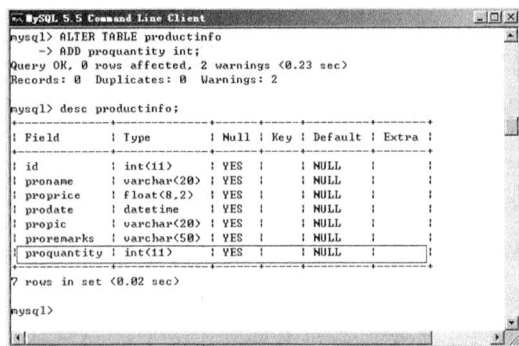

图 3.6　添加列后的表结构

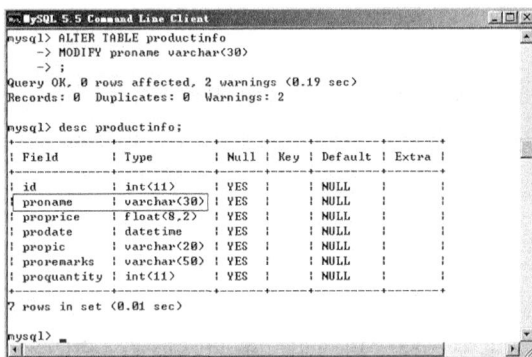

图 3.7　修改列后的表结构

【示例 4】 将团购商品信息表（productinfo）中商品名称（proname）列的名字修改成 pronamenew。

在修改表时，使用 CHANGE 关键字修改列名，具体代码如下所示：

```
ALTER TABLE productinfo
CHANGE  proname  pronamenew  varchar(30)  --修改列
```

通过上面的语句就把商品名称列的列名由 proname 修改成了 pronamenew 。查看修改后的表结构，如图 3.8 所示。

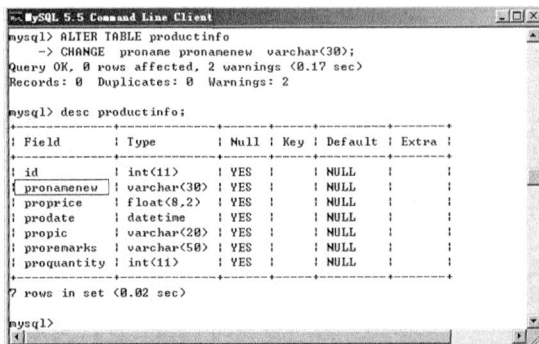

图 3.8　修改列名后的效果

【示例 5】　删除在示例 2 中为团购商品信息表（productinfo）添加的商品库存数量（proquantity）列。

在修改表时，使用 DROP 关键字删除列，具体代码如下所示：

```
ALTER TABLE productinfo
DROP COLUMN proquantity--删除列
```

通过上面的语句就把 proquantity 列删掉了。此时，productinfo 中就剩下 6 列了。

⌂注意：为了防止错误修改表信息，可以在修改之前先将表的结构备份。另外，如果在数据表中已经有数据存在，在修改数据表的数据长度信息时要考虑修改后的长度不要小于表中该字段中最长内容的长度。

3.3.3　使用图形界面修改数据表

与创建表一样，这里仍然使用 SQLyog 工具来修改数据表。以团购商品信息表为例，完成修改其团购商品描述列的名字以及添加团购商品类型列的操作。具体操作分为如下 3 个步骤。

1．打开要修改的数据表的设计器

在图 3.2 所示的界面中，单击 Tables 节点，可以查看到所有的数据表。右击要修改的数据表，在弹出的右键菜单中选择"更改表"命令，如图 3.9 所示。

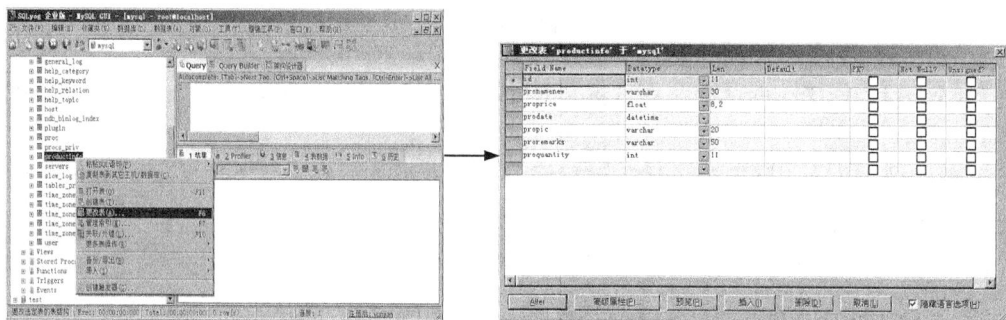

图 3.9　设计表界面

2．修改数据表的信息

在图 3.9 所示的界面中，可以直接修改表中列的名字、数据类型等信息。当需要为数据表中添加或删除列时，可以使用工具栏上的"插入"或"删除"按钮来完成相应的操作。这里，要把团购商品的描述列名改成 proexp 并添加 1 个商品类型（protype）列，效果如图 3.10 所示。

3．保存并退出

在修改完数据表信息后，单击图 3.10 左下方的 Alter 按钮，完成数据表信息的保存。

然后，直接关闭设计表的窗体即可完成对数据表信息的修改操作。

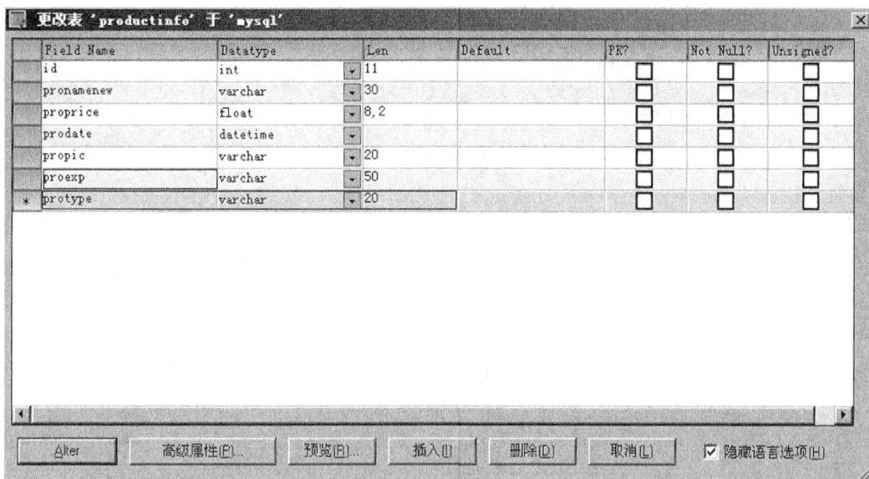

图 3.10　修改后的团购商品信息表

3.4　删除数据表

在数据库中的数据表如果不再需要时，要及时地删除数据表以释放数据库中占用的空间。在 MySQL 数据库中删除数据表可以通过语句删除也可以通过图形界面直接删除。下面就分别讲解使用这两种删除数据表的方法。

3.4.1　删除数据表的语法

要删除一个数据库中已经存放的数据表，最重要的是要知道表的名字。删除数据表的语法很简单，具体语法如下所示：

```
DROP TABLE <表名>
```

这里，需要注意的是删除的数据表就不能够再恢复了。另外，还要先知道该数据表所在的数据库名。因为不同的数据库中可以有相同的表名存在。

3.4.2　使用语句删除数据表

根据删除数据表的语法，下面就以示例 6 为例讲解如何删除数据表。

【示例 6】　删除数据表 productinfo。

应用上一小节讲解的语法，具体语句如下所示：

```
DROP TABLE productinfo;
```

执行效果如图 3.11 所示。

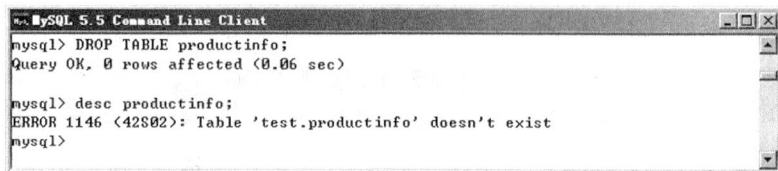

图 3.11　删除表 productinfo

从图 3.11 可以看出，在执行了删除 productinfo 的语句后，再使用 desc 查看 productinfo 数据表时就提示了"该数据表不存在"。这就说明已经成功地把数据表 productinfo 从数据库 test 中移除了。

🔔注意：如果一个数据表被其他数据表引用，就不能够直接删除该数据表。要删除该数据表，首先要去除该表与其他表的引用关系。

3.4.3　使用图形界面删除数据表

使用图形界面同样也可以删除数据表，下面以删除 productinfo 数据表为例讲解如何删除数据表。删除数据表共需 2 个步骤即可完成。

1. 找到要删除的数据表

在图 3.12 所示的界面中，展开 mysql 数据库，就可以看到 productinfo 数据表。

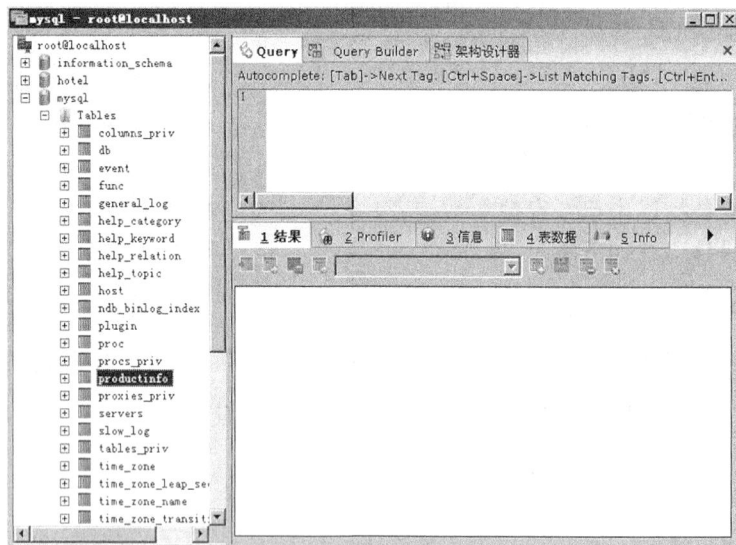

图 3.12　找到要删除的数据表

2. 删除数据表

使用右键单击 productinfo 数据表，弹出的右键菜单如图 3.13 所示，选择"更多表操作"→"删除表"选项，弹出图 3.14 所示的删除提示窗口。单击"是"按钮，即可删除该数据表。

图 3.13　表操作的右键菜单

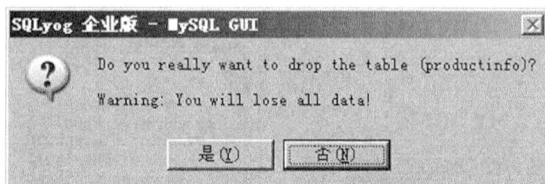

图 3.14　删除表提示

3.5　数据表使用实例

在本章中已经学习了数据表的创建、修改以及删除的基本操作。下面就通过一个综合示例来检验一下自己是否掌握了对数据表的基本操作。

【示例 7】　在 MySQL 的 DOS 界面下用语句完成如下要求：

（1）创建一个名为 Orders 的订餐数据库。

（2）在此数据库中创建一个餐品信息表。表结构如表 3.6 所示。

（3）修改该数据表，将餐品描述列删除。并查看表结构。

（4）修改该数据表，将餐品图片列的数据长度变成 200，并查看表结构。

表 3.6　餐品信息表（foodinfo）

字 段 名	中 文 释 义	数 据 类 型
id	餐品编号	int
name	餐品名称	varchar(20)
price	餐品价格	float(5,2)
typename	餐品类型	varchar(20)
pic	餐品图片	varchar(20)
remarks	餐品描述	varchar2(50)

（5）删除该数据表。

下面一一完成上面的要求。

（1）创建订餐数据库的语句如下所示，执行效果如图 3.15 所示。

```
CREATE DATABASE Orders;
```

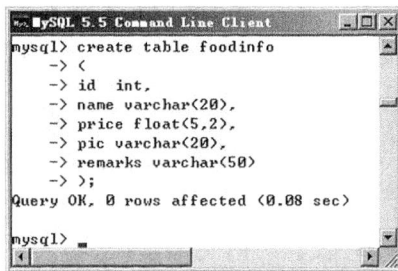

（2）按照表 3.6 的要求创建餐品信息表的语句如下所示：

```
create table foodinfo
(
id int,
name varchar(20),
price float(5,2),
pic varchar(20),
remarks varchar(50)
);
```

执行效果如图 3.16 所示。

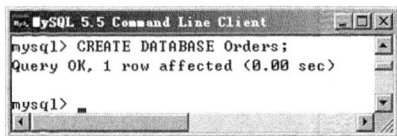

图 3.15　创建数据库　　　　　　　　　图 3.16　创建餐品信息表

（3）将餐品信息表中的餐品描述列 remarks 删除的语句如下所示：

```
ALTER TABLE  foodinfo
DROP remarks;
```

执行上面的语句后，再查看当前的表结构，如图 3.17 所示。

（4）修改存放图片列的字段长度的语句如下所示：

```
ALTER TABLE foodinfo
MODIFY pic varchar(200);
```

执行上面的语句后，再查看当前的表结构，如图 3.18 所示。

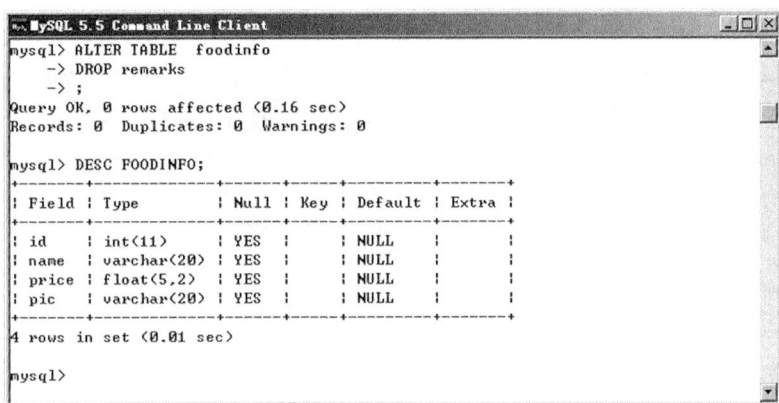

图 3.17　删除 remarks 列

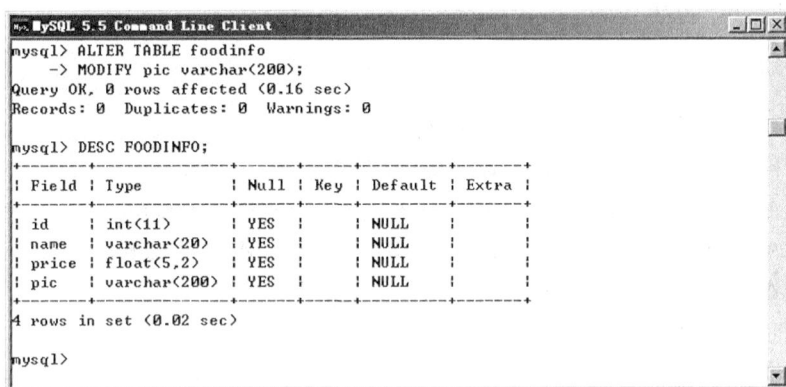

图 3.18　修改图片字段的长度

（5）删除 foodinfo 表的语句如下所示：

```
DROP TABLE foodinfo;
```

删除数据表后，再查看一下当前数据库中是否包含这个表。执行效果如图 3.19 所示。

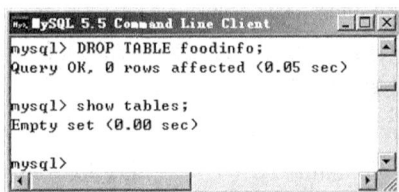

图 3.19　删除数据表

从图 3.19 中可以看出数据表 foodinfo 已经被删除了。

3.6　本 章 小 结

在本章中主要讲解了数据表中存放的数据类型，以及对数据表的基本操作。对数据表的基本操作中详细讲解了使用语句和图形界面的方式创建数据表、修改数据表以及删除数据表的操作。其中修改数据表是相对复杂一些的，需要掌握对数据表中列的添加、修改、删除。最后通过一个数据表的综合实例来练习了读者的动手能力。

3.7　本 章 习 题

一、填空题

（1）数值类型主要有_____。

（2）字符串类型主要有_____。

（3）创建数据表的语句是_____。

（4）删除数据表的语句是_____。

二、选择题

（1）下面哪个语句是删除数据表中列的？_____

    A．ALTER TABLE table_name DROP COLUMN col_name;

    B．ALTER TABLE table_name DELETE COLUMN col_name;

    C．ALTER TABLE table_name CHANGE COLUMN col_name;

    D．ALTER TABLE table_name ALTER COLUMN col_name;

（2）下面哪个语句是修改数据表中字段类型的？_____

    A．ALTER TABLE table_name MODIFY COLUMN col_name datatype;

    B．ALTER TABLE table_name DELETE COLUMN col_name datatype;

    C．ALTER TABLE table_name CHANGE COLUMN col_name datatype;

    D．ALTER TABLE table_name ALTER COLUMN col_name datatype;

（3）下面哪个语句是修改数据表中字段名称的？_____

    A．ALTER TABLE table_name MODIFY COLUMN col_name datatype;

    B．ALTER TABLE table_name DELETE COLUMN col_name datatype;

    C．ALTER TABLE table_name CHANGE OLD_COLNAME NEW_COLNAME datatype;

    D．ALTER TABLE table_name ALTER COLUMN col_name datatype;

（4）下面哪个语句是删除数据表的？_____

    A．CHANGE TABLE table_name   B．DELETE TABLE table_name

    C．DROP TABLE table_name   D．以上都不对

（5）下面对修改数据表描述正确的是？_____

    A．可以使用 ALTER 语句修改数据表的名称

    B．通过 ALTER 语句也能修改数据表中的值

    C．使用 ALTER 语句可以修改表中字段的数据类型

    D．使用 ALTER 语句不能够修改表中字段的长度

三、上机题

（1）在 MySQL 数据库中创建一个名为 TEST 的数据表。数据表的表结构如表 3.7 所示。

表 3.7　TEST 表

字段名	中 文 释 义	数 据 类 型
id	编号	Int
name	测试名	varchar(20)
testtype	测试类型	varchar(20)
remarks	备注	varchar(50)

（2）修改 TEST 表，将 TEST 表中的备注字段的长度改成 30。

（3）修改 TEST 表，删除 TEST 表中的备注字段。

（4）删除 TEST 表。

第4章 约　　束

约束的意思是对某种行为的强制约束。在 MySQL 数据库中的约束是指对表中数据的一种约束，能够帮助数据库管理员更好地管理数据库，并且能够确保数据库中数据的正确性和有效性。比如：在数据表中存放年龄的值时，如果存入 200、300 这些无效的值就毫无意义了。因此，使用约束来限定表中数据的范围是很有必要的。

本章的主要知识点如下：

❑ 约束的类型；

❑ 主键约束；

❑ 外键约束；

❑ 默认值约束；

❑ 唯一约束；

❑ 非空约束。

4.1　约束的类型

在 MySQL 数据库中主要包括主键约束、外键约束、唯一约束、检查约束、非空约束、默认值约束 6 种约束，这 6 种约束的主要作用如下：

❑ 主键约束：是用来唯一标识表中一个列的，一个表中主键约束只能有一个，但是一个主键约束中可以包括多个列，也称为联合主键。

❑ 外键约束：用来建立两个表中列之间关系的，它可以由 1 列或多列组成。一个表可以有 1 个或多个外键。

❑ 唯一约束：也是用来唯一标识表中列的，与主键约束不同的是，在一张数据表中可以有多个唯一约束。

❑ 检查约束：用来限定表中列里输入值的范围，比如说在输入年龄时，要求在数据库中只能输入 1～120 之间的数，就可以使用检查约束来约束该列。

❑ 非空约束：用来限定数据表中的列必须输入值。

❑ 默认值约束：用来当不给表中的列输入值时，自动为该列添加一个值。

💬注意：以上 6 种约束中，只有主键约束一个表中只能有一个，其他的约束都可以有多个。

4.2　主　键　约　束

主键约束是 6 种约束中使用最为频繁的约束。在数据表设计时，一般情况下，都会要求表中设置一个主键。主键约束可以在创建表时设置也可以在修改表时添加。本节将分别讲解在这两种情况下创建主键约束。

4.2.1 在创建表时设置主键约束

在创建数据表时设置主键约束，既可以为表中的一个列设置主键，也可以为表中多个列设置联合主键。但是不论使用哪种方法，在一个表中主键只能有一个。下面就分别讲解设置单一列的主键和设置联合主键的方法。

1. 使用SQL语句设置单一列的约束

在创建表时设置主键约束的语法与创建表时的语法类似，具体语法如下所示。
（1）设置列级主键约束

```
CREATE TABLE_NAME table_name
(
COLUMN_NAME1  DATATYPE PRIMARY KEY,
COLUMN_NAME2  DATATYPE,
COLUMN_NAME3  DATATYPE
   ...
)
```

（2）设置表级主键约束

```
CREATE TABLE_NAME table_name
(
COLUMN_NAME1  DATATYPE,
COLUMN_NAME2  DATATYPE,
COLUMN_NAME3  DATATYPE
...
[CONSTRAINT constraint_name] PRIMARY KEY(COLUMN_NAME1)
)
```

这里，[CONSTRAINT constraint_name]是可以省略的。

🔔说明：在上述两种语法中都是将 COLUMN_NAME1 列设置成了主键约束。第 1 种创建
主键约束的语法是在设置单一列主键约束中比较常用的方法。

下面在示例 1 中分别用上面的两种方法，来演示在创建数据表的同时为数据列设置单一列的主键。

【示例 1】 创建酒店管理系统中的客户信息表并将客户编号设置成主键。表结构如表 4.1 所示。

表 4.1 客户信息表（CustomerInfo）

编号	列　名	数 据 类 型	中 文 释 义
1	CustomerId	integer	客户编号
2	CustomerName	varhcar(12)	客户姓名
3	CustomerAge	integer	客户年龄
4	CustomerSex	varchar(4)	客户性别
5	CustomerTel	varchar(15)	客户联系方式
6	Remark	varchar(200)	备注

在创建数据表之前，先创建一个存放酒店管理系统所用到的数据库 HOTEL，并把所有与酒店管理系统有关的表全部存放到该数据库中。

使用第 1 种语法创建客户信息表，并将客户编号列 CustomerId 设置成主键约束，代码如下所示：

```
CREATE TABLE CUSTOMERINFO
(
   CUSTOMERID INTEGER PRIMARY KEY,
   CUSTOMERNAME VARCHAR(12),
   CUSTOMERAGE INTEGER,
   CUSTOMERSEX VARCHAR(4),
   CUSTOMERTEL VARCHAR(15),
   REMARK      VARCHAR(200)
);
```

运行后的效果如图 4.1 所示。在图中所示的演示过程中先创建了数据库 HOTEL，然后指定当前使用的数据库（运行 USE database_name 的语句）。

使用第 2 种语法创建客户信息表，并将客户编号列 CustomerId 设置成主键约束，代码如下所示：

```
CREATE TABLE CUSTOMERINFO
(
   CUSTOMERID INTEGER,
   CUSTOMERNAME VARCHAR(12),
   CUSTOMERAGE INTEGER,
   CUSTOMERSEX VARCHAR(4),
   CUSTOMERTEL VARCHAR(15),
   REMARK      VARCHAR(200),
   PRIMARY KEY(CUSTOMERID)
);
```

运行后的效果如图 4.2 所示。

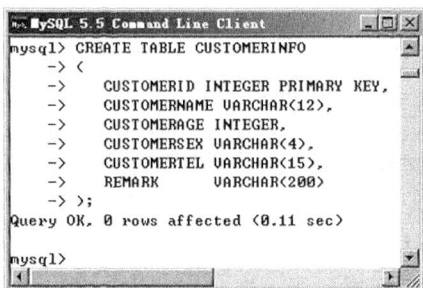

图 4.1　使用第 1 种方法创建客户信息表

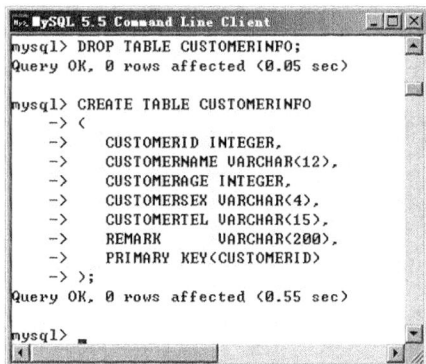

图 4.2　使用第 2 种方法创建客户信息表

由于在每一个数据库中表名是不能够重复的，所以在创建客户信息表前应该把第 1 次创建的 CUSTOMERINFO 删除。

2．在创建表时设置联合主键

所谓联合主键，就是这个主键是由一张表中的多个列组成的。在数据库表的设计时联合主键的应用是比较多的，比如，设计学生选课表，是用学生编号做主键还是用课程编号做主键呢？如果用学生编号做主键，那么一个学生就只能选择一门课程；如果用课程编号做主键，那么一门课程只能有一个学生来选。显然，这两种情况都是不符合实际情况的。实际上设计学生选课表，要限定的是一个学生只能选择同一课程一次。因此，学生编号和课程编号可以放在一起共同作为主键，这也就是联合主键了。

在创建表时设置联合主键的语法如下所示：

```
CREATE TABLE table_name
(
COLUMN_NAME1  DATATYPE,
COLUMN_NAME2  DATATYPE,
COLUMN_NAME3  DATATYPE
…
[CONSTRAINT constraint_name] PRIMARY KEY(COLUMN_NAME1, COLUMN_NAME2,…)
);
```

说明：当主键是由多个列组成时，不能直接在列名后面声明主键约束。例如：

```
CREATE TABLE_NAME table_name
(
COLUMN_NAME1  DATATYPE PRIMARY KEY,
COLUMN_NAME2  DATATYPE PRIMARY KEY,
COLUMN_NAME3  DATATYPE
);
```

下面使用示例 2 来演示如何创建联合主键。

【示例 2】创建酒店管理系统中的客户订房表并将客户编号和房间号设置成联合主键，表结构如表 4.2 所示。

表 4.2　客户订房表（OrderInfo）

编　号	列　　名	数 据 类 型	中 文 释 义
1	CustomerId	integer	客户编号
2	RoomId	integer	房间编号
3	CheckInDate	datetime	入住时间
4	CheckOutDate	datetime	退房时间
5	Amount	numeric(7,2)	付款金额
6	Remark	varchar(200)	备注

创建客户信息表（OrderInfo）并设置联合主键的代码如下所示。运行后的效果如图 4.3 所示。

```
CREATE TABLE ORDERINFO
(
 CUSTOMERID INTEGER,
 ORDERID    INTEGER,
 CHECKINDATE DATETIME,
 CHECKOUTDATE DATETIME,
 AMOUNT     NUMERIC(7,2),
 REMARK     VARCHAR(200),
 PRIMARY KEY(CUSTOMERID,ORDERID)
);
```

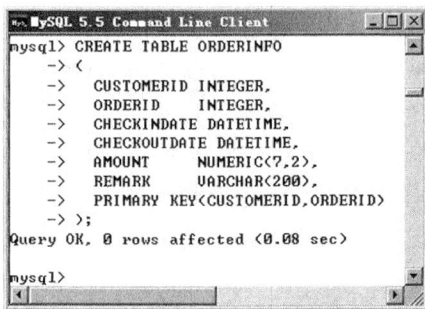

图 4.3　设置客户信息表中的联合主键

4.2.2　在修改表时添加主键约束

主键约束不仅可以在创建表的同时创建，也可以在修改数据表时添加。但是需要注意的是，设置成主键约束的列中不允许有空值。

1. 在修改表时给表的单一列添加主键约束

在数据表已经存在的前提下，要给表中的单一列添加主键约束，具体的语法如下所示：

```
ALTER TABLE table_name
ADD CONSTRAINT pk_name PRIMARY KEY(列名)
```

下面使用示例 3 来演示如何在修改表时设置单一列的主键约束。

【示例 3】　创建酒店管理系统中的客房信息表（RoomInfo），表结构如表 4.3 所示。并给表的房间编号列设置主键约束。

表 4.3　客房信息表（RoomInfo）

编号	列　　名	数 据 类 型	中 文 释 义
1	RoomId	integer	房间编号
2	RoomTypeId	integer	房间类型编号
3	RoomPrice	numeric(7,2)	房间价格
4	RoomState	varchar(2)	房间状态
5	Remark	varchar(200)	备注

创建客房信息表（RoomInfo）的代码如下所示：

```
CREATE TABLE ROOMINFO
(
  ROOMID   INTEGER,
  ROOMTYPEID  INTEGER,
  ROOMPRICE  NUMERIC(7,2),
  ROOMSTATE  VARCHAR(2),
  REMARK    VARCHAR(200)
  );
```

运行后的效果如图 4.4 所示，给客房信息表（RoomInfo）中的 RoomId 列添加主键约束，代码如下所示：

```
ALTER TABLE ROOMINFO
```

图 4.4　创建客房信息表

```
ADD CONSTRAINT PK_ROOMINFO PRIMARY KEY(ROOMID)
```

运行后的效果如图 4.5 所示。

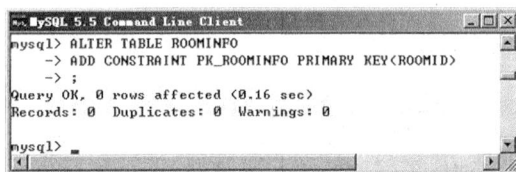

图 4.5　修改表时添加单一列的主键约束

2．在修改表时给表添加联合主键约束

在修改数据表时，除了可以为表添加单一列的主键约束外，也可以为表添加联合主键。在修改表时添加联合主键约束的语法如下所示：

```
ALTER TABLE table_name
ADD CONSTRAINT pk_name PRIMARY KEY(列名 1,列名 2…)
```

下面就使用示例 4 演示如何在修改表时添加联合主键。

【示例 4】　假设订房信息表（OrderInfo）如表 4.2 已经存在，但是并没有创建主键。现在要将 OrderInfo 表中的 CustomerId 和 OrderId 两列设置成主键。创建的语法如下所示：

```
ALTER TABLE ORDERINFO
ADD CONSTRAINT PK_ORDERINFO PRIMARY KEY(CUSTOMERID, ORDERID)
```

运行后的效果如图 4.6 所示。

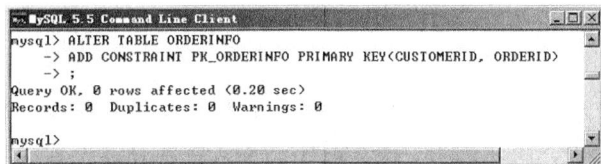

图 4.6　在修改表时添加联合主键

💬说明：通常情况下，当在修改表时要设置表中某个列的主键约束时，要确保设置成主键约束的列中值不能够有重复的，并且要保证是非空的。否则，是无法设置主键约束的。

4.2.3　删除主键约束

当一个表中不需要主键约束时，就需要从表中将其删除。删除主键约束的方法要比创建主键约束容易得多。删除主键约束的语法如下所示：

```
ALTER TABLE table_name
DROP PRIMARY KEY;
```

下面使用示例 5 来演示如何删除主键约束。

【示例 5】 删除客户信息表（CUSTOMERINFO）中的主键约束。代码如下所示：

```
ALTER TABLE CUSTOMERINFO
DROP PRIMARY KEY;
```

执行删除主键约束的语句后，效果如图 4.7 所示。

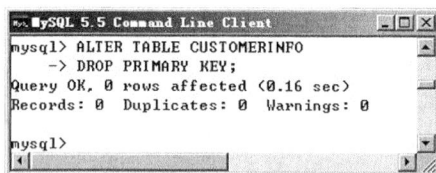

图 4.7　删除主键约束

由于主键约束在一个表中只能有一个，因此不需要指定主键名就可以删除一个表中的主键约束。

4.3　外　键　约　束

外键约束是确保表中数据正确性的一个手段，它经常与主键约束一起使用。外键约束是用来约束两个表中数据的一致性的。比如：一个水果摊，只有苹果、桃儿、李子、西瓜 4 种水果，那么，你来到水果摊要买水果只能选择苹果、桃儿、李子、西瓜。其他的水果都是不能够购买的。

4.3.1　在创建表时设置外键约束

外键约束是设置两个表之间关系的，如果一个表 A 中的某一列数据出现在另一个表 B 中，那么 A 表称为父表，B 表称为子表。其中，A 表中的列要设置成主键约束，B 表中与之相同的列才能设置外键约束。

在创建表时为其设置外键约束的语法如下所示：

```
CREATE TABLE table_name
(
 column_name1 datatype,
 column_name2 datatype,
 column_name3 datatype,
```

```
...
CONSTRAINT fk_name FOREIGN KEY(列名1) references table_name1(列名2)
);
```

这里，fk_name 是外键约束的名称；列名 1 是设置外键约束的列；table_name1 是父表的名字；列名 2 是父表中的主键列。下面使用示例 6 来演示如何创建外键约束。

【示例 6】 创建客房类型信息表（TypeInfo），如表 4.4 所示。再创建客房信息表（RoomInfo）如表 4.3 所示，并为其中的房间类型（RoomType）列创建外键约束。

表 4.4　客房类型信息表（TypeInfo）

编号	列　　名	数 据 类 型	中 文 释 义	约　　束
1	RoomTypeId	integer	房间类型编号	主键约束
2	RoomType	varchar(20)	房间类型名称	

创建客房类型信息表的代码如下所示：

```
CREATE TABLE TYPEINFO
(
  ROOMTYPEID INT PRIMARY KEY,
  ROOMTYPE  VARCHAR(20)
);
```

创建客房信息表（RoomInfo）时为房间类型（RoomType）列添加外键约束的代码如下：

```
CREATE TABLE ROOMINFO
(
  ROOMID INT PRIMARY KEY,
  ROOMTYPEID INT,
  ROOMPRICE  NUMERIC(7,2),
  ROOMSTATE  VARCHAR(2),
  REMARK    VARCHAR(200),
  CONSTRAINT    FK_ROOMINFO    FOREIGN    KEY(ROOMID)    REFERENCES
TYPEINFO(ROOMTYPEID)
);
```

执行效果如图 4.8 所示。

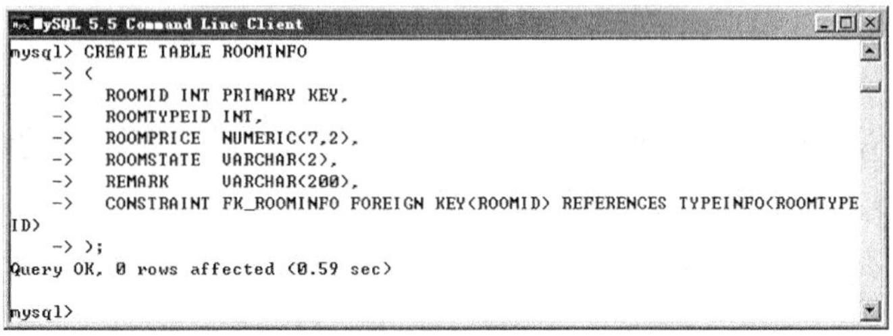

图 4.8　在创建表时添加外键约束

4.3.2　在修改表时添加外键约束

外键约束也可以在修改表时添加，但是添加外键约束的前提是设置外键约束的列中的数据必须与引用的主键表中字段一致或者是没有数据。

在修改表时添加外键约束的语法如下所示：

```
ALTER TABLE table_name1
ADD CONSTRAINT fk_name FOREIGN KEY(列名 1)REFERENCES table_name2(列名 2)
```

这里，fk_name 是外键约束的名称；列名 1 是 table_name1 中设置外键约束的列；table_name2 是父表的名字；列名 2 是父表中的主键列。下面通过示例 7 演示如何在修改表时添加外键约束。

【示例 7】　假设客房信息表（RoomInfo）已经存在，如表 4.3 所示。现要为客房信息表（RoomInfo）中房间类型编号列（RoomTypeId）添加外键约束，使其引用房间类型表（TypeInfo）中房间类型编号列（RoomTypeId）。

根据题目的要求，代码如下：

```
ALTER TABLE RoomInfo
ADD CONSTRAINT fk_roomtypeid FOREIGN KEY(RoomTypeId) REFERENCES
TypeInfo(RoomTypeId)
```

添加外键约束后，结果如图 4.9 所示。

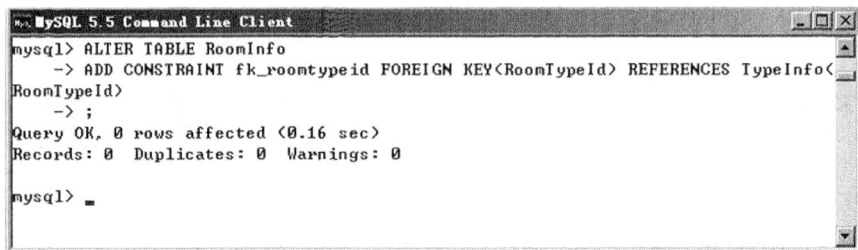

图 4.9　在修改表时添加外键约束

🔔注意：在为已经创建好的数据表添加外键约束时，要确保添加外键约束的列的值全部来源于主键列，并且外键列不能为空。

4.3.3　删除外键约束

当一个表中不需要外键约束时，就需要从表中将其删除。删除外键约束的方法要比创建外键约束容易得多。删除外键约束的语法如下所示：

```
ALTER TABLE table_name
DROP FOREIGN KEY FK_NAME;
```

这里，FK_NAME 是外键约束的名字。下面使用示例 8 来演示如何删除主键约束。

【示例 8】　删除客房信息表（RoomInfo）中的外键约束 fk_roomtypeid。

根据题目的要求，删除外键约束的代码如下所示：

```
ALTER TABLE CUSTOMERINFO
DROP FOREIGN KEY fk_roomtypeid;
```

执行该语句后，就可以将外键约束 fk_roomtypeid 删除了。

4.4 默认值约束

默认值约束是用来约束当数据表中某个字段不输入值时，自动为其添加一个已经设置好的值。比如：如果在注册学生信息时，如果不输入学生的性别，会默认设置一个性别或者输入一个"未知"。默认值约束通常用在已经设置了非空约束的列，这样能够防止数据表在录入数据时出现错误。

4.4.1 在创建表时设置默认值约束

默认值约束在创建表时就可以创建了，实际上设置了默认值约束的列，就不必再设置非空约束了。

在创建表时添加默认值约束的语法如下所示。这里是为表中的 COLUMN_NAME2 列设置默认值。如下所示：

```
CREATE TABLE table_name
(
COLUMN_NAME1 DATETYPE,
COLUMN_NAME2 DATETYPE DEFAULT  默认值,
COLUMN_NAME3 DATETYPE
);
```

这里，在 DEFAULT 关键字后面就为该字段设置的默认值。如果默认值是字符类型的，要用单引号括起来。下面就通过示例 9 演示如何在创建表时设置默认值。

【示例 9】 在创建客户订房表（OrderInfo）时（如表 4.2），为客户的付款金额设置默认值 0。

创建表并设置默认值约束的语句如下所示：

```
CREATE TABLE ORDERINFO
(
  CUSTOMERID INTEGER,
  ORDERID    INTEGER,
  CHECKINDATE DATETIME,
  CHECKOUTDATE DATETIME,
  AMOUNT     NUMERIC(7,2) DEFAULT 0,
  REMARK     VARCHAR(200)
);
```

结果如图 4.10 所示。

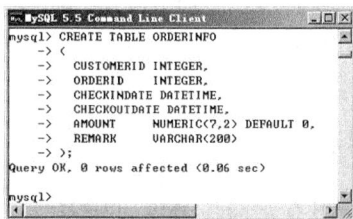

图 4.10 在创建表时添加默认值约束

说明：在创建表时为列添加默认值，可以一次为多个列添加默认值，只要注意不同的列的数据类型就可以。

4.4.2　在修改表时添加默认值约束

默认值约束除了在创建表时添加，也可以在修改数据表时来设置列的默认值。在修改表时添加默认值约束的语法如下所示：

```
ALTER TABLE table_name
ALTER column_name SET DEFAULT 默认值
```

其中：

❑ column_name：是设置默认值约束的列名。

❑ DEFAULT 默认值：是设置的默认值，与创建表时添加默认值约束一样，如果字符型的一定要加上单引号。

下面使用示例 10 来演示如何在修改表时添加默认值约束。

【示例 10】 将示例 9 中为付款金额设置的默认值由 0 修改成 1。

修改默认值的语句如下所示：

```
ALTER TABLE ORDERINFO
ALTER AMOUNT SET DEFAULT 1;
```

结果如图 4.11 所示。

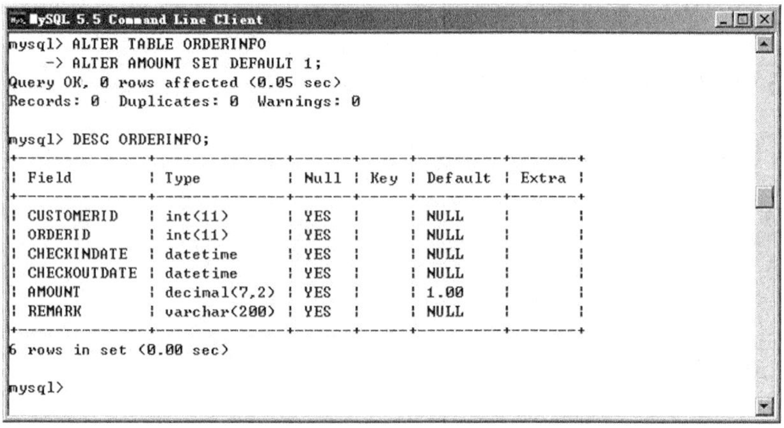

图 4.11　修改默认值约束

在图 4.11 中，修改完默认值约束后，使用 DESC 命令查看 ORDERINFO 表，可以看出 AMOUNT 列的默认值已经修改成了 1。

4.4.3　删除默认值约束

当一个表中的列不需要设置默认值时，就需要从表中将其删除。删除默认值约束的语法如下所示。

```
ALTER TABLE table_name
ALTER col_name DROP DEFAULT;
```

这里，FK_NAME 是默认值约束的名字。下面使用示例 11 来演示如何删除默认值约束。

【示例 11】　删除客户订房表（ORDERINFO）中的 AMOUNT 的默认值约束。删除默认值的代码如下所示：

```
ALTER TABLE ORDERINFO
ALTER AMOUNT  DROP DEFAULT;
```

执行该语句后，就可以将 AMOUNT 的默认值约束删除了。

4.5　非空约束

非空约束是用来约束表中字段不能为空的约束，比如：在用户信息表中用户名如果不添加，那么这条用户信息就是没有用的。所以要为用户名字段设置非空约束。

4.5.1　在创建表时设置非空约束

在创建表时，默认情况下，如果在表中不指定非空约束，那么表中所有字段都是可以为空的。前面讲过的主键约束字段必须保证该字段是不为空的，因此要设置主键约束的字段一定要设置非空约束。

在创建表时可以为 1 到多个字段同时设置非空约束，具体语法如下所示：

```
CREATE TABLE_NAME table_name
(
COLUMN_NAME1  DATATYPE NOT NULL,
COLUMN_NAME2  DATATYPE NOT NULL,
COLUMN_NAME3  DATATYPE
  ......
);
```

在上面的语法中，就为 COLUMN_NAME1 和 COLUMN_NAME2 两个字段设置了非空约束。下面使用示例 12 来演示如何在创建表时添加非空约束。

【示例 12】　创建顾客信息表（CustomerInfo），如表 4.1 所示。并为顾客信息表中的顾客姓名（CustomerName）列设置非空约束。

设置非空约束的代码如下所示：

```
CREATE TABLE CUSTOMERINFO
(
  CUSTOMERID INTEGER,
  CUSTOMERNAME VARCHAR(12) NOT NULL,
  CUSTOMERAGE  INTEGER,
  CUSTOMERSEX VARCHAR(4),
  CUSTOMERTEL VARCHAR(15),
  REMARK      VARCHAR(200)
);
```

结果如图 4.12 所示。

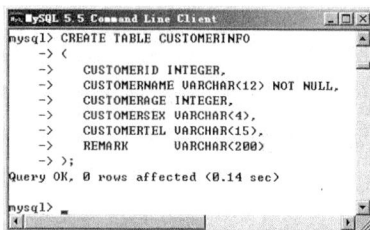

图 4.12　在创建表时添加非空约束

通过上面的代码，就为顾客信息表（CustomerInfo）中的 CustomerName 列设置了非空约束，也就是客户姓名必须要添加了。否则，就会出现错误提示。

4.5.2　在修改表时添加非空约束

如果在创建表时忘记了为字段设置非空约束，也可以通过修改表进行非空约束的添加。在修改表时为表设置非空约束语法如下所示。

```
ALTER TABLE table_name
MODIFY column_name  NOT NULL;
```

这里，column_name 是要设置非空约束的字段名，不能同时写多个字段。下面就使用示例 13 来演示如何在修改表时添加非空约束。

【示例 13】　给顾客信息表（CustomerInfo）中的顾客年龄（customerage）字段，添加一个非空约束。代码如下所示：

```
ALTER TABLE customerinfo
ALTER  customerage  int  NOT NULL;
```

为了能够看出非空约束是否添加成功，在添加完非空约束后，再使用 DESC 语句查看该表的结构。执行效果如图 4.13 所示。

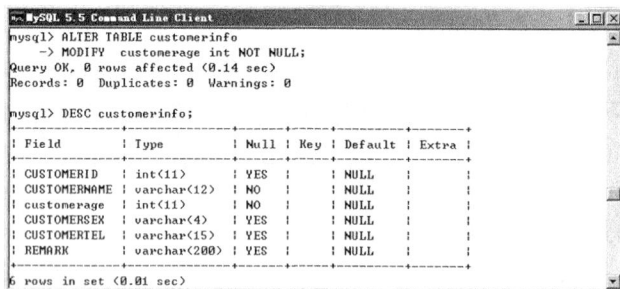

图 4.13　在修改表时添加非空约束

这样，顾客信息表（CustomerInfo）中的顾客年龄（customerage）字段值就必须要添加了。

说明：在 MySQL 数据库中非空约束是不能删除的，但是可以将设置成 NOT NULL 的列修改成 NULL。实际上也相当于对该数据列取消了非空约束。

4.6　检 查 约 束

检查约束是用来检查数据表中字段值的有效性的一个手段，例如：学生信息表中的年龄字段是没有负数的，并且数值也是有限制的，如果是大学生，年龄一般应该在 18～30 岁之间。在设置字段的检查约束时要根据实际情况进行设置，这样能够减少无效数据的输入。实际上在 4.4 和 4.5 小节中讲解的默认值约束和非空约束也可以看作是特殊的检查约束。

4.6.1　在创建表时为列设置检查约束

一般情况下，如果系统的表结构已经设计完成，那么在创建表时就可以为字段设置检查约束了。

在创建表时设置列的检查约束方法有两种，语法如下所示。

（1）设置列级检查约束

```
CREATE TABLE_NAME table_name
(
COLUMN_NAME1  DATATYPE CHECK(expression),
COLUMN_NAME2  DATATYPE,
COLUMN_NAME3  DATATYPE
   …
)
```

（2）设置表级检查约束

```
CREATE TABLE_NAME table_name
(
COLUMN_NAME1  DATATYPE,
COLUMN_NAME2  DATATYPE,
COLUMN_NAME3  DATATYPE
…
[CONSTRAINT constraint_name] CHECK(expression)
)
```

这里，[CONSTRAINT constraint_name]是可以省略的。下面使用示例 14 演示如何在创建表时为单一列添加检查约束。

【示例 14】　创建如表 4.1 所示的顾客信息表（CustomerInfo），并且分别使用上面的两种创建检查约束的方法为顾客年龄（customerage）设置检查约束。要求顾客的年龄是在 18 岁以上的。

使用第 1 种语法创建顾客信息表，并给顾客年龄列 customerage 设置检查约束，代码如下所示：

```
CREATE TABLE CUSTOMERINFO
(
  CUSTOMERID INTEGER PRIMARY KEY,
  CUSTOMERNAME VARCHAR(12),
  CUSTOMERAGE INTEGER CHECK(CUSTOMERAGE >=18),
  CUSTOMERSEX VARCHAR(4),
```

```
    CUSTOMERTEL VARCHAR(15),
    REMARK      VARCHAR(200)
);
```

使用第 2 种语法创建顾客信息表，并给顾客年龄列 customerage 设置检查约束，代码如下所示：

```
CREATE TABLE CUSTOMERINFO
(
    CUSTOMERID INTEGER,
    CUSTOMERNAME VARCHAR(12),
    CUSTOMERAGE INTEGER,
    CUSTOMERSEX VARCHAR(4),
    CUSTOMERTEL VARCHAR(15),
    REMARK      VARCHAR(200),
    CHECK(CUSTOMERAGE>=18)
);
```

执行上面两种创建检查约束的方法，都可以在顾客信息表中的顾客年龄列上创建检查约束。也就是现在只能向顾客年龄列中输入大于 18 的整数，效果如图 4.14 所示。

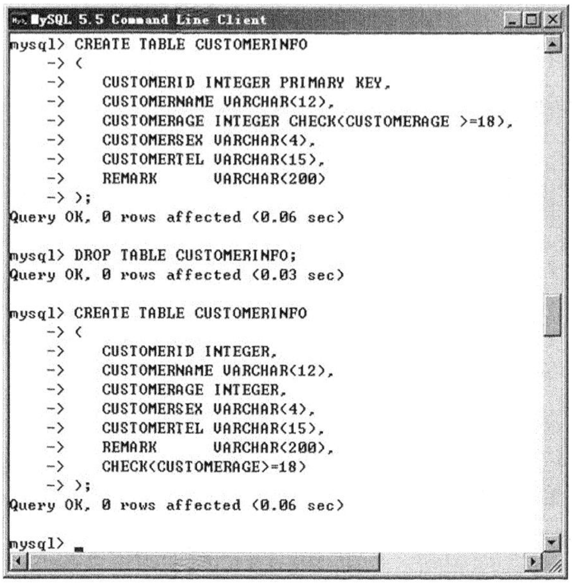

图 4.14　示例 14 的结果

4.6.2　在修改表时为一个列添加检查约束

如果一个表创建完成，可以通过修改表的方式为表添加检查约束。在数据表已经存在的前提下，要给表中的一列添加唯一约束，具体的语法如下所示：

```
ALTER TABLE table_name
ADD CONSTRAINT UQ_name UNIQUE(列名)
```

下面以示例 15 为例讲解如何在修改表时添加检查约束。

【示例 15】　给客户信息表（CustomerInfo）中的客户年龄（customerage）列加上检查

约束。代码如下所示：

```
ALTER TABLE CUSTOMERINFO
ADD CONSTRAINT CHK_AGE CHECK(CUSTOMERAGE>=18)
```

执行上面的语句后，就可以为客户年龄列添加检查约束了。

🔲注意：虽然在 MySQL 数据库中可以设置检查约束，但是检查约束在表中是不生效的，
也就是说仍然可以插入不符合条件的数据。

4.7　唯　一　约　束

唯一约束与主键约束有一个相似的地方就是它们都是确保列的唯一性的。与主键约束
不同的是，唯一约束在一个表中可有多个，并且设置唯一约束的列是允许有空值的，但是
只能有一个空值。比如，在用户信息表中，要避免表中的用户名重名，就可以把用户名列
设置为唯一约束。

4.7.1　在创建表时设置唯一约束

唯一约束可以在创建表时直接设置。唯一约束通常设置在除了主键以外的其他列上，
比如，在客户信息表中可以把客户的电话号码设置成唯一约束。

1．给单一列设置唯一约束

在创建表时添加唯一约束的语法可以有两种形式。下面的两个语法都是将表中的
COLUMN_NAME2 列设置成唯一约束，如下所示。
（1）列级唯一约束的设置

```
CREATE TABLE table_name
(
COLUMN_NAME1 DATETYPE,
COLUMN_NAME2 DATETYPE UNIQUE,
COLUMN_NAME3 DATETYPE
)
```

（2）表级唯一约束的设置

```
CREATE TABLE table_name
(
COLUMN_NAME1 DATETYPE,
COLUMN_NAME2 DATETYPE,
COLUMN_NAME3 DATETYPE,
[CONSTRAINT constraint_name] UNIQUE(COLUMN_NAME2)
)
```

这里，[CONSTRAINT constraint_name]是可以省略的。下面使用示例 16 演示如何在创
建表时设置唯一约束。

【示例 16】　分别使用上面两种语法创建唯一约束。在创建客户信息表（CustomerInfo）

时，为客户姓名（customername）列设置唯一约束。

使用第 1 种方法，代码如下所示：

```
CREATE TABLE CUSTOMERINFO
(
CUSTOMERID  INTEGER PRIMARY KEY,
CUSTOMERNAME VARCHAR(12) UNIQUE,
CUSTOMERAGE INTEGER,
CUSTOMERSEX VARCHAR(4),
CUSTOMERTEL VARCHAR(15),
REMARK      VARCHAR(200)
);
```

使用第 2 种方法，代码如下所示：

```
CREATE TABLE CUSTOMERINFO
(
CUSTOMERID  INTEGER PRIMARY KEY,
CUSTOMERNAME VARCHAR(12),
CUSTOMERAGE INTEGER,
CUSTOMERSEX VARCHAR(4),
CUSTOMERTEL VARCHAR(15),
REMARK      VARCHAR(200),
UNIQUE(CUSTOMERNAME)
);
```

执行上面的代码，就可以在客户信息表中为客户姓名添加唯一约束，那么客户姓名就不可以重复了。

2．在创建表时为多个列设置唯一约束

唯一约束与主键约束重要的区别就在于唯一约束可以在一个表的多个列中设置，并且在设置时系统会自动生成不同的约束名称。

为表中多列设置唯一约束的语法形式也有两种，如下所示。

（1）列级唯一约束

```
CREATE TABLE table_name
(
COLUMN_NAME1 DATETYPE UNIQUE,
COLUMN_NAME2 DATETYPE UNIQUE,
COLUMN_NAME3 DATETYPE
);
```

（2）表级唯一约束

```
CREATE TABLE table_name
(
COLUMN_NAME1 DATETYPE,
COLUMN_NAME2 DATETYPE,
COLUMN_NAME3 DATETYPE,
[CONSTRAINT constraint_name] UNIQUE(COLUMN_NAME1),
[CONSTRAINT constraint_name] UNIQUE(COLUMN_NAME2)
);
```

这里，[CONSTRAINT constraint_name]是可以省略的。两种形式的语法中显示的是为 COLUMN_NAME1 和 COLUMN_NAME2 分别设置唯一约束。下面以示例 17 为例讲解如何在创建表时为表中多个列设置唯一约束。

【示例 17】 分别使用上面的两种语法形式，在创建客户信息表（CustomerInfo）的同时为客户姓名（customername）和客户年龄（customerage）列分别设置唯一约束。

使用第 1 种方法，代码如下所示：

```
CREATE TABLE CUSTOMERINFO
(
  CUSTOMERID  INTEGER PRIMARY KEY,
  CUSTOMERNAME VARCHAR(12) UNIQUE,
  CUSTOMERAGE INTEGER UNIQUE,
    CUSTOMERSEX VARCHAR(4),
    CUSTOMERTEL VARCHAR(15),
    REMARK     VARCHAR(200)
);
```

使用第 2 种方法，代码如下所示：

```
CREATE TABLE CUSTOMERINFO
(
  CUSTOMERID  INTEGER PRIMARY KEY,
  CUSTOMERNAME VARCHAR(12),
  CUSTOMERAGE INTEGER,
  CUSTOMERSEX VARCHAR(4),
  CUSTOMERTEL VARCHAR(15),
  REMARK     VARCHAR(200),
  UNIQUE(CUSTOMERNAME),
UNIQUE(CUSTOMERAGE)
);
```

执行上面的语句后，就为 CustomerInfo 表添加了两个唯一约束。

3．在创建表时为多个列设置共同的唯一约束

唯一约束也可以像设置联合主键一样，把多个列放在一起设置。设置这种多列的唯一约束的作用是确保某几个列中的数据不重复，比如，在用户信息表中，要确保用户的登录名和密码是不重复的，就可以把登录名和密码设置成一个唯一约束。

在创建表时为多个列设置共同的唯一约束，语法如下所示：

```
CREATE TABLE table_name
(
COLUMN_NAME1 DATETYPE,
COLUMN_NAME2 DATETYPE,
COLUMN_NAME3 DATETYPE,
[CONSTRAINT constraint_name] UNIQUE(COLUMN_NAME1, COLUMN_NAME2,…)
)
```

这里，[CONSTRAINT constraint_name]是可以省略的。UNIQUE(COLUMN_NAME1, COLUMN_NAME2,…)中的 COLUMN_NAME1 和 COLUMN_NAME2 就是要设置共同唯一约束的列。下面以示例 18 为例讲解如何添加多个列的共同唯一约束。

【示例 18】 使用上面的语法，在创建客户信息表（CustomerInfo）时，为客户姓名（customername）和客户年龄（customerage）列设置共同的唯一约束。代码如下所示：

```
CREATE TABLE CUSTOMERINFO
(
```

```
    CUSTOMERID  INTEGER PRIMARY KEY,
    CUSTOMERNAME VARCHAR(12),
    CUSTOMERAGE INTEGER,
    CUSTOMERSEX VARCHAR(4),
    CUSTOMERTEL VARCHAR(15),
    REMARK      VARCHAR(200),
UNIQUE(CUSTOMERNAME,CUSTOMERAGE)
);
```

执行上面的语句后，就为 CustomerInfo 表添加了一个由 CUSTOMERNAME 和 CUSTOMERAGE 列组成的唯一约束。

4.7.2　在修改表时添加唯一约束

1．在修改表时添加一个列的唯一约束

当完成表的设计后，也可以通过修改表来添加唯一约束。当数据表已经存在的前提下，要给表中的一列添加唯一约束，具体的语法如下所示：

```
ALTER TABLE table_name
ADD CONSTRAINT UQ_name UNIQUE(列名)
```

下面使用示例 19 来演示如何在修改表时添加一个列的唯一约束。

【示例 19】　给客户信息表（CustomerInfo）中的客户联系方式（CUSTOMERTEL）列加上唯一约束。

代码如下所示：

```
ALTER TABLE CustomerInfo
ADD CONSTRAINT UQ_CustomerInfo UNIQUE(CUSTOMERTEL)
```

执行上面的语句后，CustomerInfo 中就增加了一个唯一约束。

2．在修改表时添加多个列的共同唯一约束

为多个列添加共同的唯一约束也是经常会碰到的情况，在添加这种多列共同约束时，一定要注意这些列里的数据是否有重复的。如果有重复数据或多个空数据，就会使约束添加失败。

在数据表已经存在的前提下，添加多个列的共同约束具体的语法如下所示：

```
ALTER TABLE table_name
ADD CONSTRAINT UQ_name UNIQUE(列名1,列名2…)
```

下面使用示例 20 来演示如何在修改表时添加多个列共同的唯一约束。

【示例 20】　给客户信息表（CustomerInfo）中的客户联系方式（CUSTOMERTEL）列和客户姓名（CUSTOMERNAME）列都加上唯一约束，代码如下所示：

```
ALTER TABLE CustomerInfo
ADD CONSTRAINT UQ_CustomerInfo1 UNIQUE(CUSTOMERTEL, CUSTOMERNAME)
```

执行上面的语句后，就为 CustomerInfo 表添加了一个由 CUSTOMERTEL 和 CUST-OMERNAME 列组成的唯一约束。

4.7.3　删除唯一约束

唯一约束在创建之后，系统会默认将其归纳到索引中。因此，删除唯一约束就是删除索引。在删除索引前，要知道索引的名称。如果不清楚索引的名称可以通过 SHOW INDEX FROM 表名的语句来获得：

```
DROP INDEX INDEX_NAME ON TABLE_NAME
```

这里，INDEX_NAME 是唯一约束的名字（索引的名字），TABLE_NAME 是表名。下面使用示例 21 来演示如何删除唯一约束。

【示例 21】　删除客户信息表（CustomerInfo）中的 UQ_CustomerInfo 约束。

代码如下所示：

```
DROP INDEX UQ_CustomerInfo ON CustomerInfo
```

执行该语句后，就可以将 UQ_CustomerInfo 唯一约束删除了。

4.8　本章小结

在本章中详细地讲解了 6 种约束，即主键约束、外键约束、默认值约束、非空约束、检查约束以及唯一约束的使用方法。在这 6 种约束中，通常把默认值约束和非空约束也归纳到检查约束中。另外，还需要记住的是，只有外键约束是要涉及两张表的，其他的约束都是针对一张数据表的。

4.9　本章习题

一、填空题

（1）约束的类型主要有_____。

（2）主键约束与唯一约束最大的区别是_____。

（3）定义主键约束的关键字是_____。

（4）定义一个验证年龄是在 18～30 的检查约束_____。

二、选择题

（1）下面的哪个关键字是定义外键约束的？_____

    A. PRIMARY KEY   B. UNIQUE

    C. NOT NULL   D. FOREIGN KEY

（2）下面哪个关键字是定义唯一约束的？_____

    A. PRIMARY KEY   B. UNIQUE

    C. NOT NULL   D. FOREIGN KEY

（3）下面哪个关键字是定义非空约束的？_____

　　A．PRIMARY KEY　　　　　　B．UNIQUE

　　C．NOT NULL　　　　　　　　D．FOREIGN KEY

（4）下面哪个关键字是定义主键约束的？_____

　　A．PRIMARY KEY　　　　　　B．UNIQUE

　　C．NOT NULL　　　　　　　　D．FOREIGN KEY

三、上机题

（1）假设有一个数据表的结构如表 4.5 所示。在创建该表时给该表的学号列设置主键约束。

表 4.5　学生信息表（studentinfo）

编号	列名	数 据 类 型	中文释义
1	id	integer	学号
2	name	varhcar(12)	姓名
3	age	integer	年龄
4	tel	varchar(4)	电话

（2）修改学生信息表，将其姓名列设置成唯一约束。

（3）修改学生信息表，将其电话列设置成非空约束。

（4）修改学生信息表，将其年龄列设置成默认值约束 20。

第2篇　操作表中的数据

第 5 章　使用 DML 语言操作数据表

所谓 DML（Data Manipulation Language）语言就是数据操纵语言，主要包括对数据表数据的添加、删除、修改以及查询的操作。对于查询操作也可被称作数据查询语言（DQL）。对数据表的操作是数据库的核心内容，在所有现有的使用数据库的软件中都会用到对数据表数据的操作。

本章的主要知识点如下：

- ❏　向数据表中添加数据；
- ❏　修改数据表中的数据；
- ❏　删除数据表中的数据；
- ❏　数据表操作实例。

5.1　使用 INSERT 语句向数据表中添加数据

向数据表中添加数据，记住 INSERT 这个关键字就可以了。在实际的应用中，在网站上注册用户名、注册邮箱等操作都是对数据表中的数据进行添加操作。在本节中将讲解插入一条完整的记录、给指定的字段插入记录、复制其他表中的记录、将查询结果插入到表中等操作。

5.1.1　INSERT 语句的基本语法形式

不论向数据表插入什么样的数据，都要使用 INSERT 关键字来完成。INSERT 语句分为如下 3 种语法格式。

1. INSERT…VALUES形式

INSERT…VALUES 形式用于不指定列直接向数据表中添加数据或者是向指定列中添加数据。具体的语法格式如下所示：

```
INSERT [INTO] table_name[(col_name,...)]
VALUES (col_value1,col_value2,…)
```

其中：

- ❏　INSERT　[INTO]：[INTO]是可以省略的，但是一般情况下是加上的。
- ❏　table_name：要插入数据的表名。
- ❏　col_name：要插入数据的列名。如果想向表中所有的字段插入值就可以省略列名。

省略列名后插入数据时就要按表中列的顺序插入值。

❑ col_value1：要插入指定列的值。这里，需要注意的是列的个数一定要与插入值的个数一致，并且数据类型也要兼容。

2．INSERT...SET形式

使用 INSERT...SET 形式通常都是通过 SET 对指定字段插入值。具体的语法格式如下所示：

```
INSERT
   [INTO] table_name
   SET col_name= col_value, ...
```

其中：

❑ table_name：是数据表的名称。

❑ col_name：是数据表中列的名称。

❑ col_value：是数据表中列的值。

这里的[INTO]关键字也是可以省略的。在 SET 后面分别给表中列的设置值，每个列之间用逗号隔开。

3．INSERT...SELECT形式

使用 INSERT...SELECT 可以快速地从一个或多个表中向一个表中插入多个行。这种插入的方式也被称为数据的复制。在本章的 5.1.3 小节中将给出详细的例子。INSERT...SELECT 的具体语法格式如下：

```
INSERT
   [INTO] table_name
 SELECT ...
```

这里，SELECT 是查询语句，用来将其他表的查询结果填充到数据表中。但是，将查询出的数据添加到表中，数据也要与表中字段的数据类型和个数匹配。其他的关键字在前面的语法中已经解释，这里就不再赘述。

通过上面给出的3种语法形式，就可以很容易完成数据的添加操作。

5.1.2　给表中指定字段添加数据

给表中指定字段添加数据，可以采用 INSERT 语句的 INSERT...VALUES 形式和 INSERT...SET 形式来完成。下面就分别举例来讲解每种形式语句的使用方法。

【示例 1】创建一张账目信息表，记录每天的花销情况，表结构如表 5.1 所示。并按下列要求完成数据的添加：

（1）分别使用 INSERT...VALUES 形式和 INSERT...SET 形式向表中添加一条完整的记录。

（2）分别使用 INSERT...VALUES 形式和 INSERT...SET 形式向表中账目编号、消费内容、消费金额字段添加数据。

表 5.1　账目信息表（AccountInfo）

编号	列　　名	数 据 类 型	中 文 释 义
1	id	int	账目编号
2	name	varhcar(20)	消费内容
3	account	decimal(7,2)	消费金额
4	account type	varchar(20)	消费类型
5	accountdate	varchar(20)	消费时间
6	Remark	varchar(200)	备注

创建该数据表的语句如下所示：

```
CREATE TABLE AccountInfo
(
 id INT PRIMARY KEY,
 name VARCHAR(50),
 account decimal(7,2),
 accounttype  VARCHAR(20),
 accountdate VARCHAR(20),
 remarks    VARCHAR(200)
);
```

可以将该数据表建立在 mysql 数据库中。

（1）向表中添加的 2 条数据记录如表 5.2 所示。

表 5.2　向账目信息表添加的数据

编号	id	name	account	accounttype	accountdate	remarks
1	1	购书	50	购物	20120201	2 本书
2	2	吃饭	120	餐饮	20120501	吃火锅

下面首先使用 INSERT…VALUES 格式向数据表中添加记录如下：

```
INSERT INTO accountinfo
VALUES(1,'购书',50,'购物','20120201','2 本书');
```

执行添加账目的信息，效果如图 5.1 所示。

图 5.1　使用 INSERT…VALUES 插入整行记录

在图 5.1 中通过 SELECT 语句查看了添加的数据。这里，需要注意的是插入数据的顺序是按照数据表中字段的顺序添加的。如果不想按顺序添加数据，可以在表名后面指定添加的顺序。

再使用 INSERT...SET 形式添加表 5.2 中的第 2 条记录，语句如下所示：

```
INSERT INTO accountinfo
SET id=2,name='吃饭',account=120,accounttype='餐饮',
remarks='吃火锅',accountdate='20120501';
```

执行效果如图 5.2 所示。

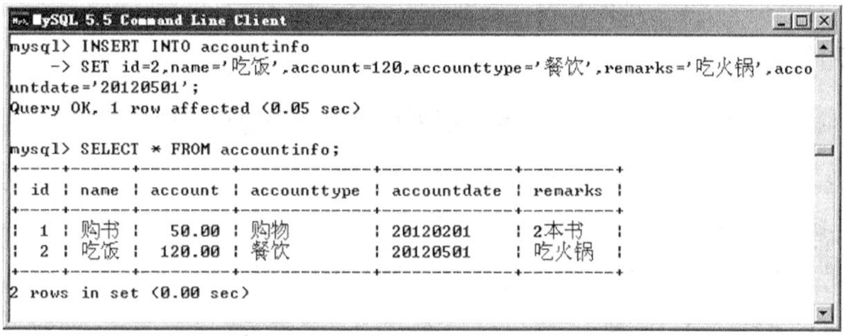

图 5.2　使用 INSERT...SET 插入整行记录

在图 5.2 的执行效果中可以看出，使用 INSERT...SET 语句添加数据时，在 SET 后面可以不按表中字段的顺序添加数据，这样就可以避免由于记不住表中字段的顺序而添加错误的情况。

（2）向指定的字段添加如表 5.3 所示的值。

表 5.3　向账目信息表添加的数据

编号	id	name	account
1	3	看电影	50
2	4	爬山	210

使用 INSERT...VALUES 形式向数据表中添加表 5.3 的第 1 条记录，语句如下所示：

```
INSERT INTO accoutinfo(id,name,account)
VALUES(3,'看电影',50);
```

执行效果如图 5.3 所示。

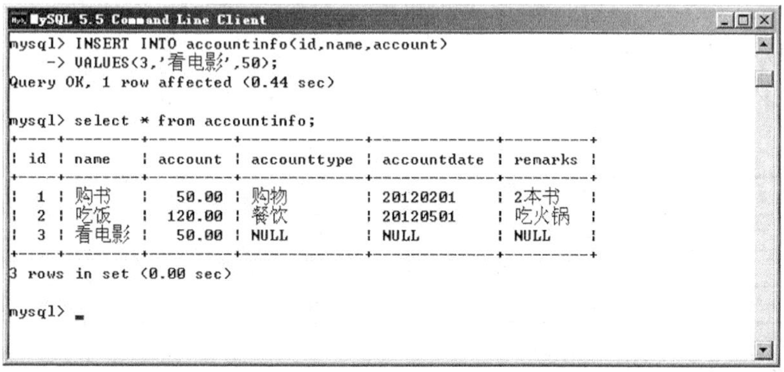

图 5.3　使用 INSERT...VALUES 向指定列插入值

在上一章中的约束里已经讲过设置主键约束的列和非空约束的列是不允许为空的，因此对于账目信息表来说，账目编号列是主键列是必须要添加的，否则就会出现错误。此外，从图 5.3 的添加结果可以看出，没有添加的列全部都是 NULL 而不是空值。

再使用 INSERT…SET 语句向账目信息表中插入表 5.3 中的第 2 条记录，语句如下所示：

```
INSERT INTO accountinfo
SET id=4,name='爬山',account=210;
```

效果如图 5.4 所示。

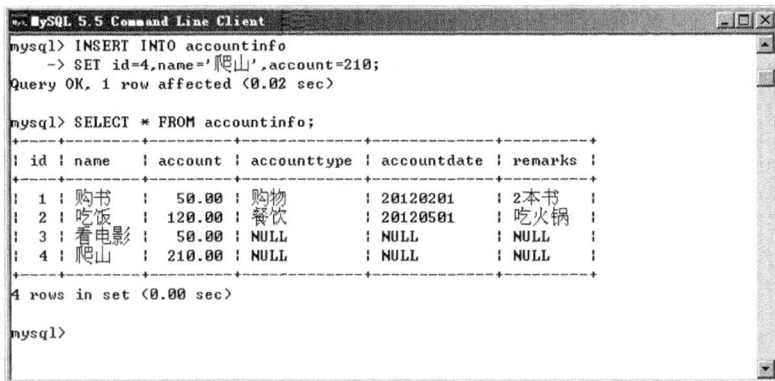

图 5.4　使用 INSERT…SET 向表中指定列添加数据

从图 5.4 的结果中可以看出，使用 INSERT…VALUES 和 INSERT…SET 可以完成同样的操作。但是从书写方式来看，使用 INSERT…SET 的方式更不容易出现错误也更方便一些。

5.1.3　复制其他表中的数据

所谓复制其他表中的数据，就是把一个表中的数据直接添加到另一个表中，并且添加的数据可以是表中的全部数据，这样就能够减少添加数据的工作量。这种复制表中数据的做法，可以理解为文件夹内容的复制粘贴操作。

下面使用示例 2 来完成表数据的复制操作，表数据的复制操作使用的是 5.1.1 小节中 INSERT…SELECT 语句来完成。

【示例 2】 将表 5.4 中的数据复制到账目信息表（accountinfo）中。

表 5.4　accountinfo1

编　号	列　　名	数 据 类 型	中 文 释 义
1	accountid	int	账目编号
2	accountname	varhcar(20)	消费内容
3	account	decimal(7,2)	消费金额

创建该数据表的语句如下所示：

```
CREATE TABLE accountInfo1
(
  id INT PRIMARY KEY,
```

```
accountname VARCHAR(50),
account decimal(7,2)
);
```

并向该表中添加如下 5 条数据，如表 5.5 所示。

表 5.5　向accountinfo1 中添加的数据

序号	编号	内　　容	金额
1	11	练瑜伽	100
2	12	订蛋糕	367
3	13	买裙子	320
4	14	去游乐场	200
5	15	雇钟点工	100

添加的语句如下所示：

```
INSERT INTO accountinfo1
VALUES(11,'练瑜伽',100);
INSERT INTO accountinfo1
VALUES(12,'订蛋糕',367);
INSERT INTO accountinfo1
VALUES(13,'买裙子',320);
INSERT INTO accountinfo1
VALUES(14,'去游乐场',200);
INSERT INTO accountinfo1
VALUES(15,'雇钟点工',100);
```

现要将表 5.5 中的数据全部复制到表 accountinfo 中，具体语句如下所示：

```
INSERT INTO accountinfo(id,name,account)
SELECT * FROM accountinfo1
```

执行效果如图 5.5 所示。

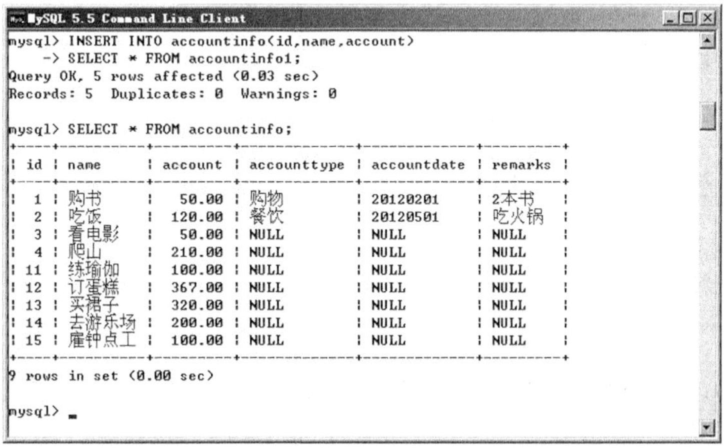

图 5.5　复制 accountinfo1 中的数据到 accountinfo 中

从图 5.5 的复制结果可以看出，从一个表中将数据复制到另一个表中，要注意复制的列是否是同一类型并且个数也要一致。accountinfo1 中有 3 列，就需要在复制时指定 accountinfo 的 3 列来接收值。

5.1.4 为表添加多条数据

向表中一次插入多条记录是实际操作中经常会用到的，就像在示例 2 中为表 accountinfo1 添加 5 条记录一样,读者会发现添加语句都是重复的,只是添加的值有所改变。那么，为了简化添加时的语句，使用 INSERT...VALUES 添加多条记录的语法如下所示：

```
INSERT INTO table_name
VALUES(value_list1)…(value_listn);
```

下面就使用示例 3 来演示如何向表中一次插入多条记录。

【示例3】 向表 accountinfo1 中一次添加如表 5.6 所示的记录。

表 5.6　向表中添加的记录

序号	编号	内　容	金额
1	21	买报纸	5
2	22	交电费	200
3	23	交物业费	1200

将表 5.6 所示的记录添加到 accountinfo1 中的语句如下所示：

```
INSERT INTO accountinfo1
VALUES(21,'买报纸',5),(22,'交电费',200), (23,'交物业费',1200);
```

执行效果如图 5.6 所示。

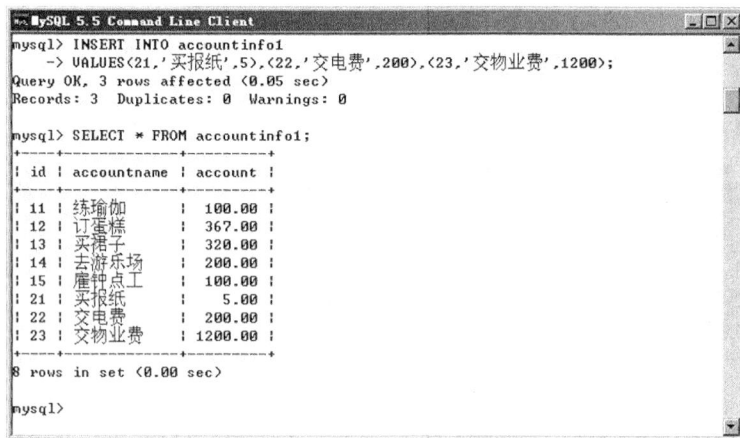

图 5.6　一次插入多条记录

从图 5.6 中可以看出，通过上面的语句就可以将 3 条记录一次全部插入到数据表中。

5.2 使用 UPDATE 语句修改表中的数据

数据表中的数据并不是一次添加后就不再更改的,修改数据表中的数据使用 UPDATE 关键字开始的语句完成。在现实生活中，哪些对数据库的操作会使用修改呢？当你要修改邮箱的密码时，当你修改注册的用户名时，实际上都是对数据表的修改操作。在本节中将学习如何来修改数据表中的数据。

5.2.1 UPDATE 语句的基本语法形式

UPDATE 语句的语法形式没有 INSERT 的语法形式多，对于单表的修改只有一种形式，具体语法如下所示：

```
UPDATE table_name
    SET col_name1=value1,col_name2=value2,…
    [WHERE 条件]
    [ORDER BY ...]
    [LIMIT row_count]
```

其中：

- table_name：表名。
- col_name：列名。
- [WHERE 条件]：该语句是可选的，代表修改数据时的条件。如果不选择该语句，代表的是修改表中的全部数据。
- [ORDER BY ...]：该语句是可选的，代表的是修改数据的顺序。
- [LIMIT row_count]：该语句是可选的，用来限制可以被更新的行的数目。

注意：如果是多个表连接来修改数据，不能够使用 ORDER BY 和 LIMIT 子句。

5.2.2 修改表中的全部数据

修改表中的全部数据是一种不太常用的操作，但是有的时候也会用到，比如：当需要将所有的商品价格增长 10%时，就需要修改商品信息表中的所有商品价格。修改全部数据的语句是不带任何可选项的语句，具体的语句如下所示：

```
UPDATE table_name
    SET col_name1=value1,col_name2=value2,…
```

下面就通过示例 4 来演示如何修改表中的全部数据。

【示例 4】 修改账目信息表中的备注字段 remarks，将其全部修改成“消费”。

根据 UPDATE...SET 的语法形式，具体的修改语句如下所示：

```
UPDATE accountinfo
SET remarks='消费';
```

执行效果如图 5.7 所示。

从图 5.7 中显示的修改结果可以看出，所有的 remarks 值全部修改成了“消费”。

5.2.3 根据条件修改表中的数据

根据条件修改表中的数据是一种比较常用的操作。比如：对于商品信息表中的商品调价的问题，要将某一类商品的价格上涨或者下降，都是要将商品类型作为条件进行调价的。根据条件修改表中的数据，要使用的是 UPDATE…SET…WHERE…的语句来完成的。下面通过示例 5 来演示如何根据条件来修改表中的数据。

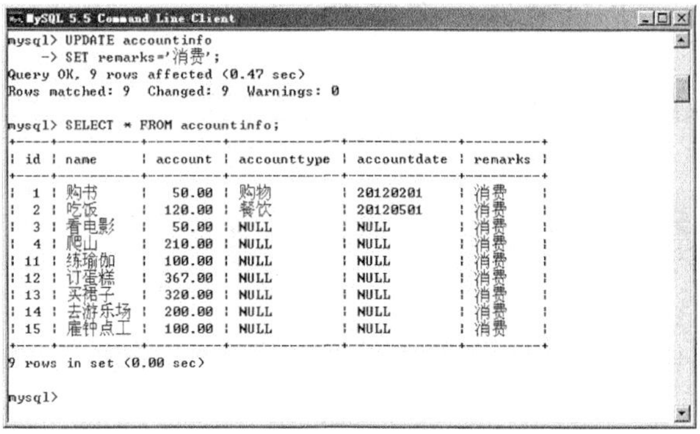

图 5.7　修改 accountinfo 中的 remarks 字段

【示例 5】　将账目信息表（accountinfo）中所有的餐饮类项目的备注（remarks）内容修改为"吃大餐"。

在账目信息表中要修改餐饮类项目的值，实际上就是要修改消费类型（accounttype）字段是餐饮的数据值。具体的语句如下所示：

```
UPDATE accountinfo
SET remarks='吃大餐'
WHERE accounttype='餐饮';
```

执行效果如图 5.8 所示。

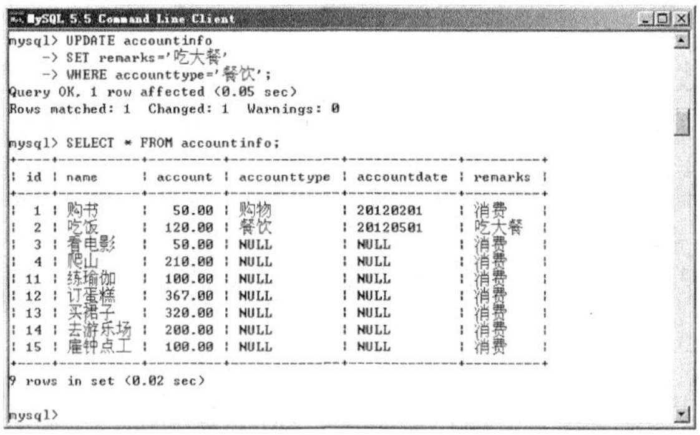

图 5.8　根据条件修改 remarks 字段

在图 5.8 中可以看到，在没有修改之前，所有的 remarks 字段的值全部都是"消费"，执行了上面的语句后，已经将消费类型是餐饮的记录中的 remarks 的字段值修改成了"吃大餐"。

5.2.4　根据顺序修改数据表中的数据

在修改数据表中的数据时，也可以指定修改数据的顺序，但是这种方法也不太常用。

如果要指定修改的顺序，要在 UPDATE…SET 语句中加上可选子句 ORDER BY 来完成。具体的语法格式分为如下两种。

（1）有 WHERE 条件的排序修改

如果要加上修改的条件，就要把 ORDER BY 子句放在 WHERE 子句之后。具体语法如下所示：

```
UPDATE table_name
 SET col_name1=value1,col_name2=value2,…
 WHERE 条件
ORDER BY 列名 1 DESC/ASC, 列名 2 DESC/ASC…
```

这里，ORDER BY 后面可以按多个列进行排序。DESC 是降序排列，ASC 是升序排列，如果不加排序的方式，默认的是升序排列。

（2）没有 WHERE 条件的排序修改

没有 WHERE 条件的排序修改就比较容易了，直接在 SET 后面加上 ORDER BY 就可以了。具体的语法如下所示：

```
UPDATE table_name
SET col_name1=value1,col_name2=value2,…
ORDER BY 列名 1 DESC/ASC, 列名 2 DESC/ASC…
```

下面就通过示例 6 来演示如何根据顺序来修改数据。

【示例 6】　对账目信息表（accountinfo）中的消费类型做如下修改：

（1）按照消费金额从高到低的顺序来修改消费类型，将消费类型全部修改成"购物"。

（2）按照消费金额从高到低的顺序来修改消费类型，将消费金额大于 200 的消费类型修改成"购大件商品"。

根据按顺序修改数据的语法规则，这两个题的答案如下：

（1）属于无条件的按顺序修改的方式，具体的语句如下所示：

```
UPDATE accountinfo SET accounttype='购物' ORDER BY account desc
```

执行效果如图 5.9 所示。

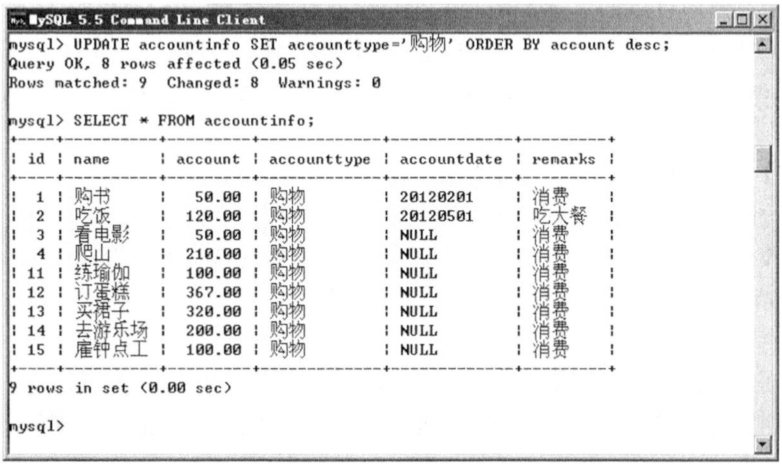

图 5.9　无条件的顺序修改

（2）有条件的按顺序修改的方式，具体语句如下所示。

```
UPDATE accountinfo SET accounttype=''购大件商品'
WHERE account>=200
ORDER BY account desc
```

执行效果如图 5.10 所示。

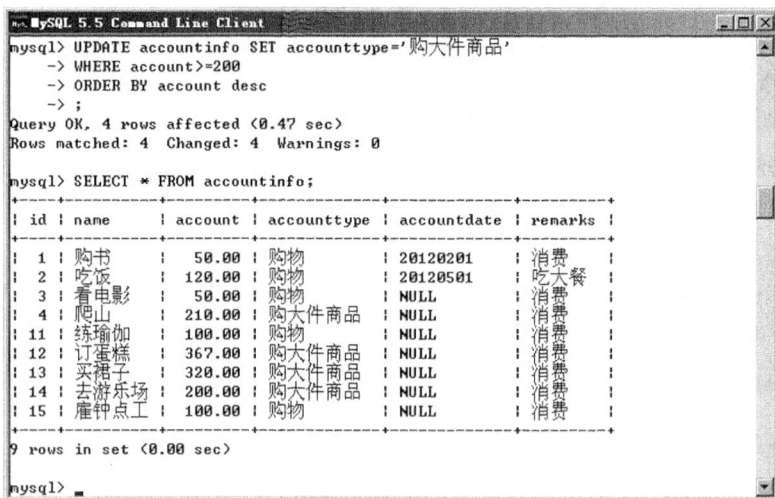

图 5.10　有条件的顺序修改

从图 5.10 中，就可以看出已经将消费金额大于 200 的消费类型，修改成了"购大件商品"。

5.2.5　限制行数的修改

限制修改行数的修改就是能够限制修改一个表中的多少行，比如：修改价格在前 5 名的商品。就可以先将商品的价格按从高到低的顺序排列，然后限制修改数据表的 5 行数据就可以了。限制修改行数的可选子句是 LIMIT，它在所有的子句后面来使用。也就说，可以直接放在 UPDATE…SET 之后，也可以放在 UPDATE…SET…WHERE 之后，还可以放在 UPDATE…SET…WHERE…ORDER BY 之后。下面就通过示例 7 来演示如何修改限制的行数。

【示例 7】 根据下面的要求来修改账目信息表（accountinfo）：

（1）修改账目信息表前 2 条记录，将其备注修改成"消费 1"。

（2）修改消费金额大于 100 的前 3 条记录，将其备注修改成"消费 2"。

（3）修改消费类型是"购大件商品"的消费金额在前 2 名的记录，将其备注修改成"消费 3"。

根据前面的语法格式分别讲解（1）～（3）题。

（1）使用 UPDATE…SET…LIMIT 的语法形式来完成，具体语句如下所示：

```
UPDATE accountinfo
SET remarks='消费 1'
LIMIT 2
```

执行效果如图 5.11 所示。

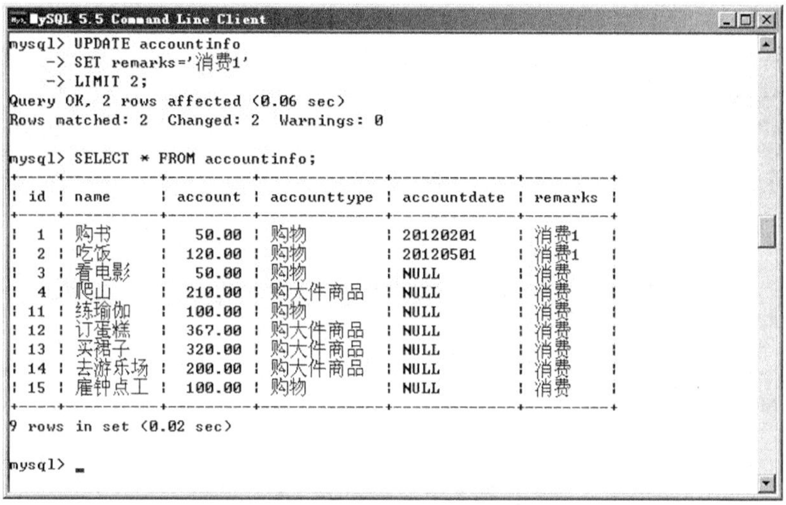

```
MySQL 5.5 Command Line Client
mysql> UPDATE accountinfo
    -> SET remarks='消费1'
    -> LIMIT 2;
Query OK, 2 rows affected (0.06 sec)
Rows matched: 2  Changed: 2  Warnings: 0

mysql> SELECT * FROM accountinfo;
+----+----------+---------+-------------+-------------+---------+
| id | name     | account | accounttype | accountdate | remarks |
+----+----------+---------+-------------+-------------+---------+
|  1 | 购书     |   50.00 | 购物        | 20120201    | 消费1   |
|  2 | 吃饭     |  120.00 | 购物        | 20120501    | 消费1   |
|  3 | 看电影   |   50.00 | 购物        | NULL        | 消费    |
|  4 | 爬山     |  210.00 | 购大件商品  | NULL        | 消费    |
| 11 | 练瑜伽   |  100.00 | 购物        | NULL        | 消费    |
| 12 | 订蛋糕   |  367.00 | 购大件商品  | NULL        | 消费    |
| 13 | 买裙子   |  320.00 | 购大件商品  | NULL        | 消费    |
| 14 | 去游乐场 |  200.00 | 购大件商品  | NULL        | 消费    |
| 15 | 雇钟点工 |  100.00 | 购物        | NULL        | 消费    |
+----+----------+---------+-------------+-------------+---------+
9 rows in set (0.02 sec)

mysql> _
```

图 5.11　使用 UPDATE…SET…LIMIT 修改数据

从图 5.11 中可以看出已经将表 accountinfo 中前 2 条记录的 remarks 修改成了“消费 1”。

（2）使用 UPDATE…SET…WHERE…LIMIT 的语法形式来完成，具体语句如下所示：

```
UPDATE accountinfo
SET remarks='消费 2'
WHERE account>100
LIMIT 3
```

执行效果如图 5.12 所示。

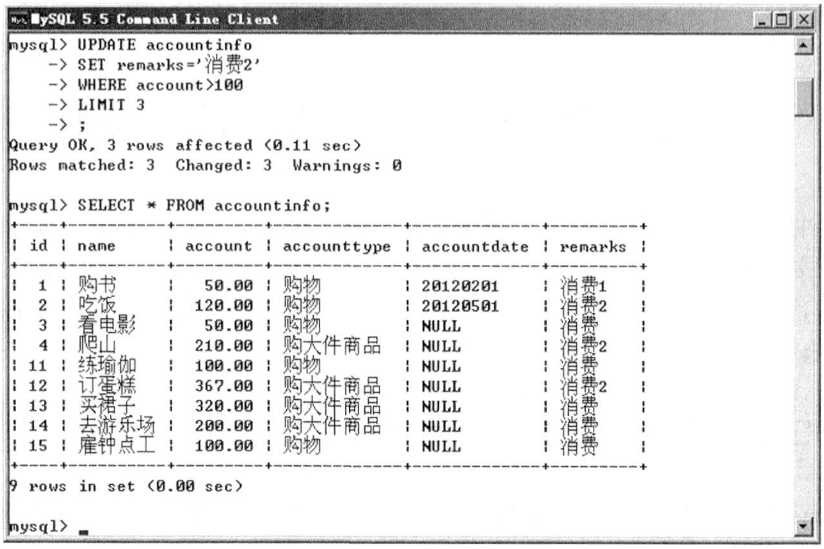

```
MySQL 5.5 Command Line Client
mysql> UPDATE accountinfo
    -> SET remarks='消费2'
    -> WHERE account>100
    -> LIMIT 3
    -> ;
Query OK, 3 rows affected (0.11 sec)
Rows matched: 3  Changed: 3  Warnings: 0

mysql> SELECT * FROM accountinfo;
+----+----------+---------+-------------+-------------+---------+
| id | name     | account | accounttype | accountdate | remarks |
+----+----------+---------+-------------+-------------+---------+
|  1 | 购书     |   50.00 | 购物        | 20120201    | 消费1   |
|  2 | 吃饭     |  120.00 | 购物        | 20120501    | 消费2   |
|  3 | 看电影   |   50.00 | 购物        | NULL        | 消费    |
|  4 | 爬山     |  210.00 | 购大件商品  | NULL        | 消费2   |
| 11 | 练瑜伽   |  100.00 | 购物        | NULL        | 消费    |
| 12 | 订蛋糕   |  367.00 | 购大件商品  | NULL        | 消费2   |
| 13 | 买裙子   |  320.00 | 购大件商品  | NULL        | 消费    |
| 14 | 去游乐场 |  200.00 | 购大件商品  | NULL        | 消费    |
| 15 | 雇钟点工 |  100.00 | 购物        | NULL        | 消费    |
+----+----------+---------+-------------+-------------+---------+
9 rows in set (0.00 sec)

mysql> _
```

图 5.12　使用 UPDATE..SET…WHERE…LIMIT 修改数据

在图 5.12 中可以看出，该语句修改的是消费金额是 120、210 以及 367 的 3 条记录，都是按数据表中原有的顺序修改的。

（3）使用 UPDATE…SET…WHERE…ORDER BY…LIMIT 的语句形式来完成，具体的语句如下所示：

```
UPDATE accountinfo
SET remarks='消费 3'
WHERE accounttype='购大件商品'
ORDER BY account DESC
LIMIT 2;
```

执行效果如图 5.13 所示。

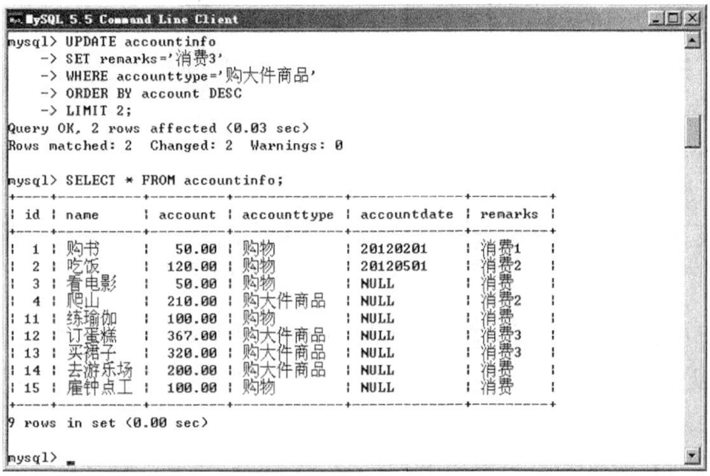

图 5.13　使用 UPDATE…SET…WHERE…ORDER BY…LIMIT 修改数据

在图 5.13 中可以看出，该语句修改的是购大件商品类型中价格为 367 和 320 的 2 条价格最高的记录。

5.3　使用 DELETE 语句删除表中的数据

删除数据表中多余的数据也是数据表中必不可少的操作之一。那么，在我们使用软件时什么时候是对数据表进行删除操作呢？比如：在网站进行购物时，要去掉订单中的商品或取消订单的操作都是对数据表的删除操作。在本节中将详细讲解删除语句 DELETE 的各种使用方法。

5.3.1　DELETE 语句的基本语法形式

数据表的删除操作使用的是 DELETE 关键字开头的语句完成的。使用 DELETE 语句可以完成对数据表中全部数据的删除、按条件删除数据以及按顺序删除等操作。具体的语法形式如下所示：

```
DELETE FROM table_name
    [WHERE 条件]
    [ORDER BY ...]
```

```
[LIMIT row_count]
```

其中：

❑ table_name：表名。

❑ [WHERE 条件]：该语句是可选的，代表删除数据时的条件。如果不选择该语句，代表的是删除表中的全部数据。

❑ [ORDER BY ...]：该语句是可选的，代表的是删除数据的顺序。

❑ [LIMIT row_count]：该语句是可选的，用来限制可以被删除的行的数目。

🔔注意：如果是多个表连接来删除数据时，不能够使用 ORDER BY 和 LIMIT 子句。

5.3.2   删除表中的全部数据

删除表中的全部数据是很简单的操作，但也是一个危险的操作。一旦删除了所有记录，就无法恢复了。因此，在删除操作之前一定要对现有数据进行备份，以避免不必要的麻烦。

删除表中全部数据使用 DELETE FROM…语句就可以完成，下面就使用示例 8 来演示删除数据的操作。

【示例 8】   删除表 accountinfo1 中的全部数据。

删除语句如下所示：

```
DELETE FROM accountinfo1;
```

执行效果如图 5.14 所示。从图中可以看出，执行删除语句后，再查询 accountinfo1 表得到的结果是 Empty set（无数据）。

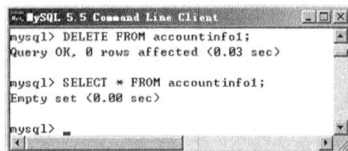

图 5.14   删除表中的全部数据

除了 DELETE FROM 语句可以删除数据表中的数据之外，还可以通过一个更快的方法——使用 TRUNCATE TABLE 来删除数据。与 DELETE FROM 语句不同的是，使用 TRUNCATE TABLE 的方式删除数据，不会返回删除数据行数。下面使用 TRUNCATE TABLE 语句来完成示例 8 的操作，具体的语句如下所示：

```
TRUNCATE TABLE accountinto1;
```

由于在示例 8 中已经将其记录全部删除了，因此先为 accountinfo1 表添加一条记录，然后再执行删除操作。执行效果如图 5.15 所示，从中可以看出执行了 TRUNCATE TABLE 后并没有返回删除的行数。但是，在查询数据表 accountinfo1 时，已经将其记录删除了。

5.3.3   根据条件删除表中的数据

大多数对数据表的删除操作都是有条件的删除操作，比如：将一段时间内没有使用的

账号删除或者将没有交费的报名信息删除等操作。根据条件删除数据表中的数据使用的是
DELETE FROM ...WHERE 语句来完成的。下面使用示例 9 来演示该语句的使用。

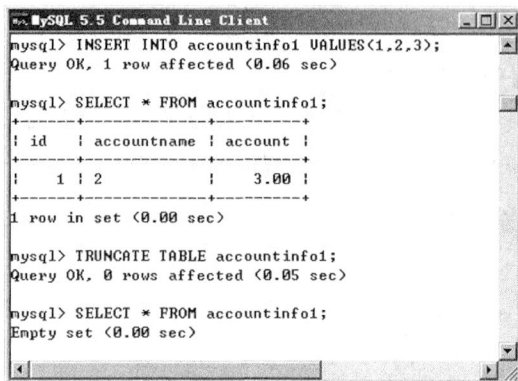

图 5.15　使用 TRUNCATE TABLE 删除数据

【示例 9】　按下列条件删除账目信息表（accountinfo）中的数据。

（1）删除编号（id）是 1 的账目信息。

（2）删除消费金额（account）在 50～100 之间的账目信息。

这两个小题都是很简单的操作，只要将 WHERE 语句后面的条件写对就可以。具体答
案如下：

（1）删除编号是 1 的账目信息，是一个单一条件的删除语句。具体语句如下所示：

```
DELETE FROM accountinfo WHERE id=1
```

执行效果如图 5.16 所示。

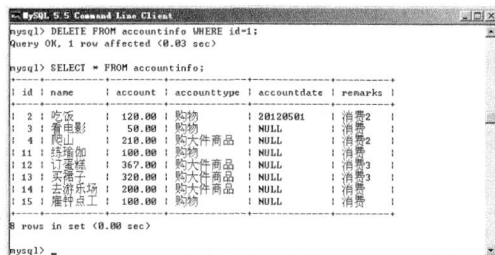

图 5.16　删除编号是 1 的账目信息

从图 5.16 中可以看到，id 是 1 的账目信息已经被删除了。

（2）消费金额在 50～100 之间，是一个多条件的删除语句。删除语句如下所示：

```
DELETE FROM accountinfo WHERE account>=50 and account<=100;
```

执行效果如图 5.17 所示，从中可以看出已经不存在消费金额在 50～100 之间的数据了。

5.3.4　按指定顺序删除数据

按指定顺序删除数据与修改数据时的语句是类似的，使用的语句是 DELETE FROM ...

[WHERE]...ORDER BY。不管是否有 WHERE 条件语句，都要将 ORDER BY 放在语句的后面。下面就使用示例 10 来演示如何按指定顺序删除数据。

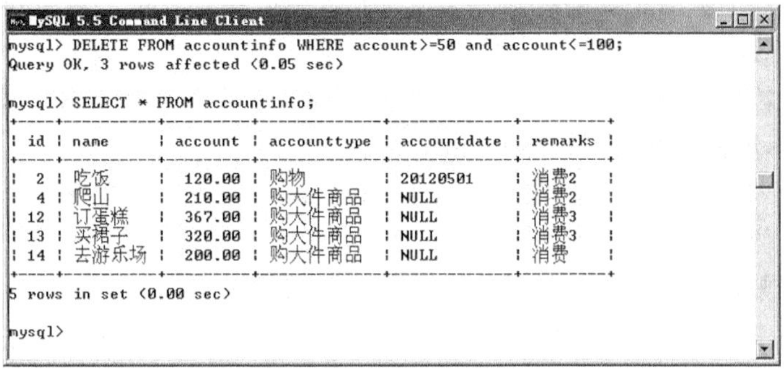

```
mysql> DELETE FROM accountinfo WHERE account>=50 and account<=100;
Query OK, 3 rows affected (0.05 sec)

mysql> SELECT * FROM accountinfo;
+----+----------+---------+-------------+-------------+---------+
| id | name     | account | accounttype | accountdate | remarks |
+----+----------+---------+-------------+-------------+---------+
|  2 | 吃饭     |  120.00 | 购物        | 20120501    | 消费2   |
|  4 | 爬山     |  210.00 | 购大件商品  | NULL        | 消费2   |
| 12 | 订蛋糕   |  367.00 | 购大件商品  | NULL        | 消费3   |
| 13 | 买裙子   |  320.00 | 购大件商品  | NULL        | 消费3   |
| 14 | 去游乐场 |  200.00 | 购大件商品  | NULL        | 消费    |
+----+----------+---------+-------------+-------------+---------+
5 rows in set (0.00 sec)

mysql>
```

图 5.17　删除消费金额在 50～100 之间的数据

【示例 10】 按下列要求删除账目信息表（accountinfo）的数据：

（1）按账目编号从大到小删除账目信息表中的数据。

（2）按账目编号从大到小的顺序，删除消费金额是 200 的数据。

按顺序删除数据只是在之前的删除语句上加上 ORDER BY 子句，编写语句是很简单的。具体的操作如下：

（1）无条件删除账目信息表的信息，实际上也是删除了全部信息。具体语句如下所示：

```
DELETE FROM accountinfo
ORDER BY id DESC;
```

执行上面的语句后，accountinfo 表中将没有数据了。为了后面要使用 accountinfo 中的数据，这里就不演示其执行效果，请读者自行测试。

（2）有条件并按顺序删除账目信息表中的数据，具体语句如下所示：

```
DELETE FROM accountinfo
WHERE account=200
ORDER BY id DESC;
```

执行效果如图 5.18 所示，从中可以看出消费金额是 200 的账目信息已经删除了。

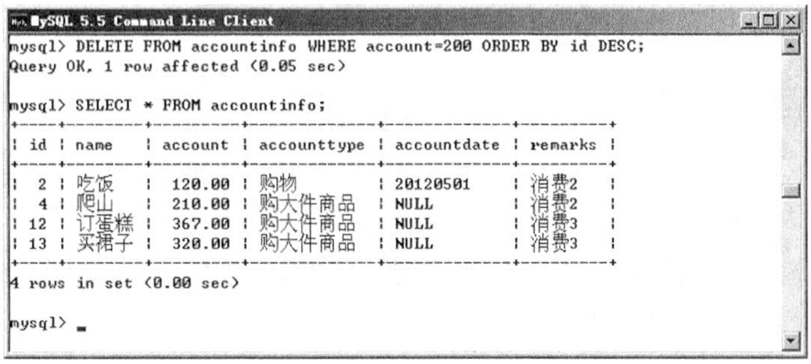

```
mysql> DELETE FROM accountinfo WHERE account=200 ORDER BY id DESC;
Query OK, 1 row affected (0.05 sec)

mysql> SELECT * FROM accountinfo;
+----+--------+---------+-------------+-------------+---------+
| id | name   | account | accounttype | accountdate | remarks |
+----+--------+---------+-------------+-------------+---------+
|  2 | 吃饭   |  120.00 | 购物        | 20120501    | 消费2   |
|  4 | 爬山   |  210.00 | 购大件商品  | NULL        | 消费2   |
| 12 | 订蛋糕 |  367.00 | 购大件商品  | NULL        | 消费3   |
| 13 | 买裙子 |  320.00 | 购大件商品  | NULL        | 消费3   |
+----+--------+---------+-------------+-------------+---------+
4 rows in set (0.00 sec)

mysql>
```

图 5.18　有条件的按顺序删除数据

5.3.5　限制行数的删除

在修改数据时可以限制一次修改的行数，在删除操作时也可以同样限制删除的行数。

限制一次删除的行数，可以让删除操作更便捷。比如：当表中有上万条记录时，要删除其中的几千条记录，一次删除这么多行数据可能会造成执行速度慢的问题。那么，就可以在每次删除时限制一下删除记录的行数，多执行几次删除操作就可以完成同样的效果，并提高了每次的删除效率。

限制删除行数也是通过 LIMIT 关键字来限制的，它放在所有的删除语句之后。下面通过示例 11 来演示如何在删除时限制删除的行数。

【示例 11】 按下列要求删除账目信息表（accountinfo）中的数据：

（1）删除消费金额最高的账目信息。

（2）删除按账目编号从大到小排序后的前 2 条账目信息。

使用 LIMIT 关键字限制删除行数时，一定看清题目的要求是删除几条记录。其他的写法都按照 DELETE 语句的规则写就可以。

（1）消费金额最高的账目信息，可以通过把数据按照消费金额从高到低排序，然后删除 1 条数据。具体语句如下所示：

```
DELETE FROM accountinfo
ORDER BY account DESC
LIMIT 1;
```

执行效果如图 5.19 所示，从中可以看出，消费金额是 367 的记录已经被删除了。

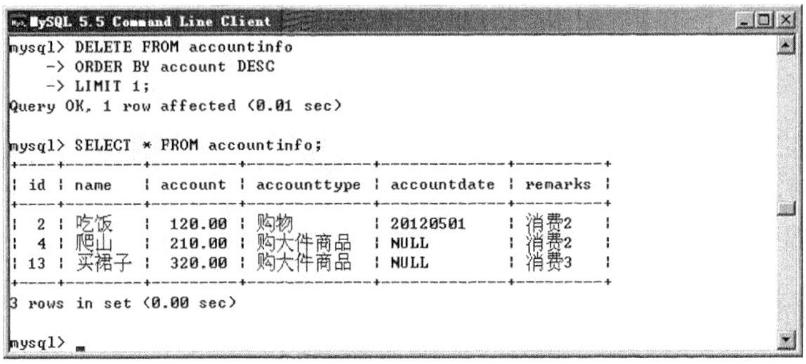

```
mysql> DELETE FROM accountinfo
    -> ORDER BY account DESC
    -> LIMIT 1;
Query OK, 1 row affected (0.01 sec)

mysql> SELECT * FROM accountinfo;
+----+--------+---------+-------------+-------------+---------+
| id | name   | account | accounttype | accountdate | remarks |
+----+--------+---------+-------------+-------------+---------+
|  2 | 吃饭   |  120.00 | 购物        | 20120501    | 消费2   |
|  4 | 爬山   |  210.00 | 购大件商品  | NULL        | 消费2   |
| 13 | 买裙子 |  320.00 | 购大件商品  | NULL        | 消费3   |
+----+--------+---------+-------------+-------------+---------+
3 rows in set (0.00 sec)

mysql>
```

图 5.19　删除消费金额最高的数据

（2）先按编号进行降序排列，再限制删除 2 条记录。具体语句如下所示：

```
DELETE FROM accountinfo
ORDER BY id DESC
LIMIT 2;
```

执行效果如图 5.20 所示，从中可以看出，已经将编号是 4 和 13 的 2 条记录删除了。

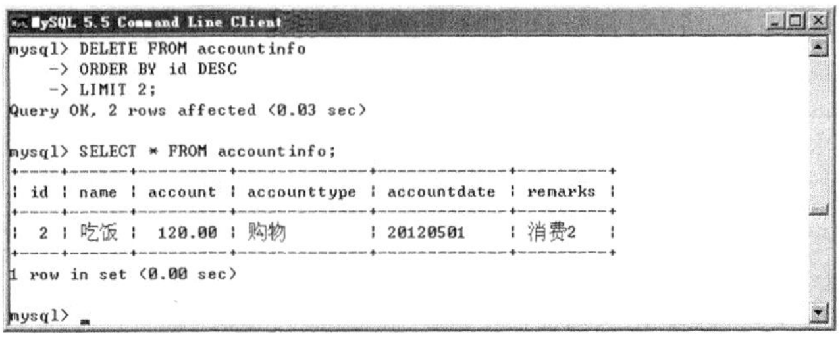

```
mysql> DELETE FROM accountinfo
    -> ORDER BY id DESC
    -> LIMIT 2;
Query OK, 2 rows affected (0.03 sec)

mysql> SELECT * FROM accountinfo;
+----+------+---------+-------------+-------------+---------+
| id | name | account | accounttype | accountdate | remarks |
+----+------+---------+-------------+-------------+---------+
|  2 | 吃饭 |  120.00 | 购物        | 20120501    | 消费2   |
+----+------+---------+-------------+-------------+---------+
1 row in set (0.00 sec)

mysql>
```

图 5.20　按编号删除 2 条记录

5.4　使用图形界面操作数据表

在前面的 3 节中已经详细地讲解了如何使用 DML 语句来对数据表中的数据进行操作。实际上，对于 MySQL 中的数据表操作也可以借助其他的图形界面来完成。前面讲过的 MySQL WORKBENCH 或者是 SQLyog 都可以完成。SQLyog 的主界面如图 5.21 所示。

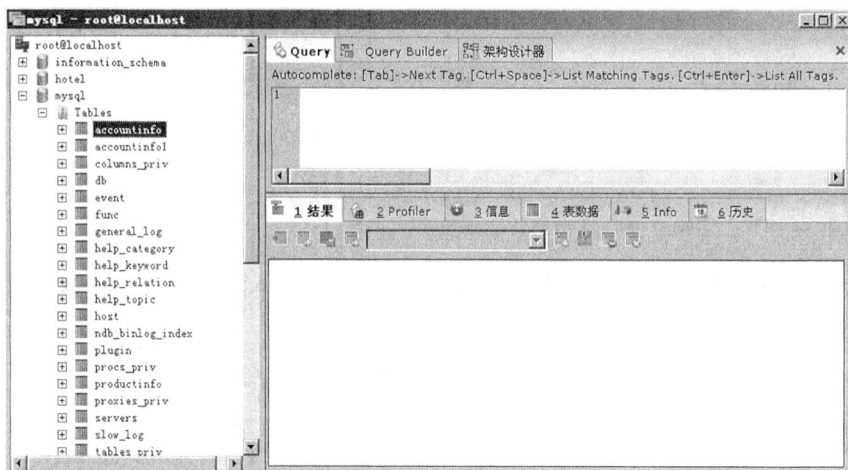

图 5.21　SQLyog 的主界面

在本节中使用 SQLyog 来演示如何使用图形界面操作账目信息表。不论对数据表的数据做添加、修改、删除哪一个操作，首先都需要打开要操作的数据表。在图 5.21 所示的界面中右击 accountinfo 表，在图 5.22 中弹出的右键菜单中选择"打开表"选项，显示数据表中的数据如图 5.23 所示。

图 5.22　表操作的右键菜单

下面分别讲解添加数据、修改数据以及删除数据的操作。

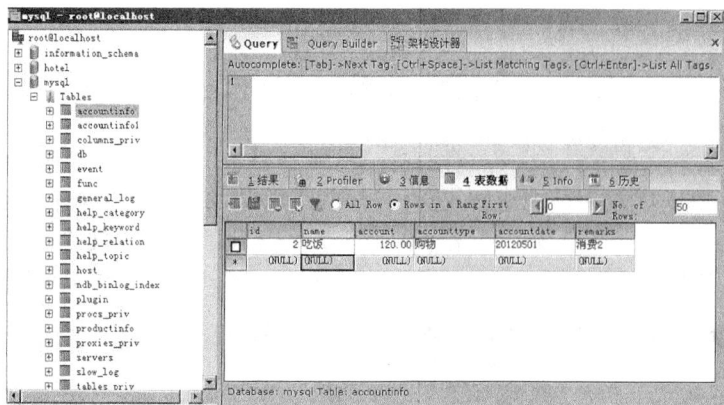

图 5.23　accountinfo 表的操作界面

1．在accountinfo表中添加1条记录

添加记录是很简单的，只要在图 5.23 中最后 1 条记录下面接着填入数据就可以了。下面就向 accountinfo 表中添加数据，如图 5.24 所示。

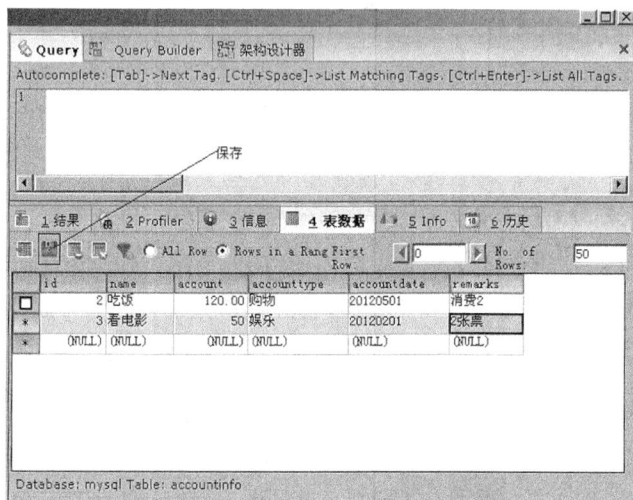

图 5.24　向 accountinfo 表中添加 1 条记录

图 5.24 中 id 是 3 的记录就是新添加的记录。添加好数据之后，当把光标移动到下一行或者单击图中标注的"保存"按钮即可保存当前的添加数据。

2．修改accountinfo表中的数据

修改表中的数据操作更简单，直接在需要修改的数据项上改就可以了。修改完记录后，只需要像添加数据时一样，将光标移动到下一行或者单击图 5.24 中标注的"保存"按钮即可保存当前修改的数据。请读者试着将看电影这个消费项目的金额改成100。

3．删除accountinfo表中的数据

删除表中的数据，要先选中要删除的数据，这里，选中第 1 行记录，如图 5.25 所示。

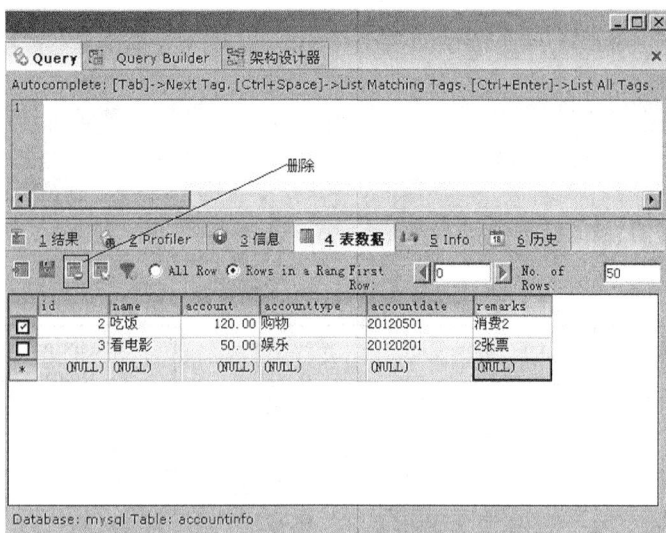

图 5.25　删除选中记录的操作界面

在图 5.25 中单击标注的"删除"标记，弹出如图 5.26 所示的删除提示界面。其中选择"是"按钮，即可删除选中的记录。

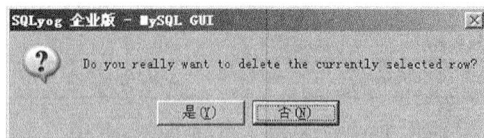

图 5.26　删除数据提示

5.5　数据表数据操作综合实例

通过前面 4 节的讲解，相信读者已经迫不及待地想试试所学的知识了。在本节中将通过一个综合实例来考核一下对数据表的基本操作。

【示例 12】　在 MySQL 中创建天气预报信息表（WeatherInfo），并完成对该表的如下操作。表结构如表 5.7 所示。

表 5.7　天气预报信息表（WeatherInfo）

编　　号	列　　名	数 据 类 型	中 文 释 义
1	id	int	编号，主键
2	cityname	varchar(20)	城市名称
3	weather	varchar(30)	天气状况
4	weathertime	varhcar(20)	时间
5	remarks	varchar(200)	备注

建表的语句如下所示：

```
CREATE TABLE WeatherInfo
```

```
(
 id  int  PRIMARY KEY,
 cityname   varchar(20),
 weather    varchar(30),
 weathertime varchar(20),
 remarks    varchar(200)
);
```

（1）向 WeatherInfo 表中添加如表 5.8 所示的数据。

表 5.8　向天气预报信息表添加的数据

编号	id	cityname	weather	weathertime	remarks
1	1	北京	晴 20～30	20120601	注意防晒
2	2	上海	阴转晴 20～32	20120601	带伞
3	3	南京	晴 25～34	20120601	注意防晒
4	4	天津	小雨 18～27	20120601	带伞
5	5	大连	阴 19～23	20120601	带伞

（2）假设有一个城市信息表，表结构如表 5.9 所示。将城市信息表中的城市编号和城市名称添加到天气预报信息表中。

表 5.9　城市信息表（cityinfo）

编　　号	列　　名	数　据　类　型	中　文　释　义
1	id	int	编号，主键
2	cityname	varchar(20)	城市名称

（3）修改天气预报信息表中编号是 1 的天气日期，将其日期修改成"20120702"。

（4）修改天气预报信息表中 2 条记录的天气状况，将其修改成"多云有阵雨"。

（5）删除城市信息表中编号是 11 的城市信息。

（6）按天气预报信息表中编号的顺序，降序排列，删除前 2 条数据。

（7）删除城市信息表中的全部数据。

下面对本题一一解答如下。

（1）应用 INSERT…VALUES 语句一次添加多条记录，添加语句如下所示。执行效果如图 5.27 所示。

```
INSERT INTO weatherinfo
 VALUES(1,'北京','晴 20~30','20120601','注意防晒'),
 (2,'上海','阴转晴 20~32','20120601','带伞'),
 (3,'南京','晴 25~34','20120601','注意防晒'),
 (4,'天津','小雨 18~27','20120601','带伞'),
 (5,'大连','阴 19~23','20120601','带伞');
```

（2）将 cityinfo 表中的数据插入到 weatherinfo 中，使用的语句是 INSERT…SELECT。具体的语句如下所示：

```
INSERT INTO weatherinfo(id,cityname)
SELECT id,cityname FROM cityinfo;
```

这里，需要注意的是在 weatherinfo 中 id 是主键，不能够重复。因此，要确保城市信息表（cityinfo）中的 id 不能够重复，才能添加成功。执行效果如图 5.28 所示，从图的运行结果可以看出，已经把城市信息表中的 3 条记录插入到了天气预报信息表中，对于天气预报信息表中没有添加的字段全部都是 NULL 值。

图 5.27　批量向 weatherinfo 表中插入数据

图 5.28　复制 cityinfo 表中的数据到 weatherinfo 中

（3）将天气预报编号作为条件来修改数据表的数据，具体语句如下所示：

```
UPDATE weatherinfo SET weathertime='20120702' WHERE id=1;
```

执行效果如图 5.29 所示。

从图 5.29 中可以看出，编号是 1 的记录中 weathertime 已经修改成了"20120702"。

（4）要修改表中的 2 条记录，要使用 LIMIT 关键来限制修改的记录数。具体的语句如
下所示：

```
UPDATE weatherinfo SET weather='多云有阵雨' LIMIT 2;
```

执行效果如图 5.30 所示，从图中可以看出，前两条记录中的 weather 已经都修改成了“多云有阵雨”。

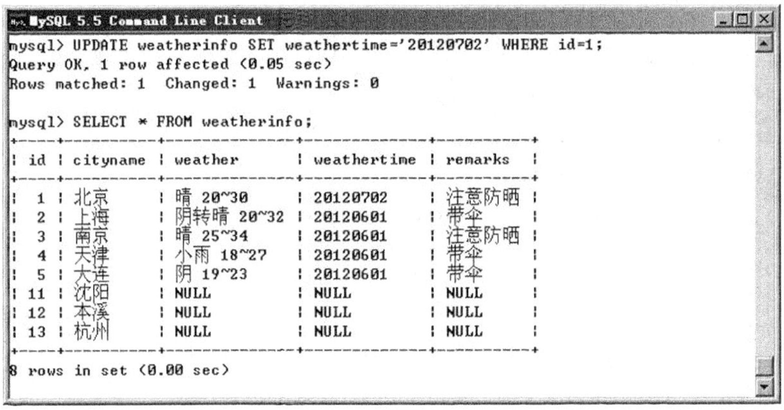

```
mysql> UPDATE weatherinfo SET weathertime='20120702' WHERE id=1;
Query OK, 1 row affected (0.05 sec)
Rows matched: 1  Changed: 1  Warnings: 0

mysql> SELECT * FROM weatherinfo;
+----+----------+--------------+-------------+----------+
| id | cityname | weather      | weathertime | remarks  |
+----+----------+--------------+-------------+----------+
|  1 | 北京     | 晴 20~30     | 20120702    | 注意防晒 |
|  2 | 上海     | 阴转晴 20~32 | 20120601    | 带伞     |
|  3 | 南京     | 晴 25~34     | 20120601    | 注意防晒 |
|  4 | 天津     | 小雨 18~27   | 20120601    | 带伞     |
|  5 | 大连     | 阴 19~23     | 20120601    | 带伞     |
| 11 | 沈阳     | NULL         | NULL        | NULL     |
| 12 | 本溪     | NULL         | NULL        | NULL     |
| 13 | 杭州     | NULL         | NULL        | NULL     |
+----+----------+--------------+-------------+----------+
8 rows in set (0.00 sec)
```

图 5.29　修改编号是 1 的数据

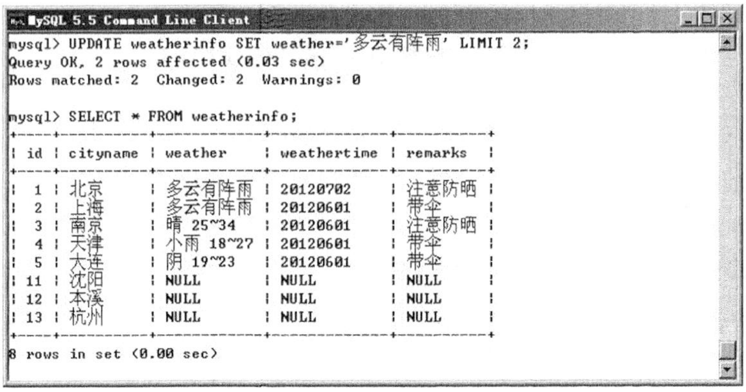

```
mysql> UPDATE weatherinfo SET weather='多云有阵雨' LIMIT 2;
Query OK, 2 rows affected (0.03 sec)
Rows matched: 2  Changed: 2  Warnings: 0

mysql> SELECT * FROM weatherinfo;
+----+----------+------------+-------------+----------+
| id | cityname | weather    | weathertime | remarks  |
+----+----------+------------+-------------+----------+
|  1 | 北京     | 多云有阵雨 | 20120702    | 注意防晒 |
|  2 | 上海     | 多云有阵雨 | 20120601    | 带伞     |
|  3 | 南京     | 晴 25~34   | 20120601    | 注意防晒 |
|  4 | 天津     | 小雨 18~27 | 20120601    | 带伞     |
|  5 | 大连     | 阴 19~23   | 20120601    | 带伞     |
| 11 | 沈阳     | NULL       | NULL        | NULL     |
| 12 | 本溪     | NULL       | NULL        | NULL     |
| 13 | 杭州     | NULL       | NULL        | NULL     |
+----+----------+------------+-------------+----------+
8 rows in set (0.00 sec)
```

图 5.30　使用 LIMIT 限制修改 2 条记录

（5）由编号作为条件删除城市信息表中的数据，删除语句如下所示：

```
DELETE FROM cityinfo WHERE id=11;
```

执行效果如图 5.31 所示，从图中可以看出，id 为 11 的记录已经被删除掉了。

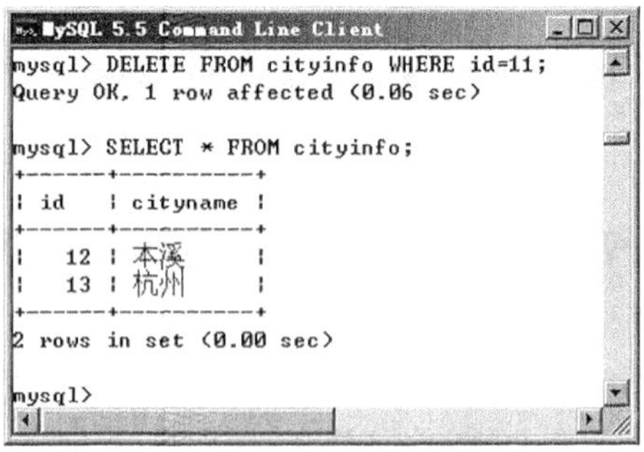

```
mysql> DELETE FROM cityinfo WHERE id=11;
Query OK, 1 row affected (0.06 sec)

mysql> SELECT * FROM cityinfo;
+------+----------+
| id   | cityname |
+------+----------+
|   12 | 本溪     |
|   13 | 杭州     |
+------+----------+
2 rows in set (0.00 sec)

mysql>
```

图 5.31　删除 id 为 11 的城市信息

（6）在删除时使用排序和限制删除的记录数，具体语句如下所示：

```
DELETE FROM weatherinfo ORDER BY id DESC LIMIT 2;
```

执行效果如图 5.32 所示，从图中可以看出，已经将编号是 12 和 13 的记录被删除掉了。

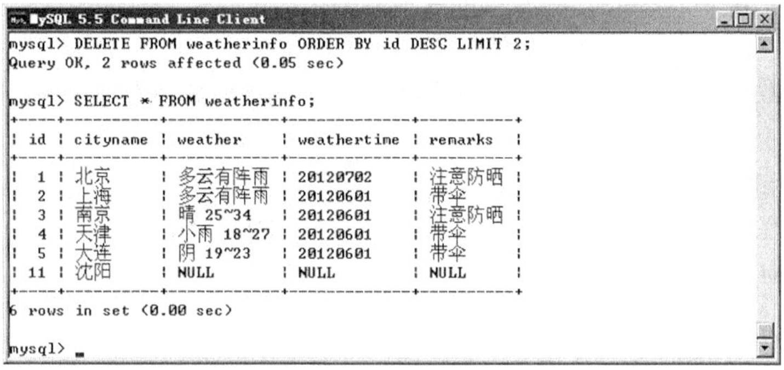

图 5.32　删除排序后的前 2 条记录

（7）删除一张表中的全部记录，是最简单的操作了。具体语句如下所示：

```
DELETE FROM cityinfo;
```

执行上面的语句就可以将 cityinfo 中的数据全部删除掉了。除了用 DELETE FROM 语句删除外，还可以用 TRUNCATE TABLE cityinfo 语句完成数据的删除。

通过示例 12，相信读者已经能够基本掌握 DML 语句是如何操作数据表的了，那么，请读者再把这些例子在图形界面里操作一遍，以熟悉图形界面的使用。

5.6　本　章　小　结

在本章中主要讲解了使用 INSERT 语句向数据表中插入数据、使用 UPDATE 语句修改数据表中的数据、使用 DELETE 语句删除数据表中的数据。此外，还学习了在图形界面 SQLyog 企业版中如何操作数据表中的数据。另外，在应用 UPDATE 和 DELETE 语句时还要特别的注意，只有针对单表的操作时才能够使用 ORDER BY 和 LIMIT 子句。

5.7　本　章　习　题

一、填空题

（1）向数据表中添加数据使用的基本语句是_____。
（2）修改数据表中的数据使用的基本语句是_____。
（3）删除数据表中的数据使用的基本语句是_____。
（4）按照顺序修改数据表中的数据使用的语句是_____。

二、选择题

（1）对数据表的添加、修改、删除操作属于 SQL 语句中的_____。

A. DDL　　　　　　　　　　　　　　B. DCL

C. DQL
D. DML

（2）下面对添加数据的描述哪个是正确的？_____

A．给主键列添加值时，值是可以重复的

B．一次不能向表中添加多条数据

C．向数据表添加数据时，可以将其他表的数据复制到当前表中

D．以上都正确

（3）限制修改行数的关键字是_____。

A．ORDER
B．DISTINCT

C．LIMIT
D．WHERE

三、上机题

（1）假设有如表 5.10 所示的表结构，向数据表中添加如表 5.11 所示的数据。

表 5.10　图书信息表（BookrInfo）

编　号	列　　名	数 据 类 型	中 文 释 义
1	id	integer	图书编号
2	name	varhcar(12)	图书名称
3	price	decimal(5,2)	图书价格
4	author	varchar(4)	图书作者
5	pub	varchar(15)	出版社
6	remarks	varchar(200)	备注

表 5.11　向图书信息表添加的数据

编号	id	name	price	author	pub	remarks
1	1	数据库	30	张三	北京大学	畅销书
2	2	会计实务	35	李四	南京大学	教材
3	3	大学物理	28	王五	大连大学	教材
4	4	数据结构	36	赵四	沈阳大学	教材
5	5	英语口语	25	刘六	上海大学	应试

（2）修改图书信息表中编号是 1 的图书信息，将其价格修改成 32.5。

（3）使用限制修改行数的方法，将表中前 2 行数据中的作者修改成"未知"。

（4）将价格高于 30 的图书，降低 5 元。

（5）删除表中编号是 1 的图书信息。

（6）删除表中前 2 条图书信息。

第 6 章　简单查询与子查询

查询是对数据表的重要操作之一，通过查询可以快速地得到数据表中的信息和统计结果。在日常生活中每天都和查询打交道，比如：在网上查询手机的通话记录、查询银行卡的余额、查询手机的话费余额等等。实际上，这些操作都相当于是在完成从数据库中查询的操作。

本章的主要知识点如下：

❑　如何使用运算符；
❑　如何进行简单的查询；
❑　聚合函数在查询中的使用；
❑　如何使用子查询。

6.1　运　算　符

运算符不仅在数学运算中存在，在 SQL 语句中也可以使用。在 SQL 语句中使用运算符主要是用于对表中字段的运算以及查询条件的组合。常用的运算符分为算术运算符、比较运算符、逻辑运算符以及位运算符 4 种。

6.1.1　算术运算符

算术运算符是 SQL 中最常用的运算符，主要是对数值运算使用的。算术运算符主要包括加、减、乘、除、取余 5 种。具体描述如表 6.1 所示。

表 6.1　算术运算符

运算符	说　　　　明
+	对两个操作数进行加法运算
-	对两个操作数进行减法运算
*	对两个操作数进行乘法运算
/	对两个操作数进行除法运算，返回商
%	对两个操作数进行取余运算，返回余数

下面使用上面的 5 种运算符举例讲解每种运算符的具体使用方法。为了方便举例，建立一个考试报名信息表（ExamInfo），表结构如表 6.2 所示。

建表语句如下所示：

```
CREATE TABLE ExamInfo
(
```

```
id     int,
name   varchar(20),
expense decimal(5,2),
subject varchar(20),
tel     varchar(20)
);
```

表 6.2　考试报名信息表（ExamInfo）

序号	列名	数 据 类 型	说　　明
1	id	int	报名序号
2	name	varchar(20)	报名人姓名
3	expense	decimal(5,2)	报名费用
4	subject	varchar(20)	报名科目
5	tel	varchar(20)	报名人联系方式

建表完成后，向表中添加如表 6.3 所示的数据。

表 6.3　考试报名信息表中的数据

编号	id	name	expense	subject	tel
1	1	张三	50	英语	12345678
2	2	李四	100	物理	12345678
3	3	王五	70	化学	12345678
4	4	刘六	200	数学	12345678
5	5	任怡	400	英语口语	12345678

添加这 5 条数据的脚本如下所示：

```
INSERT INTO examinfo
 VALUES(1,'张三',50,'英语',12345678),
 (2,'李四',100,'物理',12345678),
 (3,'王五',70,'化学',12345678),
 (4,'刘六',200,'数学',12345678),
 (5,'任怡',400,'英语口语',12345678);
```

1. 加法或减法运算符

在 SQL 语句中，可以用加法或减法运算符计算表中的字段值，如示例 1 所示。

【示例 1】　查询所有人的报名信息，并在结果中一列给报名费用加上 5 块钱，一列给报名费用减去 5 块钱。

在查询的时候给报名费用加上 5 块钱和减去 5 块钱并不是真正地把费用修改到数据表中，所以只是在 SELECT 语句中写上就可以了。具体语句如下所示：

```
SELECT name,expense+5,expense-5,subject,tel FROM examinfo;
```

查询结果如图 6.1 所示，从图中的查询结果可以看出，在表中多了一个列，一列已经将报名费用加 5，一列将报名费用减 5，并分别以 expense+5 和 expense-5 作为列名。

【示例 2】　修改报名表中姓名是张三的报名费用，将其报名费用加上 5 块钱。

将张三的报名费用加上 5 块钱，是直接将考试报名信息表中的信息更改了。具体语句如下所示：

```
UPDATE examinfo SET expense=expense+5 WHERE name='张三';
```

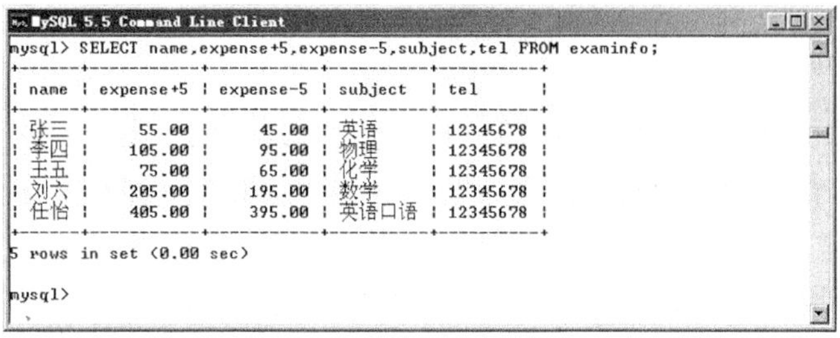

图 6.1　示例 1 的结果

数据修改成功后,查询结果如图 6.2 所示,从结果中,可以看出 examinfo 表中的 expense 字段的值真正地加上了 5 元。

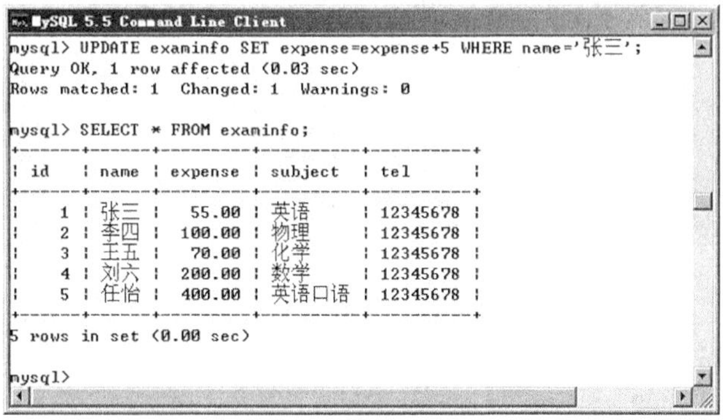

图 6.2　示例 2 的结果

2．乘法或除法运算符

乘、除法运算符与加、减法运算符的使用方法类似,下面就用示例 3 演示乘、除法运算符的使用。

【示例 3】　查询所有人的报名信息,并在结果中一列给报名费用乘以报名号,一列给报名费用除以 2。

在查询的时候分别对报名费用进行乘、除法运算,具体语句如下所示:

```
SELECT name,expense*id,expense/2,subject,tel FROM examinfo;
```

查询结果如图 6.3 所示,从查询结果中可以看出,在查询结果多了 expense*id 和 expense/2 两个列。

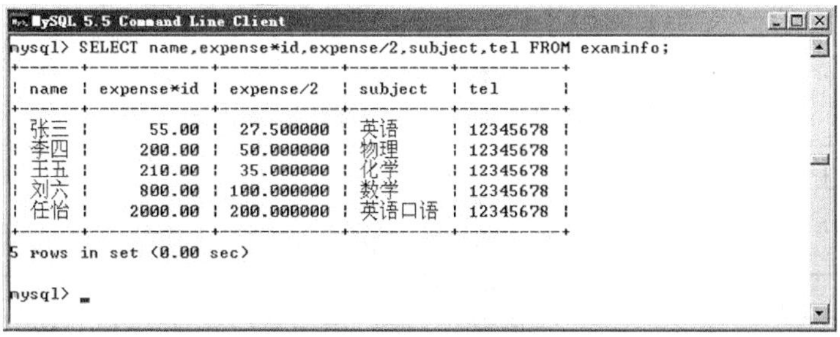

图 6.3 示例 3 的结果

3．取余运算符

取余运算符要区别于除法运算符，除法运算符通常被称为取整运算，也就是它通常是取两个数相除之后的整数，如果要取得余数，就要使用取余运算符。下面就用示例 4 演示取余运算符的使用。

【示例 4】 查询所有人的报名信息，并在结果中给报名费用与 5 取余数。

在查询的时候对报名费用与 5 取余数即可，具体语句如下所示：

```
SELECT name,expense%5,subject,tel FROM examinfo;
```

查询结果如图 6.4 所示。

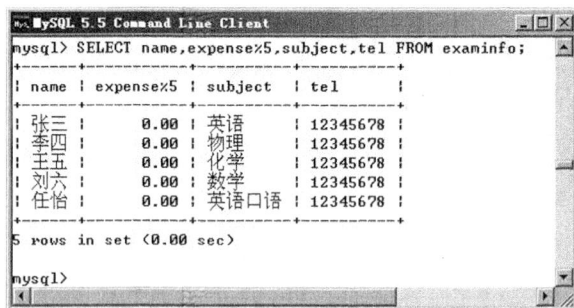

```
MySQL 5.5 Command Line Client
mysql> SELECT name,expense%5,subject,tel FROM examinfo;
+-------+-----------+----------+----------+
| name  | expense%5 | subject  | tel      |
+-------+-----------+----------+----------+
| 张三  |      0.00 | 英语     | 12345678 |
| 李四  |      0.00 | 物理     | 12345678 |
| 王五  |      0.00 | 化学     | 12345678 |
| 刘六  |      0.00 | 数学     | 12345678 |
| 任怡  |      0.00 | 英语口语 | 12345678 |
+-------+-----------+----------+----------+
5 rows in set (0.00 sec)

mysql>
```

图 6.4　示例 4 的结果

从图 6.4 的查询结果中，可以看出 expense%5 的值全部是 0，那是由于所有的 expense 列的值全都是能够被 5 整除的，余数就是 0。

6.1.2　比较运算符

比较运算符主要用在 SQL 语句中的 WHERE 子句里，用于比较两个或多个值。常用的比较运算符有：大于、小于、等于、大于等于、小于等于、不等于以及 IN、BETWEEN AND、IS NULL、GREATEST、LEAST、LIKE 等。具体描述如表 6.4 所示。

表 6.4　比较运算符

运　算　符	说　　　明
>	大于
<	小于
>=	大于等于
<=	小于等于
<>	不等于
IN	判断表中的某一个字段值是否等于某一个值
BETWEEN AND	判断表中的某一个字段值是否在取值范围中
IS NULL	判断表中某一个字段值是否为 NULL
GREATEST	用于返回多个值比较结果的最大值
LEAST	用于返回多个值比较结果的最小值
LIKE	用作模糊查询

比较运算符经常作为查询语句中判断条件时使用，这部分内容将在简单查询语句部分详细讲解。本小节只针对比较运算符的运算进行讲解。

1. 大于或大于等于

大于或大于等于运算符用来判断运算符左边的数是否大于右边的数，如果大于，则返回 1，否则返回 0。下面使用示例 5 演示大于或大于等于运算符的使用。

【示例 5】 使用大于或大于等于运算符判断 5 是否大于等于 10，（5+6）是否大于 10。

对于大于或大于等于运算符来说，不仅可以在查询时判断表中的数据，也可以直接判断数字。具体语句如下所示：

```
SELECT 5>=10,(5+6)>10;
```

运算结果如图 6.5 所示，从结果可以看出，5>=10 的结果是 0，（5+6）>10 的结果是 1。

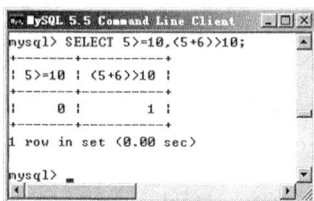

图 6.5 示例 5 的结果

注意：大于或大于等于运算符不能用于空值(NULL)的判断,即使比较了结果也为 NULL，例如:SELECT NULL>NULL,结果还是 NULL。

2. 小于或小于等于

小于或小于等于运算符用来判断运算符左边的数是否小于右边的数，如果小于，则返回 1，否则返回 0。下面使用示例 6 演示小于或小于等于运算符的使用。

【示例 6】 使用小于或小于等于运算符判断 100 是否小于 200，50 是否大于等于 100。

小于或小于等于运算符与大于或大于等于运算符的使用方法是类似的，具体语句如下所示：

```
SELECT 100<200,50>=100;
```

运算结果如图 6.6 所示，从结果中可以看出，100<200 的结果是 1，50>=100 的结果是 0。

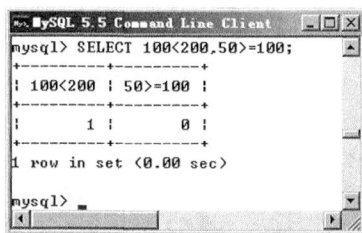

图 6.6 示例 6 的结果

3. 等于或不等于

等于运算符是用来判断等号左右两边的数是否相等的，如果相等，则返回 1，否则返回 0；不等于运算符是用来判断不等号左右两边的数是否是不相等的，如果不相等，则返回 1，否则返回 0。下面就用示例 7 演示等于或不等于运算符的使用。

【示例 7】　使用等于或不等于运算符判断 5 是否等于 5，10 是否不等于 11 的结果。具体语句如下所示。

```
SELECT 5=5,10<>11;
```

运算结果如图 6.7 所示，从结果中可以看出，这两个表达式的运算结果都是 1。

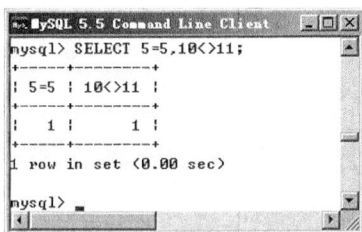

图 6.7　示例 7 的结果

4. IS NULL 运算符

IS NULL 运算符是用来判断一个值是否为 NULL，如果为 NULL，则返回 1，否则返回 0。下面使用示例 8 来演示 IS NULL 运算符的使用。

【示例 8】　使用 IS NULL 运算符来判断 10 和 NULL 是否为 NULL。具体语句如下所示：

```
SELECT 10 IS NULL,NULL IS NULL;
```

运算结果如图 6.8 所示，从结果中可以看出，10 IS NULL 的结果是 0，NULL IS NULL 的结果是 1。

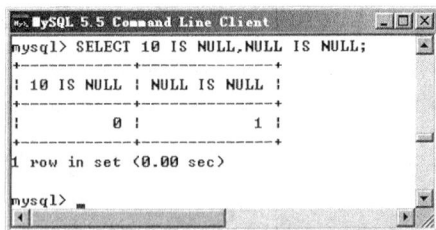

图 6.8　示例 8 的结果

5. BETWEEN AND 运算符

BETWEEN AND 运算符是判断某一个数是否在某一范围内容，表示形式如下所示：

```
操作数 BETWEEN 值 1 AND 值 2
```

也就是说操作数在值 1 和值 2 规定的范围内，返回 1，否则返回 0。具体的使用方法参考示例 9。

【示例 9】 使用 BETWEEN AND 运算符判断 10 是否在 1～10 中，10 是否在 11～100 中，具体语句如下所示：

```
SELECT 10 BETWEEN 1 AND 10, 10 BETWEEN 11 AND 100;
```

运算结果如图 6.9 所示，从结果中可以看出，10 Between 1 and 10 的结果是 1，而 10 between 11 and 100 的结果是 0。

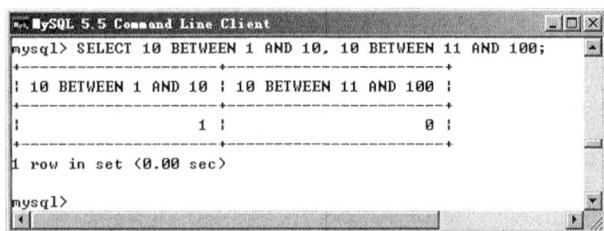

图 6.9 示例 9 的结果

6. LEAST运算符

LEAST 运算符是用来得到一组数中的最小值，表示形式如下所示：

```
LEAST(值 1，值 2，……)
```

也就是说运算结果返回的是这一组值中最小的那个值。具体使用方法参照示例 10。

【示例 10】 使用 LEAST 运算符计算下面两组值中的最小值，一组是(5, 2, 20)，一组是('a','b','c')。

LEAST 运算符不仅可以判断具体的数值，也可以用来判断字符的大小。具体语句如下所示：

```
SELECT LEAST(5,2,20),LEAST('a','b','c');
```

运算结果如图 6.10 所示，从结果中可以看出，(5,2,20)中最小值是 2，(a,b,c)中的最小值是 a。

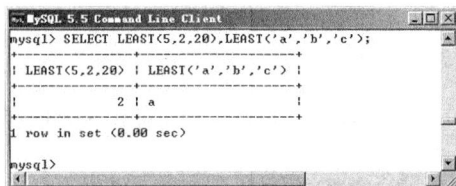

图 6.10 示例 10 的结果

6.1.3 逻辑运算符

逻辑运算符指的就是经常提到的与、或、非、异或的运算。在 MySQL 数据库中，逻辑运算符主要表示方法如表 6.5 所示。

表 6.5　逻辑运算符

运算符	说　　明
NOT	逻辑非
!	逻辑非
AND	逻辑与
&&	逻辑与
OR	逻辑或
‖	逻辑或
XOR	逻辑异或

逻辑运算符也是 SQL 语句中经常使用的运算符，通常可以用作多条件的判断。下面就分别讲解每种运算符的使用方法。

1．逻辑非

逻辑非运算符可以用 NOT 表示也可以用！来表示。逻辑非有时也被称为取反运算，也就是当操作数为非 0 时，结果是 0，当操作数为 0 时，结果是 1。只有当操作数是 NULL 时，结果仍为 NULL，保持不变。

【示例 11】　分别 NOT 和！来计算操作数是 10，–1，0，NULL 的结果。

首先使用 NOT 运算符来计算操作数的返回值，具体语句如下所示：

```
SELECT NOT 10, NOT -1, NOT 0, NOT NULL;
```

运算结果如图 6.11 所示，从结果中可以看出，操作数是 0 时，结果是 1，操作数是 NULL 时，结果是 NULL，其他情况时结果都是 0。

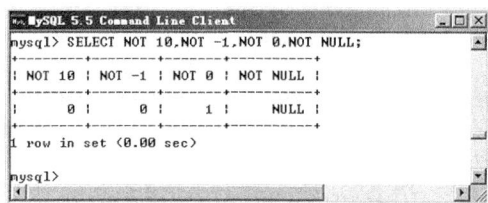

图 6.11　示例 11 使用 NOT 运算符的结果

再使用！运算符完成上面的运算，语句如下所示：

```
SELECT !10, ! -1, ! 0, ! NULL;
```

运算结果如图 6.12 所示，从结果可以看出，与使用 NOT 运算符的结果是一致的。

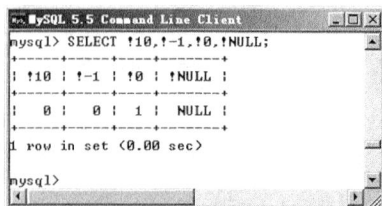

图 6.12　示例 11 使用！运算符的结果

注意：NOT 和! 这两个运算符在使用时还是有一些区别的，主要是它们在运算时的优先级不同，看看下面的运算结果是什么呢？

```
SELECT !1+5,NOT!1+5;
```

运算结果图如图 6.13 所示。

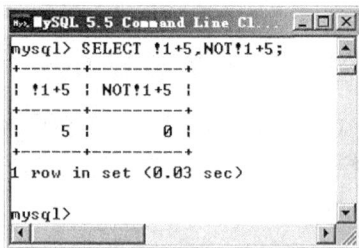

图 6.13　NOT 与! 优先级比较

从图 6.13 的运算结果中，可以看出使用! 和 NOT 运算的结果是截然不同的。使用! 运算符是先计算!1 然后再加 5；而使用 NOT 运算符是先计算 1+5 然后再做 NOT 运算。因此，可以得出结论，! 的优先级高于+，而 NOT 运算符是低于+的。所以，在使用运算符时要尽量使用括号来限定操作数，这样就能够提高运算结果的准确性。

2．逻辑与

逻辑与运算符可以用 AND 表示也可以用&&来表示。逻辑与运算符是对两个操作数进行运算的，只有当两个操作数同时为非零值时才是 1，否则都是零。但是，当操作数中有一个为 NULL 值时，结果就是 NULL。

【示例 12】　分别使用逻辑与运算符 AND 和&&来计算如下 3 组操作数的值：(2,3),(1,0),(NULL,1)。

先使用 AND 运算符来计算上面给出的 3 组值，语句如下所示：

```
SELECT 2 AND 3,1 AND 0, NULL AND 1;
```

运算结果如图 6.14 所示。

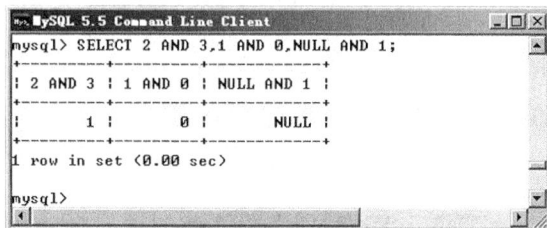

图 6.14　示例 12 使用 AND 运算符的结果

再使用&&运算符计算上面的 3 组值，语句如下所示：

```
SELECT 2 && 3,1 && 0, NULL && 1;
```

运算结果如图 6.15 所示。

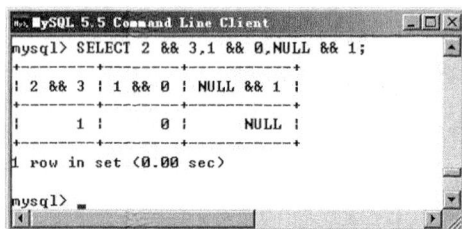

图 6.15　示例 12 使用&&运算符的结果

从图 6.14 和图 6.15 的结果可以看出，AND 和&&逻辑与运算符对操作数的运算结果都是相同的，它们的作用都是一样的。但是一定要注意的是，在运算符两边的操作数一定要与运算符之间用空格隔开。

3. 逻辑

逻辑或运算符也有两个，一个是 OR，一个是||。或运算符也是用到两个操作数中的，只有当或运算符两边的操作数全部是 0 的时候，结果才是 0，否则都是 1。当操作数中存在 NULL 时，结果就是 NULL。

【示例 13】　分别使用逻辑或运算符 OR 和||计算(1,2)，(10,0)，(NULL,2)，(0,0)4 组值。

先使用 OR 运算符计算这 4 组值，语句如下所示：

```
SELECT 1 OR 2, 10 OR 0, NULL OR 2,0 OR 0;
```

运算符结果如图 6.16 所示。

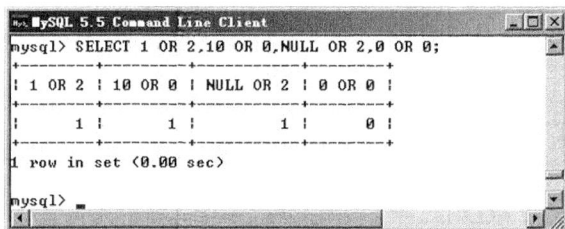

图 6.16　示例 13 使用 OR 运算符的结果

再使用||运算符计算这 4 组值，语句如下所示：

```
SELECT 1 || 2,10 || 0,NULL || 2,0 ||0;
```

运算符果如图 6.17 所示。

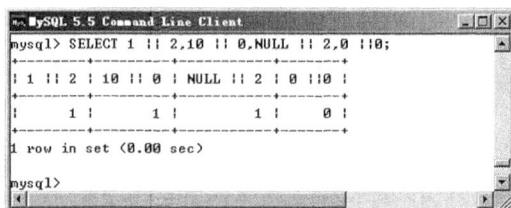

图 6.17　示例 13 使用||运算符的结果

从图 6.16 和图 6.17 的运算结果可以看出，OR 和||运算符运算操作数的结果是一致的。

4．异或运算符

异或运算符只有一个 XOR。异或运算符也是用于两个操作数的计算。当两个操作数同为非 0 值或 0 值时结果为 0，如果操作数中只有一个是 0，则结果是 1。当操作数有一个为 NULL 时，结果就为 NULL。

【示例 14】 使用异或运算符计算(1,3)，(2,2)，(NULL ,2),(0,1)。

使用 XOR 运算符运算的语句如下所示：

```
SELECT 1 XOR 3,2 XOR 2, NULL XOR 2, 0 XOR 1;
```

运算结果如图 6.18 所示。

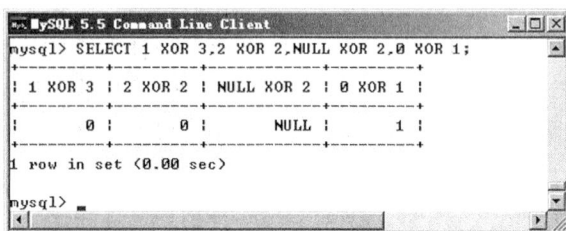

图 6.18　示例 14 使用 XOR 运算符的结果

从图 6.18 的结果可以看出，在 XOR 运算符两边的操作数同为非 0 数时，结果是 0。当其中有一个是 0 的时候结果就为 1。有 NULL 操作数时结果就是 NULL。

6.1.4　位运算符

位运算符主要是用来操作二进制操作数的。它主要包括按位或、按位与、按位异或、按位左移、按位右移以及按位取反等运算符。具体的表示方法如表 6.6 所示。

表 6.6　位运算符

运算符	说　明
|	按位或
&	按位与
∧	按位异或
<<	按位左移
>>	按位右移
~	按位取反

为了更好地理解位运算符的使用，下面就分别举例讲解每种运算符的用法。

1．按位或

按位或运算符"|"用于二进制操作数的比较，当二进制操作数中对应位的值同为 0 时结果为 0，否则都为 1。

【示例 15】 使用按位或运算符计算操作数 10 和 12 的值。

使用 "|" 运算符计算的语句如下：

```
SELECT 10|12;
```

运算结果如图 6.19 所示。

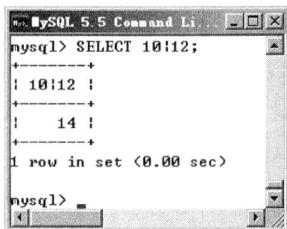

图 6.19　示例 15 的结果

从图 6.19 中可以看出，10|12 的结果是 14。那么，为什么它的运算结果会是 14 呢？让我们分别将 10 和 12 转换成二进制数，然后再计算一下，10 的二进制是 1010，12 的二进制是 1100，按位进行或运算后二进制的结果是 1110。1110 转换成 10 进制就是 14 了。

2．按位与

按位与运算符 "&"，也是针对二进制数计算的。当两个二进制操作数对应的位都为 1 时，结果是 1，否则都是 0。

【示例 16】　使用按位与运算符计算 10 和 12 的值。

使用 "&" 运算符计算值的语句如下所示：

```
SELECT 10&12;
```

运算结果如图 6.20 所示。

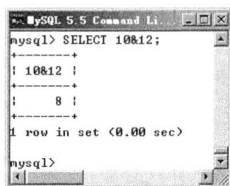

图 6.20　示例 16 的结果

从图 6.20 的结果中可以看到，10&12 的结果是 8。10 的二进制是 1010，12 的二进制是 1100，那么通过按位与运算的结果二进制是 1000，转换成十进制就是 8。

注意：由于位运算符的与和或与逻辑运算符的与和或非常类似，因此希望读者注意加以区分。

3．按位异或

按位异或的运算符是 "^"，用在两个二进制的操作数之间。当两个二进制操作数对应的位数值相同时，结果为 0，否则为 1。

【示例 17】　使用按位异或运算符来计算操作数 10 和 12 的值。

使用"^"运算符计算操作数的值，语句如下所示：

```
SELECT 10^12;
```

运算结果如图 6.21 所示。

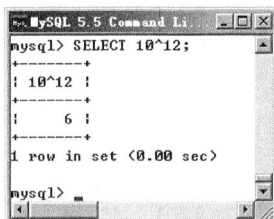

图 6.21　示例 17 的结果

从图 6.21 的结果中可以看出，10^12 的结果是 6。10 的二进制是 1010，12 的二进制是 1100，那么通过按位异或运算的结果二进制是 0110，转换成十进制就是 6。

4．按位左移

按位左移的运算符是"<<"，是针对单一操作数运算的。它主要将二进制操作数向左移动指定的位数，向左移动后，左边的数据将被移除，右边空出的位置用 0 来补齐。比如：将 10 向左移 1 位，可以写成 10<<1。

【示例 18】　使用左移运算符将 10 向左移 1 位。

向左移位的语句如下所示：

```
SELECT 10<<1;
```

结果如图 6.22 所示。

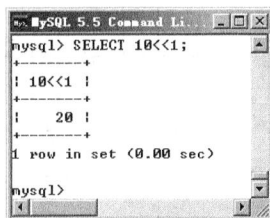

图 6.22　示例 18 的结果

从图 6.22 的结果可以看出，10<<1 的结果是 20。也就是说将 10 的二进制数 00001010，向左移动 1 位的二进制结果是 00010100，转换成十进制是 20。

5．按位右移

按位右移的运算符是">>"，也是针对单一操作数运算的。它主要将二进制操作数向右移动指定的位数，向右移动后，右边的数据将被移除，左边空出的位置用 0 来补齐。比如：将 10 向右移 1 位，可以写成 10>>1。

【示例 19】　使用右移运算符将 10 向右移 1 位。

向右移 1 位的语句如下所示：

```
SELECT 10>>1;
```

运算结果如图 6.23 所示。从图 6.23 的结果中可以看出，10>>1 的结果是 5。也就是将 10 的二进制 00001010 向右移动 1 位，结果是 00000101，转换成十进制就是 5。

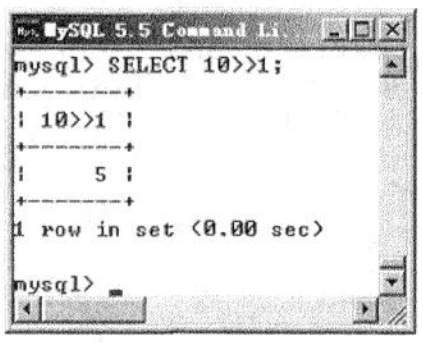

图 6.23　示例 19 的结果

6. 按位取反

按位取反运算符是"~"，也是针对二进制数进行比较的。当二进制数的值是 0 的位就改成 1，是 1 的位就改成 0。由于取反运算后的数据是一个 64 位的无符号整数，要查看取反运算后得到的二进制数要使用 BIN 函数。

【示例 20】　对 10 进行取反运算。

使用取反运算符"~"取反的语句如下所示：

```
SELECT ~10;              //得到 64 位整数
SELECT BIN(~10);         //得到 10 取反后的二进制数
```

运算结果如图 6.24 所示。

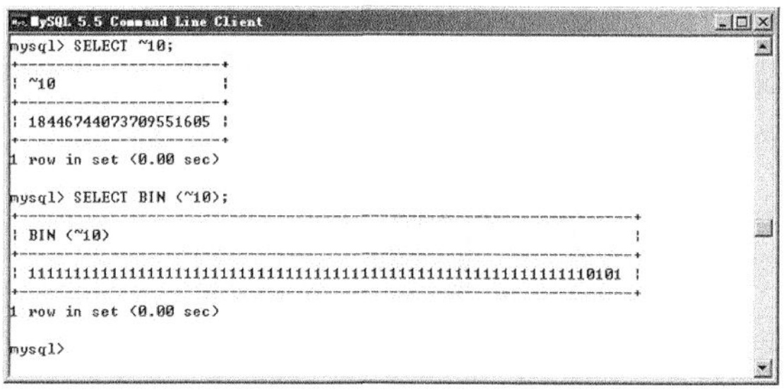

图 6.24　示例 20 的结果

从图 6.24 的结果中可以看出，~10 是一个 64 位的整数，而使用 BIN(~10)的结果是一串 64 位的二进制数。从这个二进制数可以看出，将 10 的二进制数中所有的 1 都改成 0，所有的 0 改成 1。

注意：不仅是取反运算的结果可以使用 BIN 来查看二进制结果，对于其他位运算依然可以得出二进制的值。

6.2　简　单　查　询

在数据表的操作中，查询操作是最常用的操作之一。查询可以分为简单查询和复杂的

查询。所谓简单查询就是条件比较少的查询或语句使用较少的查询，在本节中主要讲解几
种常用的简单查询语句。

6.2.1　基本语法

在 MySQL 数据库中，查询操作是通过 SELECT 语句完成的。基本的语法格式如下
所示：

```
SELECT
    [* | DISTINCT | DISTINCTROW |col_name…]
    [FROM table_name]
    [WHERE condition]
    [GROUP BY col_name ]
    [HAVING condition]
    [ORDER BY col_name [ASC | DESC]
    [LIMIT [offset,] row_count ]
```

其中：
- [* | DISTINCT | DISTINCTROW|col_name…]：*代表表中的全部字段；DISTINCT
  和 DISTINCTROW 代表的是同一意思，就是去除查询结果中相同的行；col_name
  字段列表代表表中的字段名，多个字段之间用逗号隔开。
- table_name：代表从哪个表中查询数据，可以从多个表中查询数据，多个表的表名
  之间用逗号隔开。
- [WHERE condition]：代表查询的条件。在 WHERE 语句后的条件，就是使用在 6.1
  节中讲解的运算符连接的语句。
- [GROUP col_name]：代表的是分组的条件，对查询的结果进行分组，多用于统计
  的时候使用。分组查询将在本书的第 7 章中详细讲解。
- [HAVING condition]：在分组查询中使用的条件语句。并且该语句只能在分组查询
  中使用。
- [ORDER BY col_name ASC|DESC]：对查询结果按指定列进行排序， ASC 是升序
  排列，DESC 是降序排列。在实际的查询中，默认的排序方式就是升序排序的。
- LIMIT[[offset],row_count]：用于限制查询结果返回的记录数。Offset 是一个可选项，
  代表的是查询时的偏移量，row_count 是执行返回的记录数。

注意：SELECT 语句中各子句都是可以省略的，当仅剩下 SELECT 语句时可以进行数据
　　　的计算或赋值等操作。在 6.1 节中已经演示了使用 SELECT 语句对数据进行计算
　　　的操作。

6.2.2　查询表中的全部数据

按照上一小节中讲解的语法格式，查询表中的全部数据可以使用如下语句完成：

```
SELECT * FROM 表名;
```

通过上面的语句，就可以把数据表中的全部数据列出来了。下面通过示例 21 来演示该语句的使用。

【示例21】　查询考试信息表（ExamInfo）的全部数据。

查询语句如下所示：

```
SELECT * FROM ExamInfo;
```

结果如图 6.25 所示，从结果中可以看出，表 ExamInfo 中共存在 5 条件记录。

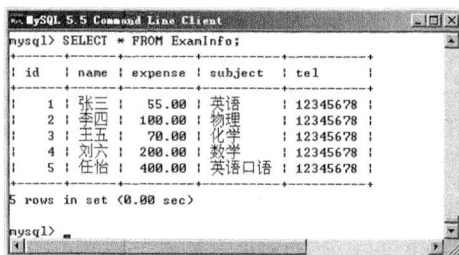

图 6.25　查询表中的全部数据

注意：从一个表中查询全部记录，可以直接将表中的数据列出来。但是，如果要查询多个表中的全部记录，就会得到笛卡尔积。所谓笛卡尔积就是指查询的结果中列是多个表中列的和，行是多个表中行的乘积。

6.2.3　查询指定字段的数据

在 MySQL 数据库中，不仅可以查询数据表中的全部数据，也可以根据需要查询表中某一个或几个字段的数据。查询指定字段数据的效率要比查询全部字段的效率高多了。因此，在查询数据时，要尽量少地查询表中的全部数据。

下面就通过示例 22 演示查询指定字段的数据。

【示例22】　查询考试报名信息表（ExamInfo）中姓名（name）和科目（subject）字段的数据。

在 SELECT 语句后加入姓名和科目字段即可，语句如下所示：

```
SELECT name,subject FROM ExamInfo;
```

结果如图 6.26 所示，从图中可以看出，只显示了 name 和 subject 两个列的值。

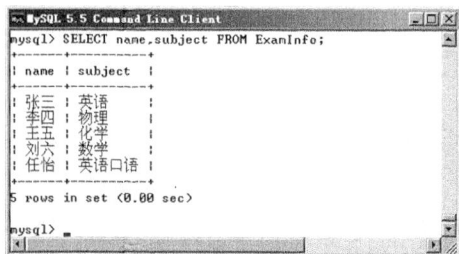

图 6.26　查询指定字段的数据

6.2.4　在查询中使用别名列

由于在数据表中的列名基本都是英文或者是汉语拼音的，因此在查询出来的结果中有时也看不出是什么意思。那么，能够在查询结果中改变列的名字，而不是直接改变表的列名就是一个好的解决办法。这种解决办法就是给列设置别名。设置别名的方法如下所示：

```
SELECT col_name 1 as 别名1,col_name2 as 别名2...
```

这里，as 关键字可以省略，将列名和别名用空格隔开也可以。另外，别名要用单引号括起来才可以。

【示例23】　从考试报名信息表（ExamInfo）中查询出报名人姓名和费用，并且将其字段名设置成中文意思的别名。

查询语句如下所示：

```
SELECT name as '姓名',expense as '报名费用' FROM ExamInfo;
```

结果如图 6.27 所示，从结果中可以看出，已经将原来表中的 name 和 expense 列换成了"姓名"和"报名费用"。

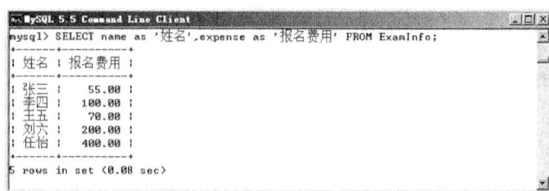

图 6.27　使用别名的查询

6.2.5　根据单一条件查询数据

按条件查询数据能够提高查询的效率。查询语句要使用 SELECT 语句中 WHERE 子句。所谓单一条件，这里指的是在 WHERE 语句后面只有一个条件。

【示例24】　查询考试报名信息表中报名费用高于 100 的考试科目名称。

报名费用高于 100 是 WHERE 语句后面的条件，考试科目是 SELECT 语句后面查询的列名。具体的语句如下所示：

```
SELECT  subject  FROM examinfo WHERE expense>100;
```

结果如图 6.28 所示，从结果中可以看出，查询结果中只显示了报名费用高于 100 的科目信息。

6.2.6　带 LIKE 条件的查询

在条件查询中，比较常见的查询是模糊查询，比如：需要查询出所有姓张的报名人信息。模糊查询使用的关键字是 LIKE，LIKE 就是像...一样的意思。同时，在使用模糊查询时还要用通配符，"%"代表的是任意 0 到多个字符。"_"代表的是一个字符。

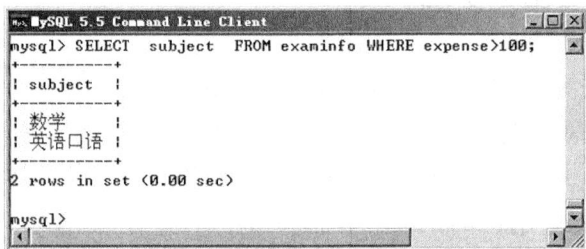

图 6.28　单一条件的查询

【示例 25】　查询出报名信息表中科目中含有"英语"的信息。

含有"英语"的科目，那么，应该使用"%"将英语括起来。语句如下所示：

```
SELECT * FROM examinfo WHERE subject like '%英语%';
```

结果如图 6.29 所示，从图中可以看出，查询的科目中只有含有"英语"的科目。

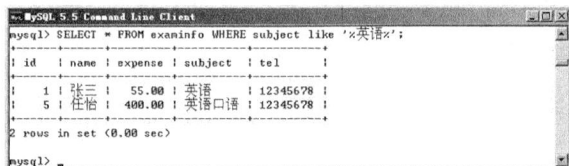

图 6.29　使用 LIKE 查询的结果

6.2.7　根据多个条件查询数据

在查询数据时不仅可以用一个条件也可以有多个条件，多个条件之间通常用 6.1 节中讲解的逻辑运算符 OR 或 AND 来连接。下面就分别使用 OR 和 AND 来演示多条件查询的写法。

【示例 26】　查询考试报名表中报名人是"张三"或者报考科目是"英语口语"的信息。

查询条件是两个，并且它们之间的关系是或者。具体的语句如下所示：

```
SELECT * FROM examinfo
WHERE name='张三' OR subject='英语口语';
```

结果如图 6.30 所示，从图中可以看出，只查询出了名字是"张三"和报名科目是"英语口语"的信息。

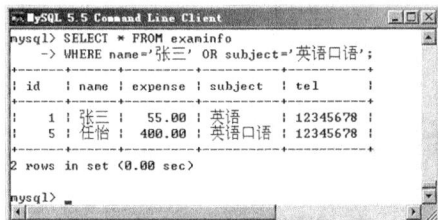

图 6.30　使用 OR 查询

【**示例 27**】 查询考试报名表中报名人是"张三"并且报考科目是"英语"的信息。

查询条件也是两个,它们之间的关系是并且的关系,使用 AND 关键字连接两个条件。具体的语句如下所示:

```
SELECT * FROM examinfo
WHERE name='张三' and subject='英语';
```

结果如图 6.31 所示,从图中可以看出,只查询出了姓名为"张三"的 1 条记录。

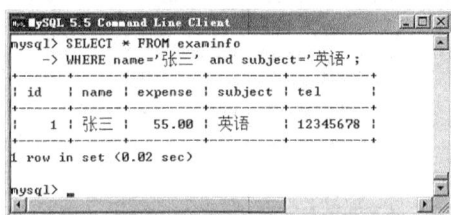

图 6.31　使用 AND 查询

6.2.8　对查询结果排序

在前面的几个小节中已经讲解了 SELECT 语句的一些基本的用法。如果要将查询结果排序要使用 ORDER BY 关键字,并且 ORDER BY 语句要放在所有的语句后面。那么。在实际应用中什么时候要对查询结果排序呢?比如:在网上购物时,可以将商品按照价格进行排序;在医院的挂号系统中,可以按照挂号的先后顺序进行排序等。

【**示例 28**】 查询报名考试信息表,并按报名的费用降序排列。

降序排列使用 DESC 关键字来完成,语句如下所示:

```
SELECT * FROM examinfo ORDER BY expense DESC;
```

结果如图 6.32 所示,从结果中可以看出,查询结果是按照 expense 列的值从高到低的顺序排列的。

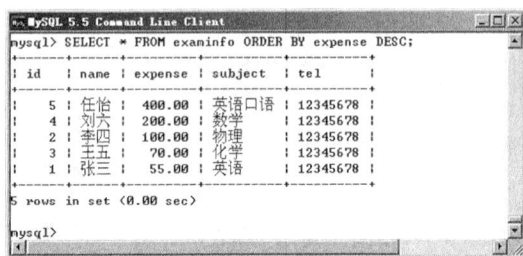

图 6.32　对查询结果降序排列

6.2.9　限制查询结果的行数

如果在查询的表中有上万条数据,那么,要一次查询数据表中的全部数据,就会降低数据返回的速度,同时给数据服务器造成很大的压力。为了解决这样的问题,在 SELECT

语句中可以使用 LIMIT 子句来限制查询结果返回的行数。

【示例 29】　查询考试报名信息表中的数据，并显示 2 行数据。

限制查询结果中显示 2 行数据，就使用 LIMIT 2 子句即可完成。具体语句如下所示：

```
SELECT * FROM examinfo LIMIT 2;
```

结果如图 6.33 所示，只显示出了数据表中存放的前 2 条数据。

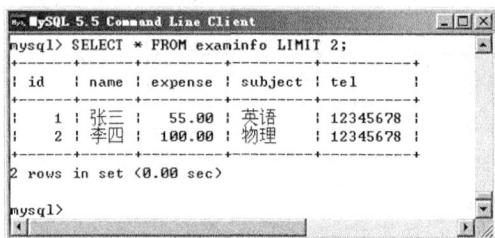

图 6.33　使用 LIMIT 限制查询结果

说明：在示例 29 中演示的是如何使用 LIMIT 子句来限制查询结果显示的行数，并且只显示了查询结果中的前 2 行。如果需要显示数据表中第 3、4 条数据应该怎么办呢？这时就要用到 LIMIT 子句中的另一个参数偏移量了。例如：LIMIT 2,2 就表示从数据表查询结果中取第 3 和第 4 条数据。请读者自己在 MySQL 中试试看！合理地使用 LIMIT 子句会大大提高数据的查询效率，对于数据量较大的表，可以使用 LIMIT 循环查询数据。

6.3　聚 合 函 数

在前面的两节中已经讲解了 SQL 语句针对单表查询的一些基本语句。在本节中将继续讲解 SELECT 语句中经常用到的聚合函数。这些聚合函数主要包括求最大值函数、最小值函数、平均值函数、求和函数以及计数函数 5 种。聚合函数不仅在普通的 SELECT 语句中用得比较多，在下一章中要讲解的分组函数中更是常用。

6.3.1　最大值函数 MAX

求最大值函数使用的是 MAX，MAX(列名)用来计算当前列的最大值。在 SQL 语句中最大值的应用也是比较多的，比如：在学生成绩系统中得到最高成绩，或者是在网上购物系统中得到购买最多的商品等。

【示例 30】　查询考试报名信息表中的信息，显示报名费用最高的报名人。

计算考试报名信息表中最高费用，就是使用 MAX(expense)得到的。具体语句如下所示：

```
SELECT MAX(expense) FROM examinfo;
```

结果如图 6.34 所示，查询的结果是报名费用最高的报名信息。

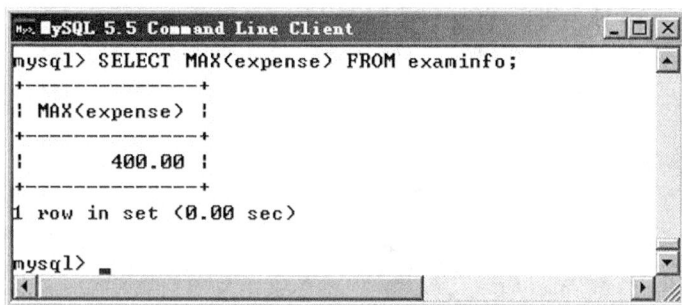

图 6.34　使用 MAX 取最大值

6.3.2　最小值函数 MIN

最小值函数和最大值函数是一样的，写法就是 MIN(列名)，用来取得该列的最小值。取得最小值的应用也很多，比如：取得同种商品的最低价格，取得成绩表中最低的成绩等。

【示例 31】　查询考试报名信息表，显示报名费用最低的科目。

显示报名费用最低，使用 MIN(expense)语句就可以得出。语句如下所示：

```
SELECT subject,MIN(expense) FROM examinfo;
```

结果如图 6.35 所示，查询结果是报名费用最低的记录。

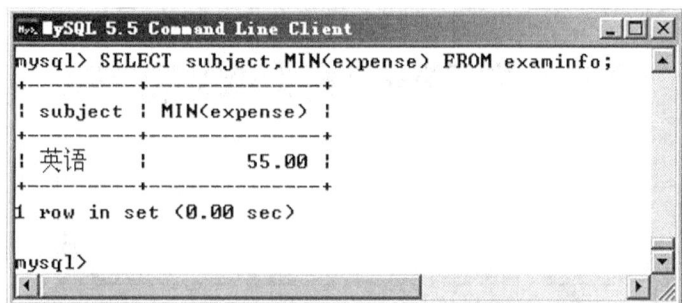

图 6.35　使用 MIN 取得最小值

6.3.3　平均值函数 AVG

取平均值函数就是对数据表中的某一列计算平均值。表示方法是 AVG(列名)。在实际应用中，也经常会用到求平均值的函数，比如：求报名费用的平均值，求考试成绩的平均值等。

【示例 32】　查询考试报名信息表。计算所有报名费用的平均值。

计算平均值使用的是 AVG(expense)，语句如下所示：

```
SELECT AVG(expense) FROM examinfo;
```

结果如图 6.36 所示，只得到了报名费用的平均值 165。

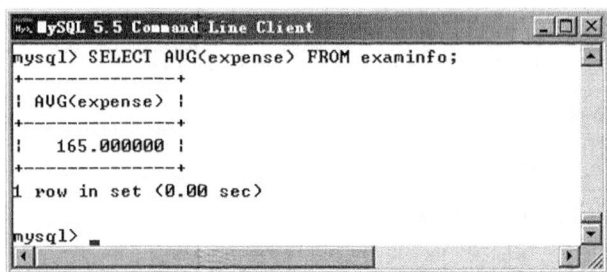

图 6.36　使用 AVG 取得平均值

6.3.4　求和函数 SUM

求和函数是 SUM，用来求一个列中所有值的和。使用的是 SUM(列名)的方法计算列的和。在实际应用中，求和也是常用的，比如：取得所有报名费用的和、取得所有商品价格的和等。

【示例 33】 查询考试报名信息表。求出所有的报名费用之和，并将列名设置成别名"总费用"。

计算所有的报名费用总和使用 SUM(expense)得到，语句如下所示：

```
SELECT SUM(expense) AS  '总费用'  FROM examinfo;
```

结果如图 6.37 所示，查询出了总费用并将其设置了别名。

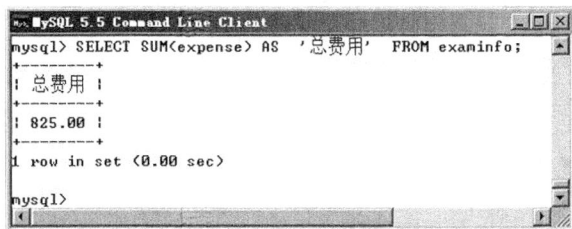

图 6.37　使用 SUM 函数求和

6.3.5　计数函数 COUNT

计数函数用 COUNT 来表示，它的用法有些特殊，使用 COUNT(*)是用来记录查询出的结果共有多少行。COUNT(列名)是用来计算非空列的个数。它的用途也比较多，比如：计算报名人数、商品的购买次数等。

【示例 34】 查询考试报名信息表。计算其报名人数，并将列设置成别名"报名总数"。

取得报名人数，也就是用 COUNT 来计算考试报名信息表中共有多少行。语句如下所示：

```
SELECT COUNT(*) AS '报名总数' FROM examinfo;
```

结果如图 6.38 所示。

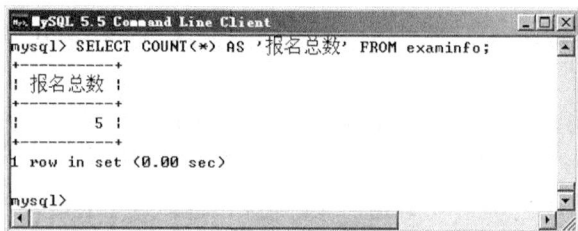

图 6.38 使用 COUNT 函数计数

从图 6.38 的结果中可以看出，报名的总数就是考试报名信息表中的行数。

注意：COUNT(*)不论列的值是否有 NULL 的值都会计算，而 COUNT（列名）只计算不为 NULL 的列的行数。

6.4 子 查 询

所谓子查询就是指查询中的查询，也就是在查询语句里面写的查询语句。子查询是在 SQL 语句中比较常用的查询方法。子查询可以作为一个查询语句的条件。在实际的应用中子查询经常是放在 WHERE 子句后面作为条件的，在执行含有子查询的 SQL 语句时通常是先计算子查询的结果，然后再将其结果作为条件完成查询的操作。在本节中将详细讲解子查询的使用方法。

6.4.1 子查询中常用的操作符

为了能够更好地运用子查询，先讲解一下子查询中使用的一些常用的操作符，如表 6.7 所示。

表 6.7 子查询中的常用操作符

操 作 符	说 明
IN	表示在某一个范围内
EXISTS	表示是否能够至少返回一行数据，返回则为 TRUE，否则是 FALSE
ANY(SOME)	表示 ANY 后面的结果是否至少有一条记录与 ANY 前面的值匹配。如果匹配返回 TRUE，否则返回 FALSE。这里，ANY 和 SOME 的作用是一样的
NOT IN	与 IN 相反，表示不在某一范围内
NOT EXISTS	与 EXISTS 相反，判断的是不存在

除了表 6.7 中的操作符之外，还有在本章 6.1 节中介绍的比较运算符也可以在子查询中使用。

6.4.2 使用 IN 的子查询

IN 表示"在...之中"，不仅可以用于子查询也经常使用在普通的 SQL 语句中，比如：

判断一下考试报名系统是否有"张三"、"李四"等报名人。使用 IN 的子查询语法格式如下所示：

```
SELECT col_name1,col_name2,… FROM table_name
WHERE coll_name IN (SELECT …);
```

这里，IN 后面的括号中是一个查询语句，并且该查询语句应该返回的是单列的一组值，可以是 0 到多个值。

为了让读者更好地掌握 IN 关键字的使用，下面分别举例说明 IN 关键字在普通 SQL 语句中和子查询中的应用。

【示例 35】　查询考试报名信息表中的考试科目是"数学"或者"英语"的信息。

查询的条件"数学"和"英语"是应该在 IN 后面的( )中的，语句如下所示：

```
SELECT * FROM examinfo WHERE subject IN('数学','英语');
```

结果如图 6.39 所示。

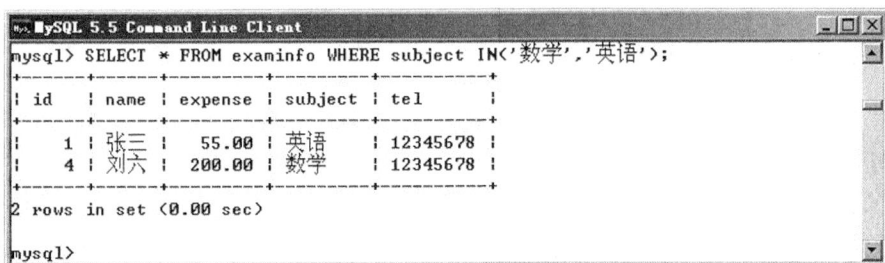

图 6.39　使用 IN 操作符查询

下面将"数学"和"英语"换成一个查询语句来完成示例 35 的操作。

（1）创建一个存放考试科目的信息表，表的结构如表 6.8 所示。

表 6.8　考试科目信息表（subjectinfo）

序号	列名	数 据 类 型	说　　明
1	id	int	科目序号
2	name	varchar(20)	科目名称

并将如表 6.9 所示的数据添加到考试科目信息表中。

表 6.9　考试科目信息

编号	id	name
1	1	数学
2	2	英语
3	3	会计
4	4	物流管理
5	5	工程管理

（2）利用子查询来查询考试科目信息表中与考试报名信息表中相同的科目信息。查询语句如下所示：

```
SELECT * FROM examinfo WHERE subject IN (SELECT name FROM subjectinfo);
```

结果如图 6.40 所示。

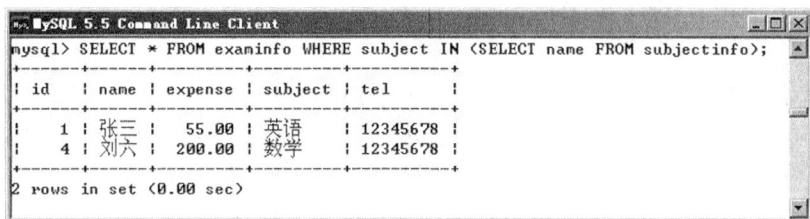

图 6.40　IN 在子查询中的使用

从图 6.40 的结果中可以看出，通过 SELECT name FROM subjectinfo 可以查询出科目信息表中所有的科目名称。与考试报名信息表中科目相同的只有"英语"和"数学"，因此，只查询出了与图 6.39 中相同的结果。

6.4.3　使用 EXISTS 的子查询

EXISTS 是存在的意思，是子查询中常用的操作符之一。在子查询中主要是用来判断某一个值是否存在。比如：判断某个表中是否含有某些值。与 EXISTS 相反的是 NOT EXISTS，是用来判断不存在某些值的。

【示例 36】　查询科目信息表中是否存在"数学"。如果存在就查询出考试报名信息表中的全部报名人姓名和缴纳的费用。

使用 EXISTS 操作符来判断是否存在"数学"，具体语句如下所示：

```
SELECT name,expense FROM examinfo
WHERE EXISTS(SELECT * FROM subjectinfo WHERE name='数学');
```

结果如图 6.41 所示。

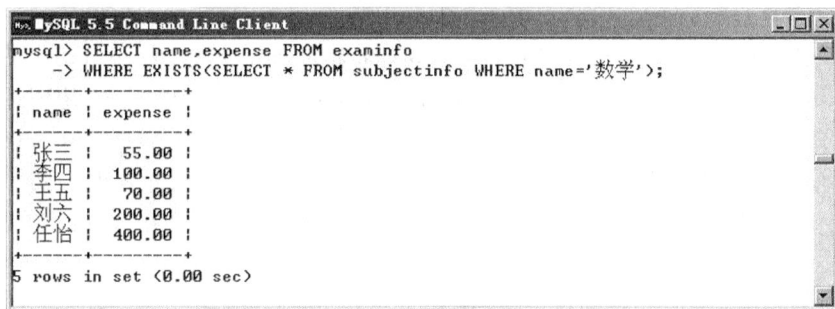

图 6.41　使用 EXISTS 查询

从图 6.41 的结果中可以看出，WHERE 语句后面的子查询的结果其实就是 TRUE。这样实际上就是查询出考试报名信息表中的全部数据。

注意：如果把示例 36 中的语句的 EXISTS 换成 NOT EXISTS，结果又会如何呢？由于在刚才的计算中子查询的结果是 TRUE，换成了 NOT EXISTS 之后，结果就是 FALSE。因此，结果是一个空集合。请读者自行测试一下。

6.4.4　使用 ANY 的子查询

ANY 操作符和 SOME 操作符一样都是用于判断子查询中返回的一组值中，只要有符合条件的就返回 TRUE，否则返回 FALSE。经常用于判断某一个值是否在一个范围里，通常用于某一个值与子查询返回的结果进行比较。

【示例 37】　查询出报名考试科目在考试报名信息表中的全部记录。

具体语句如下所示：

```
SELECT * FROM examinfo
WHERE subject= ANY(SELECT name FROM subjectinfo);
```

结果如图 6.42 所示。

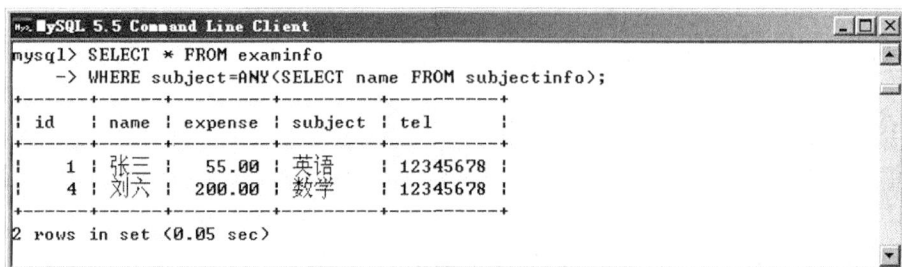

图 6.42　使用 ANY 的子查询

6.5　本章小结

在本章中详细介绍了 SQL 语句中的运算符、简单的查询语句以及在语句中使用聚合函数、子查询的应用。在运算符部分着重讲解了算术运算符、比较运算符、逻辑运算符以及位运算符的使用，在简单查询部分主要讲解了如何查询指定字段的数据、在查询中设置别名以及对查询结果进行排序等操作；在聚合函数部分讲解了求最大值函数、最小值函数、平均值函数、求和函数以及计数函数的使用。最后，讲解了子查询在查询语句中的使用。

6.6　本章习题

一、填空题

（1）算术运算符包括_____。

（2）比较运算符包括_____。

（3）逻辑运算符包括_____。

（4）位运算符包括_____。

（5）聚合函数包括_____。

二、选择题

（1）下面哪个是逻辑运算符的与操作？_____

  A． &   B．||

  C．&   D．|

（2）下面哪个不是聚合函数的关键字？_____

  A．COUNT   B．MAX

  C．AVG   D．IN

（3）查询条件中模糊查询使用的关键字是_____。

  A．IN   B．ANY

  C．LIKE   D．以上都不是

（4）查询数据表 table1 中所有价格（price）高于 50 的商品个数的 SQL 语句是_____。

  A．SELECT COUNT(*) FROM table1;

  B．SELECT COUNT(*) FROM table1 WHERE price<50;

  C．SELECT SUM(price) FROM table1 WHERE price>50

  D．SELECT COUNT(*) FROM table1 WHERE price>50

（5）查询数据表 table1 中所有价格（price）是 50、60 或者 70 的商品信息的 SQL 语句是_____。

  A．SELECT * FROM table1;

  B．SELECT * FROM table1 WHERE price=50,60,70;

  C．SELECT * FROM table1 WHERE price IN (50,60,70)

  D．SELECT * FROM table1 WHERE price NOT IN (50,60,70)

三、上机题

（1）使用位运算符计算 12 与 15 的结果。

（2）假设表结构如表 6.10 所示。查询出所有姓张的同学的成绩信息。

表 6.10　英语成绩表（recordinfo）

序号	列名	数 据 类 型	说　明
1	id	int	学号
2	name	varchar(20)	姓名
3	recode	int	成绩
4	major	varchar(20)	专业

（3）按英语成绩由高到低查询英语成绩表。

（4）查询出所有成绩的最高值。

（5）查询出英语专业学生的平均分。

第7章 复杂查询

所谓复杂查询就是在简单查询的基础上使查询变得更加灵活。通过复杂查询可以对表中的查询结果进行分组统计，并且可以进行多表查询。在现实生活中用到复杂查询的地方也是很多的，比如：分别统计每种类型商品的价格、统计每一个考试科目的平均成绩等操作。

本章的主要知识点如下：

❑ 如何进行分组查询；

❑ 如何进行多表查询；

❑ 如何组合查询结果。

7.1 分组查询

分组查询是通过 SELECT 语句中的 GROUP BY 子句来完成的，通过分组查询可以很容易地完成查询中的统计操作。在分组查询中，配合 GROUP BY 子句使用的还有 HAVING 子句。在本节中将详细讲解分组查询的使用。

7.1.1 对单列进行分组查询

对单列进行分组查询在查询中经常使用，只需要在 GROUP BY 子句后面加上列名，就可以在查询时按照列进行分组了。为了配合分组查询的举例，下面创建一个学生成绩信息表，表结构如表 7.1 所示。

表 7.1 学生成绩信息表（studentinfo）

序号	列名	数 据 类 型	说　　　明
1	id	int	学号
2	name	varchar(20)	姓名
3	score	decimal(4,2)	分数
4	subject	varchar(20)	科目
5	teacher	varchar(20)	任课教师

创建表 7.1 所示的表，语句如下所示：

```
CREATE TABLE studentinfo
(
  id int PRIMARY KEY,
  name varchar(20),
  score decimal(4,2),
```

```
    subject  varchar(20)
teacher varchar(20)
);
```

并添加如表 7.2 所示的数据。

表 7.2　学生成绩信息表的数据

序号	id	name	score	subject	teacher
1	1	章小小	80	英语	王老师
2	2	任名	85	英语	王老师
3	3	王笑	65	计算机基础	张老师
4	4	刘新	79	计算机基础	秦老师
5	5	张善	73	数据库	周老师

添加表 7.2 中的数据，使用连续添加数据的语句如下所示：

```
INSERT INTO STUDENTIINFO VALUES(1,'章小小',80,'英语','王老师'),(2,'任名',
85,'英语','王老师'),(3,'王笑',65,'计算机基础','张老师'),(4,'刘新',79,'计算机基础
','秦老师'),(5,'张善',79,'数据库','周老师');
```

创建好数据表后，就可以演练一下如何进行分组查询了。下面就请看示例 1 吧。

【示例 1】　按科目分组，计算出每个科目有几个人参加考试。

根据题目的要求，计算每个科目有几个人参加考试，可以使用聚合函数 COUNT 来计算。具体的语句如下所示：

```
SELECT subject,count(*) FROOM STUDENTINFO GROUP BY subject;
```

通过上面的查询语句，执行效果如图 7.1 所示。

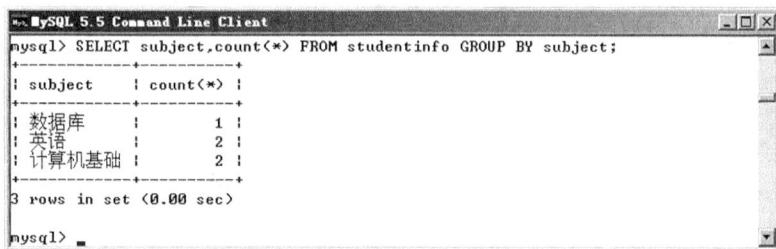

图 7.1　示例 1 的结果

从图 7.1 的结果中可以看出，参加数据库考试的是 1 人，参加英语考试的是 2 人，参加计算机基础考试的也是 2 人。

注意：当在一个查询中使用 GROUP BY 子句时，它的 SELECT 子句后面只能是聚合函数或者是 GROUP BY 之后的列名。否则，分组查询后的结果就没有任何意义了。

7.1.2　使用 HAVING 的分组查询

HAVING 关键字在 SELECT 语句中的作用与 WHERE 语句是类似的，只不过 HAVING 关键字只能用在分组查询中。HAVING 子句用于表示查询条件，通常要放在 GOURP BY

子句后面，其他的用法就与 WHERE 子句是一样的。

【示例 2】 查询学生成绩信息表（studentinfo），得出英语考试的平均成绩。

根据题目要求，首先要对学生信息表按照考试科目进行分组，然后使用 HAVING 子句来限制科目是英语。具体语句如下所示：

```
SELECT subject,AVG(score) FROM studentinfo GROUP BY subject HAVING subject=
'英语';
```

通过上面的语句得到的查询结果，如图 7.2 所示。

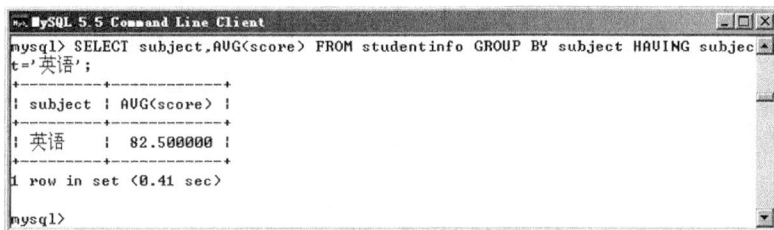

图 7.2 示例 2 使用 HAVING 的结果

通过上面的结果可以看出，AVG(score)得到的结果是英语考试的平均分，也就是 80 和 85 加在一起的平均数。当然，这里是使用 HAVING 作为条件，那么，能够使用 WHERE 子句完成上面的题目吗？下面就使用 WHERE 子句完成示例 2 的题目，语句如下所示：

```
SELECT subject,AVG(score) FROM studentinfo WHERE subject='英语';
```

运行效果如图 7.3 所示。

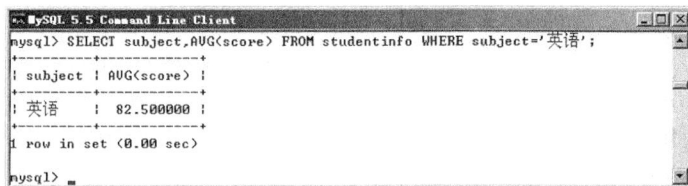

图 7.3 示例 2 使用 WHERE 的结果

通过图 7.3 的结果可以看出与图 7.2 的结果是一致的，因此，每一个查询语句都不唯一，还会有其他的方法完成同样的查询功能。在考虑使用每种查询方法时，只要考虑其查询的效率就可以了。说到查询效率，实际上 WHERE 的查询效率要比 HAVING 的查询效率高，原因是，使用 WHERE 语句是针对整个查询结果集进行条件过滤，而使用 HAVING 是针对分组后的查询结果集进行条件过滤的。因此，在使用分组查询时，也可以在 GROUP BY 子句前面先使用 WHERE 子句对查询结果进行过滤后，再对其分组，这样就能够提高分组查询的效率。

7.1.3　对多列进行分组查询

在使用分组查询时不仅可以对一列进行分组，还可以对多个列进行分组，对多个列进行分组时，每一个列名之间用逗号隔开。按照多个列进行分组时，首先是对第 1 个列进行分组，然后再按照第 2 个列分组，然后依次类推。

【示例 3】 查询学生成绩信息表（studentinfo），并按考试科目和任课老师进行分组，查询出每科考试的平均分。

根据题目要求，对考试科目和任课老师进行分组，也就是在 GROUP BY 后面加上 2 个列名。得到考试的平均分使用 AVG 函数就可以了。具体的语句如下所示：

```
SELECT subject,teacher,AVG(score) FROM studentinfo
GROUP BY subject,teacher;
```

运行效果如图 7.4 所示。

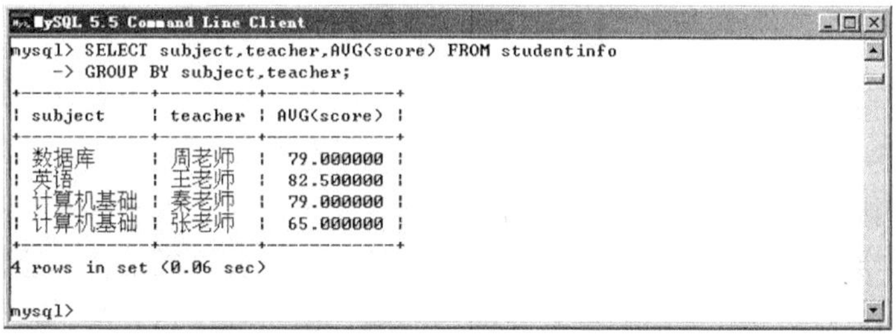

```
mysql> SELECT subject,teacher,AVG(score) FROM studentinfo
    -> GROUP BY subject,teacher;
+------------+---------+------------+
| subject    | teacher | AVG(score) |
+------------+---------+------------+
| 数据库     | 周老师  |  79.000000 |
| 英语       | 王老师  |  82.500000 |
| 计算机基础 | 秦老师  |  79.000000 |
| 计算机基础 | 张老师  |  65.000000 |
+------------+---------+------------+
4 rows in set (0.06 sec)

mysql>
```

图 7.4　示例 3 的结果

从图 7.4 中可以看出，结果中共有 4 行，首先是按科目进行分组，当科目相同时再按任课教师分组，因此，一共分了 4 组。

7.1.4　在分组查询中使用 ORDER BY

在使用了分组查询之后，如果想要对查询结果进行排序，也可以通过 ORDER BY 子句来完成。但是，ORDER BY 子句必须要放到所有的子句后面。ORDER BY 子句之后同样也可以添加多个列，按多个列进行排序。在 ORDER BY 后面使用 DESC 对数据进行降序排列，使用 ASC 对数据进行升序排列，默认的排列顺序依然是升序排列。

【示例 4】 查询学生成绩信息表（studentinfo），任课教师对学生分组并按每组学生的总成绩降序排列。

根据题目的要求，先对任课教师分组，然后再按每名任课教师所有学生的总成绩降序排列，降序排列使用的是 DESC。查询语句如下所示：

```
SELECT teacher,SUM(score) FROM studentinfo GROUP BY teacher ORDER BY
sum(score)  DESC;
```

结果如图 7.5 所示。

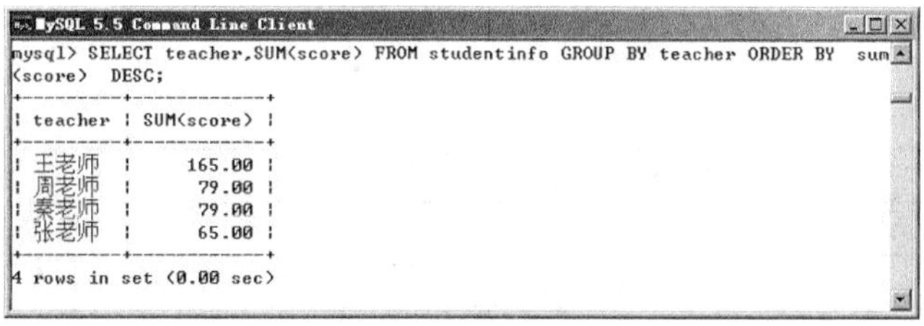

```
mysql> SELECT teacher,SUM(score) FROM studentinfo GROUP BY teacher ORDER BY  sum
(score)  DESC;
+---------+------------+
| teacher | SUM(score) |
+---------+------------+
| 王老师  |     165.00 |
| 周老师  |      79.00 |
| 秦老师  |      79.00 |
| 张老师  |      65.00 |
+---------+------------+
4 rows in set (0.00 sec)
```

图 7.5　示例 4 的结果

从图 7.5 中可以看出，按任课教师分组后，按照成绩的总和从高到低排序。

7.2 多 表 查 询

前面所讲过的查询语句全部都是针对一个表的，但是，真正的查询语句并不是只针对一个表的。因为，在数据库中每张表也并不是独立存在的，最常见的是两张表之间的主外键关系。那么，就需要多个表之间按照某些条件查询。在本节中，多表查询主要讲解等值连接、笛卡尔积、外连接以及内连接。

7.2.1 等值连接

所谓等值连接，就是将多个表之间的相同字段作为条件查询数据的。通常情况下，多个表之间的相同字段，都指的是表与表之间的主外键。比如：图书信息表和出版社信息表之间的关系，在图书信息表中图书出版社编号列就是出版社信息表的外键。如果要查询图书的出版社信息，就需要同时查询图书信息表和出版社信息表，并以出版社编号作为两个表的共同字段进行关联。

为了更好地理解等值连接的使用方法，首先将学生成绩信息表中的科目名称和教师名称都换成科目编号和教师编号，并且分别创建科目信息表和教师信息表。具体的表结构如表 7.3～表 7.5 所示。

表 7.3 新的学生成绩信息表（newstudentinfo）

序号	列 名	数 据 类 型	说 明
1	id	int	学号
2	name	varchar(20)	姓名
3	score	decimal(4,2)	分数
4	subjectid	int	科目编号
5	teacherid	int	任课教师编号

根据表 7.3 的表结构，创建 newstudentinfo 表的语句如下所示：

```
CREATE TABLE newstudentinfo
(
  id int PRIMARY KEY,
  name varchar(20),
  score decimal(4,2),
  subjectid int,
teacher id int
)
```

表 7.4 科目信息表（subjectinfo）

序号	列名	数 据 类 型	说 明
1	id	int	科目编号
2	subjectname	varchar(20)	科目名称

根据表 7.4 的表结构，创建 subjectinfo 表的语句如下所示：

```
CREATE TABLE subjectinfo
(
  id int  PRIMARY KEY,
  subjectname varchar(20)
);
```

表 7.5　教师信息表（teacherinfo）

序号	列名	数 据 类 型	说　明
1	id	int	教师编号
2	teachername	varchar(20)	教师名称

根据表 7.5 的表结构，创建 teacherinfo 表的语句如下所示：

```
CREATE TABLE teacherinfo
(
  id int  PRIMARY KEY,
  teachername varchar(20)
);
```

通过上面的 3 段语句，就可以在数据库中创建这 3 张数据表了。下面分别为这 3 张数据表添加数据，如表 7.6～表 7.8 所示。

表 7.6　科目信息表数据

编号	id	subjectname
1	1	英语
2	2	数学
3	3	会计
4	4	计算机基础
5	5	数据库技术

将表 7.6 中的数据添加到表 subjectinfo 中，具体的语句如下所示：

```
INSERT INTO  subjectinfo VALUES(1,'英语'),(2,'数学'),(3,'会计'),(4,'计算机基础'),(5,'数据库技术')
```

表 7.7　教师信息表数据

编号	id	subjectname
1	1	王老师
2	2	刘老师
3	3	张老师
4	4	秦老师
5	5	吴老师

将表 7.7 中的数据添加到表 teacherinfo 中，具体的语句如下所示：

```
INSERT INTO  teacherinfo VALUES(1,'王老师'),(2,'刘老师'),(3,'张老师'),(4,'秦老师'),(5,'吴老师')
```

将表 7.8 中的数据添加到表 newstudentinfo 中，具体的语句如下所示：

```
INSERT INTO newstudentinfo VALUES(1,'章小小',80,1,1), (2,'任名',85,2,3), (3,'王笑',65,2,3), (4,'刘新',79,3,4), (5,'张善',73,1,5);
```

表 7.8　学生成绩信息表数据

序号	id	name	score	subject	teacher
1	1	章小小	80	1	1
2	2	任名	85	2	3
3	3	王笑	65	2	2
4	4	刘新	79	3	4
5	5	张善	73	1	5

通过上面的语句构建了 3 张数据表，并存放了数据。

【示例 5】　通过学生成绩信息表和科目信息表查询出每名学生参加的考试科目名称。

根据题目要求，要得到科目名称，必须要通过学生成绩信息表中的科目编号与科目信息表中的科目编号相关联。具体语句如下所示：

```
SELECT newstudentinfo.name,subjectinfo.subjectname FROM newstudentinfo,
subjectinfo WHERE newstudentinfo.subjectid=subjectinfo.id;
```

结果如图 7.6 所示。

图 7.6　示例 5 的结果

从图 7.6 的结果可以看出，通过两张表的联合查询就可以得到科目名称了。

💬说明：当对多个表进行查询时，要在 SELECT 语句后面指定字段是来源于哪一张表。因此，在完成多张表联合查询时，SELECT 语句后面的写法是表名.列名。另外，如果表名非常长的话，也可以给表设置别名，这样就可以直接在 SELECT 语句后面写上表的别名.列名。

示例 5 是对两张表的等值连接查询，下面通过示例 6 来学习一下多张表是如何进行等值连接查询的。

【示例 6】　通过学生成绩信息表、科目信息表、教师信息表查询出学生的姓名、参加考试的科目名称、该科目的授课教师名称。

根据题目要求，可以看出在学生成绩信息表中存放的是科目的编号、任课教师的编号。要将这两个编号分别与科目信息表、教师信息表中的编号列作为等值连接的条件，将科目名称和任课教师名称查询出来。具体语句如下所示：

```
SELECT newstudentinfo.name,subjectinfo.subjectname,teacherinfo.teache
rname FROM newstudentinfo,subjectinfo,teacherinfo WHERE-newstudentinfo.
subjectid=subjectinfo.id AND newstudentinfo.teacherid=
teacherinfo.id;
```

结果如图 7.7 所示。

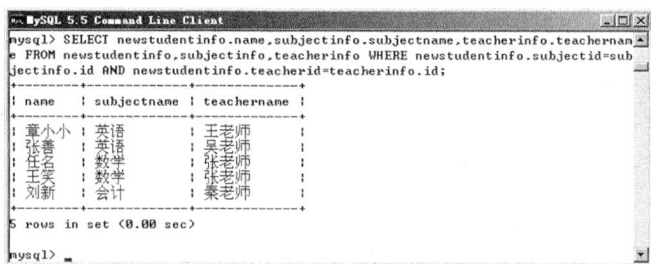

图 7.7 示例 6 的结果

从图 7.7 的结果可以看出，在查询结果里已经将 newstudentinfo 中的科目编号和教师编号换成了科目名称和教师名称。在查询语句中也可以看出，是从 3 个表中查询出的数据，也就是在进行表之间的联合查询时，是可以使用多个数据表的，但是一定要弄清楚表与表之间的字段关系。

7.2.2 笛卡尔积

笛卡尔积是一种特殊的查询，它也是针对多个表查询后产生的结果而定义的。它表示的这种特殊的查询结果是指，当多个表进行联合查询时不指定查询的条件。那么，不指定查询条件就意味查询的是所有的表的全部内容。查询全部内容的数据集合是所有查询的数据表中所有列的和以及行的乘积。例如：查询一个 3*4 列的表和 4*5 列的表，结果是 7*20 列的结果集。

【示例 7】 查询学生成绩信息表和科目信息表，并得到一个笛卡尔积。

根据题目的要求，要产生一个笛卡尔积，也就是说不需要查询条件，并且查询出两张表中的全部数据。具体的语句如下所示：

```sql
SELECT * FROM newstudentinfo,subjectinfo;
```

结果如图 7.8 所示。

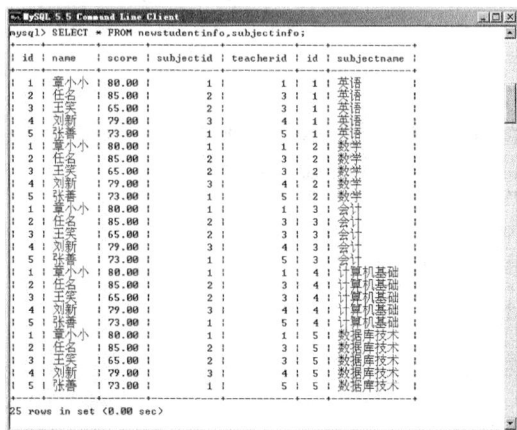

图 7.8 示例 7 的结果

从图 7.8 的结果中可以看出，查询的结果是学生信息表和科目信息表中，列的和、行的乘积构成的，即 7 列*25 行。

🔔注意：从笛卡尔积的形式的结果可以看出，对实际的应用没有太大的意义，只是能清楚地知道查询的每个表中共有多少列的数据。因此，在实际的应用中要在多表查询时指定查询条件，这样就可以避免笛卡尔积的产生。

7.2.3　外连接

在前面的等值连接中可以看出查询结果全部都是符合条件的行组成的。但是，如果想得到查询结果之外的行，应该怎么办呢？这时候就可以使用外连接查询来完成，外连接查询分为左外连接和右外连接。

左外连接的查询的结果是，除了返回表中符合条件的记录外还要加上左表中剩下的全部记录。右外连接的查询结果是，除了返回表中符合条件的记录外还要加上右表中剩下的全部记录。具体的语法格式如下所示：

```
SELECT 列名1，列名2….
FROM tableA LEFT OUTER JOIN(RIGHT OUTER JOIN)tableB
ON 条件
```

这里，LEFT OUTER JOIN 代表左连接，RIGHT OUTER JOIN 是右连接。通过 ON 来指定两个连接表中的条件。列名 1，列名 2…是指来源于这两个表中的列名，但是也要使用表名.列名的方式来编写。下面就分别用示例 8 和示例 9 来演示左外连接和右外连接。

【示例 8】　使用左外连接查询学生成绩表和科目信息表，显示出学生的姓名、学生参加考试的科目名称。

根据题目的要求，要使用左连接查询的条件就是学生成绩表的科目编号与科目信息表中的科目相等。为了更好地体现查询结果，将学生成绩表中科目编号 2 全部改成 6，然后再进行查询。具体语句如下所示：

```
SELECT newstudentinfo.name,subjectinfo.subjectname
FROM newstudentinfo LEFT OUTER JOIN subjectinfo
ON newstudentinfo.subjectid=subjectinfo.id;
```

结果如图 7.9 所示。

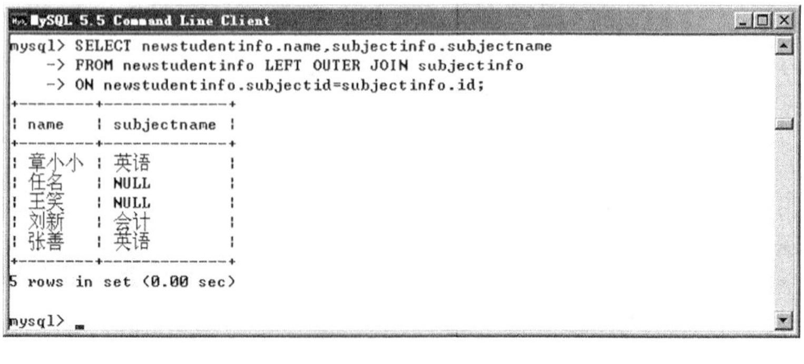

图 7.9　示例 8 的结果

从图 7.9 的查询结果中可以看出，subjectname 列中有两个列是 NULL 值，实际上就是左边中剩余的两条记录。如果将科目信息表作为左表就可以查询出科目信息表中全部的信息和科目信息表与学生成绩信息表中符合条件的信息。那么，就请读者试着将科目信息表作为左表进行查询，并检验查询结果。

【示例 9】 将示例 8 的查询改成右连接查询。

根据题目的要求，要对示例 8 中的内容改成右连接，也就是将原来的左连接 LEFT OUTER JOIN 换成右连接 RIGHT OUTER JOIN 就可以了。具体语句如下所示：

```
SELECT newstudentinfo.name,subjectinfo.subjectname
FROM newstudentinfo RIGHT OUTER JOIN subjectinfo
ON newstudentinfo.subjectid=subjectinfo.id;
```

结果如图 7.10 所示。

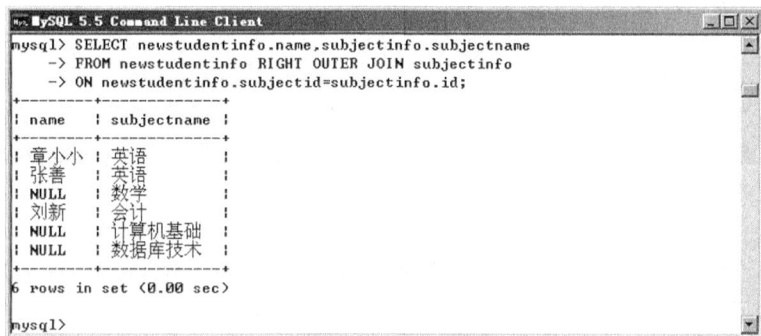

图 7.10 示例 9 的结果

从图 7.10 的结果中可以看出，在 name 列中有 3 个 NULL 值，这就说明使用右连接查询出了科目信息表中的全部数据并加上两个表中符合条件的记录。

注意：在使用外连接查询时，一定要分清要查询的结果，是需要显示左表的全部记录还是右表中的全部记录，然后选择相应的左外连接和右外连接。

7.2.4 内连接

内连接查询与外连接不同，内连接查询不分左右并且使用内连接查询的结果都是符合条件的结果。内连接与前面学习过的等值连接是很相似的，查询的结果中都是符合条件的结果。内连接的语法如下所示：

```
SELECT 列名1,列名2....
FROM tableA  INNER JOIN tableB
ON 条件
```

这里，INNER JOIN 是内连接的关键字，用来写在两个表之间。使用 INNER JOIN 不用区分左表还是右表。ON 代表的是两个表连接的条件。SELECT 后面仍然是每个表中的列名，列名的写法是表名.列名。

【示例 10】 使用内连接查询学生成绩信息表和教师信息表，在查询结果中显示学生姓名和任课教师名称。

根据题目的要求，要显示任课教师名称要使用学生成绩信息表中的任课教师编号与教师信息表的任课教师编号相等作为条件来查询。具体的语句如下所示：

```
SELECT newstudentinfo.name, teacherinfo.teachername
FROM newstudentinfo INNER JOIN teacherinfo
ON newstudentinfo.teacherid=teacherinfo.id;
```

结果如图 7.11 所示。

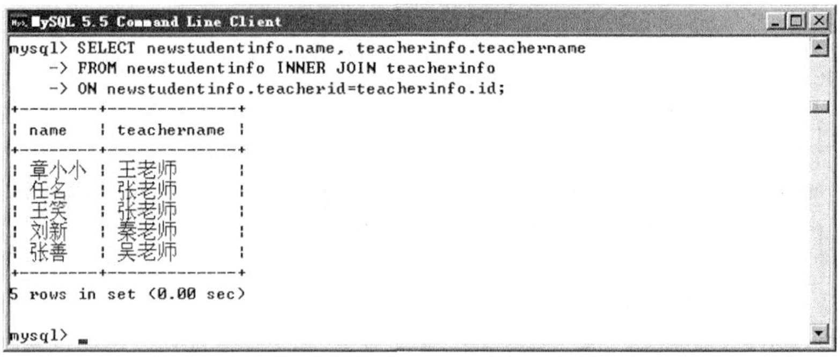

图 7.11 示例 10 的结果

从图 7.11 的结果中可以看出，通过 INNER JOIN 查询的结果也就相等于是前面讲过的等值连接的结果。在使用 INNER JOIN 时，不仅可以连接一个表同时也可以连接多个表。下面就使用示例 11 来演示如何使用内连接来连接多张数据表。

【示例 11】 使用内连接查询学生成绩信息表、科目信息表以及教师信息表。通过查询得到学生姓名、科目名称以及教师名称。

根据题目要求，要分别将学生成绩信息表中的科目编号与科目信息表的科目编号关联，学生成绩信息表中的教师编号和教师信息表中的教师编号关联。具体的语句如下所示：

```
SELECT newstudentinfo.name,subjectinfo.subjectname,teacherinfo.
teachername
FROM newstudentinfo INNER JOIN subjectinfo INNER JOIN teacherinfo
ON newstudentinfo.subjectid=subjectinfo.id AND newstudentinfo.teacherid=
teacherinfo.id;
```

结果如图 7.12 所示。

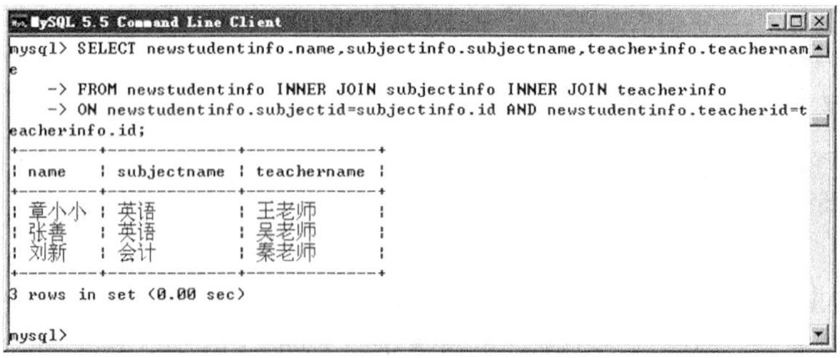

图 7.12 示例 11 的结果

从图 7.12 的结果可以看出，使用 INNER JOIN 可以连接多张表，在 ON 之后可以写多个表之间的连接条件。

🔔注意: 使用 INNER JOIN 连接多张表时, 就相当于是等值连接的时候在 FROM 语句后用
逗号连接多张表。那么, 对比前面学习过的等值连接, INNER JOIN 的好处就在
于可以更好地明确数据表的连接方式。同时, 使用 ON 作为连接条件也更能清楚
地知道是使用的多表连接。

7.3 合并查询结果

在前面的查询语句中都是一个查询结果, 如何将多个查询结果合并成一个查询结果
呢? 那么, 就可以合并查询结果。合并查询结果的目的就是将两个或更多个查询结果合并
到一起组成一个查询结果。在本节中将详细讲解如何使用 UNION 关键字来进行组合查询
以及对查询结果排序。

7.3.1 使用 UNION 关键字合并查询结果

UNION 关键字是用来连接两个查询结果, 但是查询结果中的列数和数据类型必须要一
致。在每个查询结果之间用 UNION 关联在一起。具体的语法如下所示:

```
SELECT col_name FROM table_name
UNION[ALL]
SELECT col_name FROM table_name;
```

这里, UNION 在连接数据表的查询结果时, 结果中会去掉相同的行。使用 UNION ALL
的时候, 结果中是不会去掉重复行的。

【示例 12】 查询科目信息表和教师信息表, 并且合并两个查询结果。

根据题目的要求, 分别查询科目信息表和教师信息表的信息, 并在两个查询语句之间
用 UNION 关键字关联。具体语句如下所示:

```
SELECT * FROM subjectinfo
UNION
SELECT * FROM teacherinfo;
```

结果如图 7.13 所示。

图 7.13 示例 12 的结果

从图 7.13 的查询结果中，可以看出合并后的查询结果是第 1 张表的列名，以及第 1 张表和第 2 张表的记录和。如果要给查询结果的列名设置别名，就要在第 1 个表的 SELECT 语句后面更改别名即可。修改后的语句如下所示：

```
SELECT id AS '编号',subjectname AS '名称' FROM subjectinfo
UNION
SELECT * FROM teacherinfo;
```

结果如图 7.14 所示。

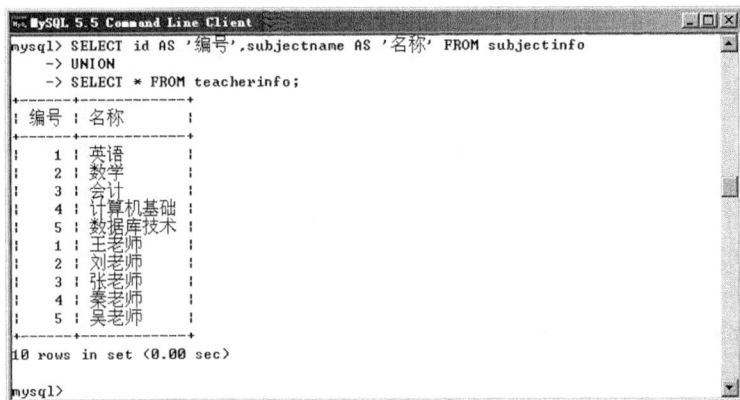

图 7.14　在组合查询中使用别名

7.3.2　对合并后的查询结果排序

在前面的查询中已经学过使用 ORDER BY 对查询结果进行排序。那么，合并后的查询结果还能够排序吗？答案是肯定的，但是与之前的合并语句略有不同。具体的语法如下所示：

```
(SELECT col_name…FROM table_name)
UNION[ALL]
(SELECT col_name…FROM table_name)
ORDER BY col_name
```

这里，为了能够对查询结果进行排序，一定要把每一个查询语句用括号括起来。另外，在 ORDER BY 之后要排序的列名一定是来自于第 1 个表中的列名。第 1 个表中的列名如果设置了别名，那么在 ORDER BY 后列名也要写成别名。

【示例 13】查询科目信息表和教师信息表，对合并后的查询结果按照编号（id）排序。

根据题目的要求，分别将两个查询语句用括号括起来，然后按照编号列进行排序。具体语句如下所示：

```
(SELECT id ,subjectname FROM subjectinfo)
UNION
(SELECT * FROM teacherinfo)
ORDER BY  id;
```

结果如图 7.15 所示。

从图 7.15 的结果可以看出，合并后的查询结果按照编号从小到大进行排序了。但是，一定要注意排序时列名是第 1 个表中的列名。

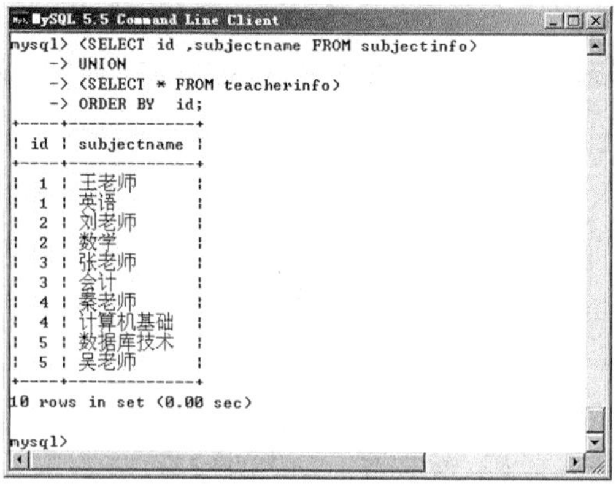

图 7.15　示例 13 的结果

7.3.3　限制组合查询结果的行数

对于合并后的查询结果要限制查询结果的记录数，也可以使用 LIMIT 子句来完成。使用 LIMIT 子句时，也要把所有的查询语句用括号括起来。LIMIT 子句放在所有的语句最后来写。具体的语法格式如下所示：

```
(SELECT col_name…FROM table_name)
UNION[ALL]
(SELECT col_name…FROM table_name)
LIMIT 行数;
```

这里，行数就是限制查询结果中显示几行。

【示例 14】　查询科目信息表和教师信息表，并显示查询结果中的前 3 行。

根据题目要求，要显示查询结果中的前 3 行，那么就可以写成 LIMIT 3。具体的语句如下所示：

```
(SELECT * FROM subjectinfo)
UNION
(SELECT * FROM teacherinfo)
LIMIT 3;
```

结果如图 7.16 所示。

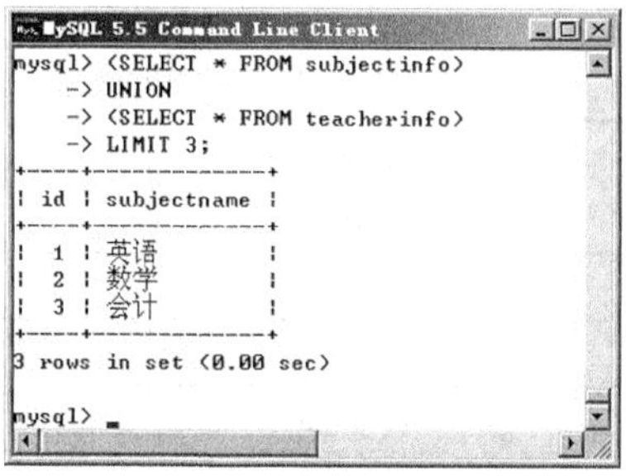

图 7.16　示例 14 的结果

📖说明：当合并查询结果时，可以合并两个表也可以合并更多的表，但是所有的表的列的
数据类型和长度要一致。只有使用 ORDER BY 或者 LIMIT 子句时才需要对查询
语句使用括号括起来。另外，在查询语句中也可以使用 WHERE 对语句进行条件
限制。

7.4　综 合 实 例

在本章的前 3 节中主要讲解了分组查询、多表查询以及合并查询结果的操作。在本节
中将结合前面的知识点，综合演练这些查询语句的使用。

【示例 15】　根据下面的要求，完成 SQL 语句的编写。

（1）创建 3 张数据表。电视节目信息表如表 7.9、电视节目类型信息表如表 7.10，主
持人信息表如表 7.11。

表 7.9　电视节目信息表（programinfo）

序号	列　　名	数 据 类 型	说　　明
1	id	int	节目编号
2	name	varchar(50)	节目名称
3	prodate	varchar(20)	节目播出时间
4	typeid	int	节目类型编号
5	hostid	int	主持人编号

表 7.10　电视节目类型信息表（typeinfo）

序号	列　　名	数 据 类 型	说　　明
1	id	int	类型编号
2	typename	varchar(20)	类型名称

表 7.11　主持人信息表（prohostinfo）

序号	列　　名	数 据 类 型	说　　明
1	id	int	主持人编号
2	hostname	varchar(20)	主持人姓名

（2）分别向 3 张数据表中添加如表 7.12～表 7.14 所示的数据。

表 7.12　电视节目信息表的数据

序号	id	name	prodate	typeid	hostid
1	1	小鬼当家	2012-01	1	1
2	2	柯南	2012-05	2	1
3	3	开心辞典	2012-02	1	2
4	4	成双成对	2012-01	3	3
5	5	乒乓球比赛	2012-04	4	4

表 7.13　电视节目类型信息表的数据

序号	id	name
1	1	少儿娱乐节目
2	2	动画片
3	3	娱乐节目
4	4	相亲节目
5	5	体育比赛

表 7.14　主持人信息表的数据

序号	id	name
1	1	张三
2	2	李四
3	3	周周
4	4	王五
5	5	李六

（3）按照电视节目类型来查看每种类型共有多少个电视节目。

（4）查看主持人是张三的电视节目。

（5）通过查询电视节目信息表和电视节目类型信息表来产生一个笛卡尔积。

（6）使用左外连接查询电视节目信息表和电视节目类型信息表。

（7）使用右外连接查询电视节目信息表和主持人信息表。

（8）使用等值连接来查询电视节目名称、电视节目播放时间、电视节目类型以及主持人姓名。

（9）合并电视节目类型信息表和主持人信息表中的查询结果。

（10）将（9）中的查询结果按照编号排序。

（11）将（9）中的查询结果只显示前 2 行。

根据每一个问题的要求，回答如下。

（1）根据前面给出的表结构，建表语句如下所示。

创建电视节目信息表的语句如下：

```
CREATE TABLE programinfo
(
  id int PRIMARY KEY,
  name varchar(50),
  prodate varchar(20),
  typeid   int,
  hosted   int
);
```

创建电视节目类型信息表的语句如下：

```
CREATE TABLE typeinfo
(
  id int PRIMARY KEY,
  typename varchar(20)
);
```

创建主持人信息表的语句如下：

```
CREATE TABLE prohostinfo
(
```

```
    id int PRIMARY KEY,
    hostname varchar(20)
);
```

（2）分别根据表中的数据为第（1）题中创建的 3 张表添加数据，具体语句如下所示。
向电视节目信息表中添加数据的语句如下所示：

```
INSERT INTO programinfo VALUES(1,'小鬼当家','2012-01',1,1),(2,'柯南',
'2012-05',2,1),(3,'开心辞典','2012-02',1,2),(4,'成双成对','2012-01',3,3),
(5,'乒乓球比赛','2012-04',4,4);
```

向电视节目类型信息表中添加数据的语句如下所示：

```
INSERT INTO typeinfo VALUES(1,'少儿娱乐节目'),(2,'动画片'),(3,'娱乐节目'),(4,
'相亲节目'),(5,'体育比赛');
```

向主持人信息表中添加数据的语句如下所示：

```
INSERT INTO prohostinfo VALUES(1,'张三'),(2,'李四'),(3,'周周'),(4,'王五'),(5,
'李六');
```

（3）查询每种类型的电视节目有几个，可以按照电视节目类型分组，然后再使用
COUNT 函数来计算节目个数。具体的语句如下所示：

```
SELECT typeinfo.typename,count(*) FROM programinfo,typeinfo
WHERE programinfo.typeid=typeinfo.id
GROUP BY typeinfo.typename;
```

结果如图 7.17 所示。

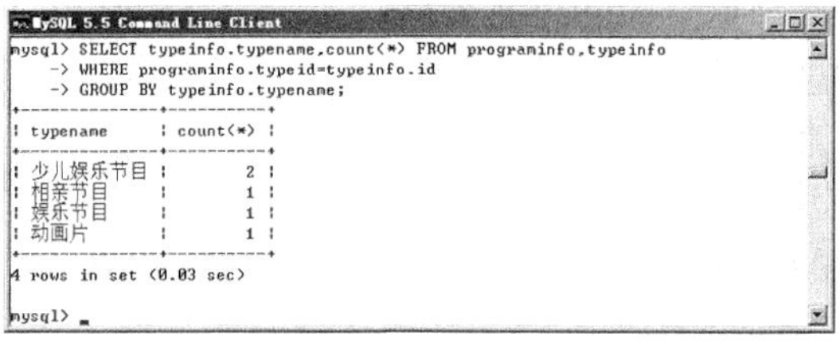

图 7.17　查看每种类型电视节目的数目

（4）查看主持人是张三的电视节目，这样就需要电视节目信息表与主持人信息表、节
目类型信息表 3 张表关联。具体语句如下所示：

```
SELECT programinfo.name FROM programinfo,typeinfo,prohostinfo
WHERE programinfo.typeid=typeinfo.id AND programinfo.hostid=
prohostinfo.id
AND prohostname='张三';
```

结果如图 7.18 所示。

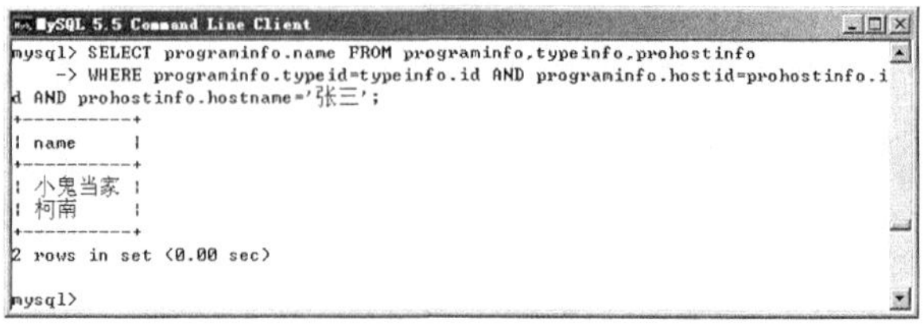

图 7.18　查看主持人是张三的电视节目

（5）要将查询结果变成笛卡尔积的形式，那么就是不用条件的查询。具体的语句如下所示：

```
SELECT * FROM programinfo,typeinfo;
```

结果如图 7.19 所示。

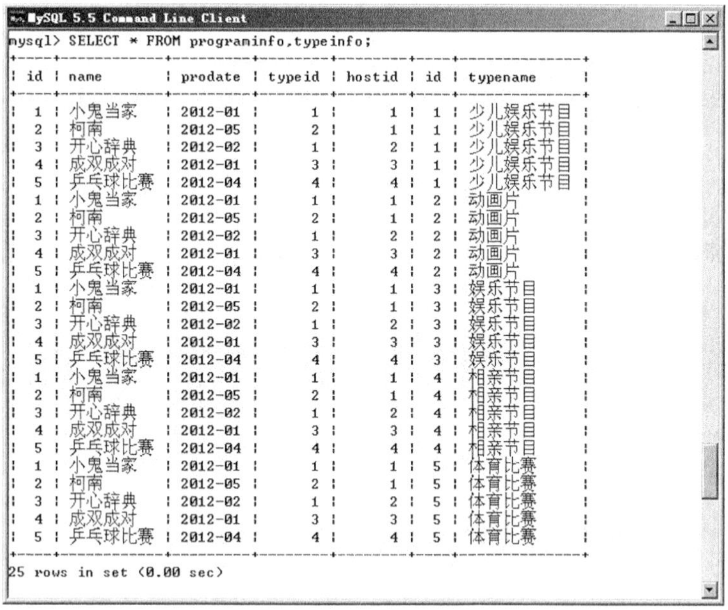

图 7.19　产生笛卡尔积

（6）使用左连接查询，把电视节目信息表作为左表，把电视节目类型信息表作为右表。查询语句如下所示：

```
SELECT * FROM programinfo LEFT OUTER JOIN typeinfo
ON programinfo.typeid=typeinfo.id;
```

结果如图 7.20 所示。为了能够更好地体现查询结果，将电视节目信息表中的电视节目类型是 1 的列改成 0。在完成练习后请读者再修改回去。

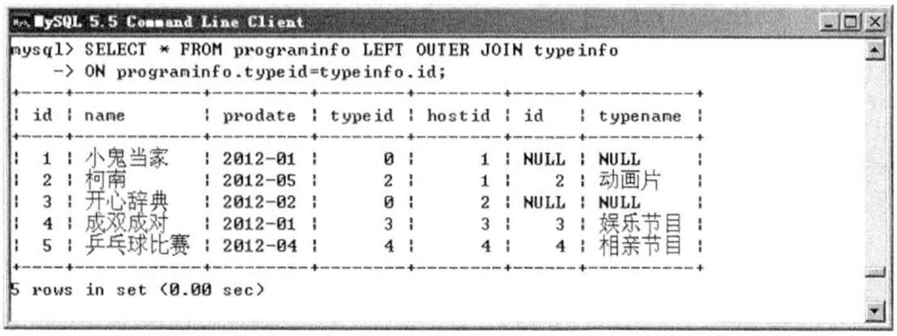

图 7.20　左连接查询

（7）使用右连接查询，电视节目信息表作为左表，主持人信息表为右表。查询语句如下所示：

```
SELECT * FROM programinfo RIGHT OUTER JOIN prohostinfo
```

```
ON programinfo.hostid= prohostinfo.id;
```

　　结果如图 7.21 所示。为了能够更好地体现查询结果，将电视节目信息表中的主持人编号是 1 的列改成 0。在完成练习后请读者再修改回去。

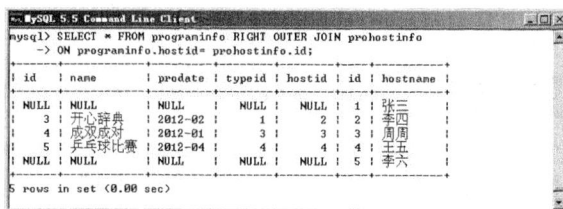

图 7.21　右连接查询

　　（8）使用等值连接对电视节目信息表和节目类型信息表、主持人信息表关联。查询语句如下所示：

```
SELECT programinfo.name,typeinfo.typename,prohostinfo.hostname
FROM programinfo,typeinfo,prohostinfo
WHERE programinfo.typeid=typeinfo.id AND programinfo.hostid=
prohostinfo.id;
```

　　结果如图 7.22 所示。

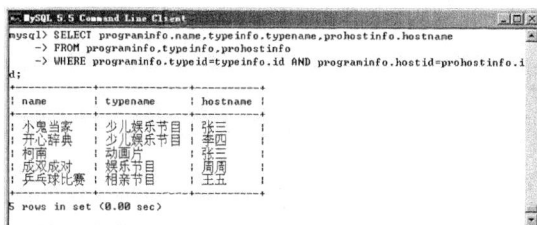

图 7.22　等值连接查询

　　（9）合并节目类型信息表和主持人信息表的查询结果，使用 UNION 关键字来完成。具体的语句如下所示：

```
SELECT * FROM typeinfo
UNION
SELECT * FROM prohostinfo;
```

　　结果如图 7.23 所示。

图 7.23　合并查询结果

（10）要对合并后的结果排序，首先要将每个查询语句用括号括起来。具体语句如下所示：

```
(SELECT * FROM typeinfo)
UNION
(SELECT * FROM prohostinfo)
ORDER BY id;
```

结果如图 7.24 所示。

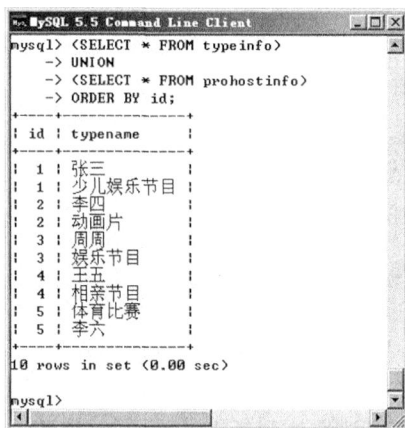

图 7.24　对合并后的查询结果排序

（11）要显示合并后的查询结果中的前 2 行数据，将（10）中的 ORDER BY 去掉换成 LIMIT 2 就可以了。具体的语句如下所示：

```
(SELECT * FROM typeinfo)
UNION
(SELECT * FROM prohostinfo)
LIMIT 2;
```

结果如图 7.25 所示。

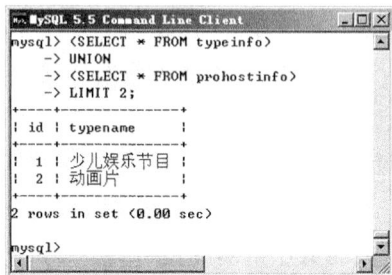

图 7.25　显示合并后的查询结果前 2 行

7.5　本章小结

在本章中主要讲解了查询语句中的分组查询、多表查询以及合并查询结果。在分组查询中主要讲解了按照单列分组、按照多列分组、在分组查询中对查询结果排序；在多表查询中主要讲解了外连接、内连接以及笛卡尔积的产生；最后，在合并查询结果部分主要讲解了对合并后的查询结果排序以及限制查询结果的行数。

7.6　本章习题

一、填空题

（1）分组查询使用的关键字是_____。

（2）外连接分为_____。

（3）笛卡尔积的结果特点_____。

（4）合并查询结果的关键字是_____。

二、选择题

（1）下面对于 HAVING 子句的描述正确的是_____。

　　A．在所有的查询语句中都可以使用 HAVING 子句

　　B．HAVING 子句可以放在查询语句中的任何位置上

　　C．HAVING 子句可以代替 WHERE 子句

　　D．HAVING 子句只能用在分组查询中

（2）下面对于分组查询描述正确的是_____。

　　A．在分组查询中不能够对查询结果排序

　　B．在分组查询中 SELECT 后面可以写表中的任意字段

　　C．在分组查询中 SELECT 后面可以使用聚合函数

　　D．以上都正确

（3）对于多表查询描述正确的是_____。

　　A．在多表查询中，如果不设置查询条件就会产生笛卡尔积

　　B．在外连接查询中，无论是左连接还是右连接都只返回符合条件的数据，不含有其他的数据

　　C．内连接与外连接是没有区别的

　　D．以上都正确

（4）下面关于合并查询结果的操作正确的是_____。

　　A．合并查询结果时，查询结果的列数可以不一致

　　B．合并查询结果后，查询结果也是可以进行排序的

　　C．合并查询结果后，不能对查询结果进行排序

　　D．以上都正确

三、上机题

（1）假设表结构如表 7.15 所示。使用分组查询，查询出每个专业学生的英语平均成绩、

最高成绩、最低成绩。

表 7.15　英语成绩表（recordinfo）

序号	列　　名	数 据 类 型	说　　　　明
1	id	int	学号
2	name	varchar(20)	姓名
3	recode	int	成绩
4	major	int	专业编号

（2）假设有一个专业信息表，表结构如表 7.16 所示。将英语成绩表和专业信息表相关联，查询出每名学生所在的专业名称。

表 7.16　专业信息表（major）

序号	列　　名	数 据 类 型	说　　　　明
1	id	int	专业编号
2	name	varchar(20)	专业名称

（3）对英语成绩表和专业信息表进行左外连接查询，并分析查询结果。

（4）对英语成绩表和专业信息表进行右外连接查询，并分析查询结果。

第 8 章 函　　数

函数就像预定的公式一样存放在数据库中，每个用户都可以调用已经存在的函数来完成某些功能，例如求绝对值、求字符串长度等。函数可以方便地实现业务逻辑的重用，同时 MySQL 数据库同样允许创建自己的函数，以适应实际的业务操作。对函数的正确使用会让读者在编写 SQL 语句时起到事半功倍的效果。

本章的主要知识点如下：

❑　什么是函数；

❑　了解数值函数；

❑　了解字符串操作函数；

❑　了解日期及其他类型函数。

8.1　数值类型函数

数值类型函数允许输入数字，并返回一个数值。如果函数执行出错时返回 NULL。数值类型的函数主要包括求绝对值函数、取余数函数、求平方根函数等。本节将介绍在 MySQL 中常用的数值类型函数。

8.1.1　绝对值函数 abs

绝对值函数用来计算数值的绝对值，如果输入的数是正数返回数值本身，输入的数是负数则去掉该数的负号。该函数的格式是 abs(num)，这里的 num 是要计算的数值。下面通过示例 1 来学习绝对值函数的使用。

【示例1】　使用绝对值函数分别计算-21，21，'-1'，-91/4 的绝对值。

计算绝对值时只需要在函数 abs(num)中修改 num 的值，即可完成。具体脚本如下所示：

```
select abs(-21), abs(21), abs('-1'), abs(-91/4);
```

结果如图 8.1 所示。

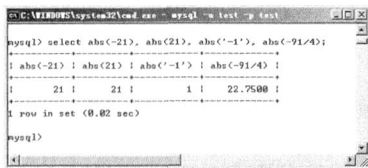

图 8.1　abs 函数的使用

8.1.2　取余数函数 mod

所谓取余函数就是计算两个数相除后的余数。取余函数的格式是 mod(num2, num1)，带两个参数，该函数将返回 num2 除以 num1 的余数，当 num1 为 0 时，函数将返回 NULL，最大支持 BIGINT 值，对于小数参数，将返回除法运算后的精确余数。下面以示例 2 为例来学习取余函数的使用。

【示例 2】　使用取余函数对(10,3)，('10',3)，(10.5,3)，(–10,2)，(1,0)这 5 组数取余数。

对这 5 组数取余数很简单，只需要替换 mod(num2,num1)中的 num2,num1 值就行。具体脚本如下所示：

```
select mod(10,3),mod('10',3),mod(10.5.3), mod(-10,2),mod(1,0);
```

结果如图 8.2 所示。

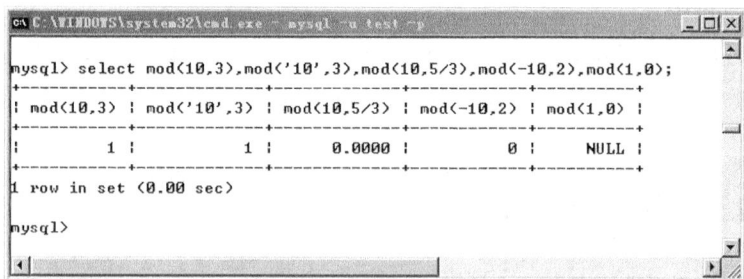

图 8.2　mod 函数的使用

8.1.3　求平方根函数 sqrt

求平方根函数就是对给定的数值取平方根。求平方根函数的格式是 sqrt(num)，可以传入 1 个参数，返回该参数的平方根。当参数为负数时，函数将返回 NULL。下面通过示例 3 来学习求平方根函数的使用。

【示例 3】　使用求平方根函数计算–100，100，100.89，'100.89'的平方根。

计算平方根时只需要在函数 sqrt(num)中修改 num 的值，即可完成。具体脚本如下所示：

```
select sqrt(-100),sqrt(100),sqrt(100.89), sqrt('100.89');
```

结果如图 8.3 所示。

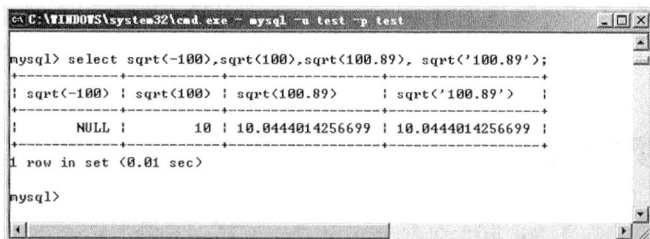

图 8.3　sqrt 函数的使用

8.1.4　获取随机数的函数 rand

rand(num)函数。可以返回 1 个随机浮点值，其范围在 0～1.0 之间，如果带有参数，那么参数将被作为种子值。示例脚本如下：

```
select rand(),rand(2),rand(5.1);
```

执行结果参考图 8.4。

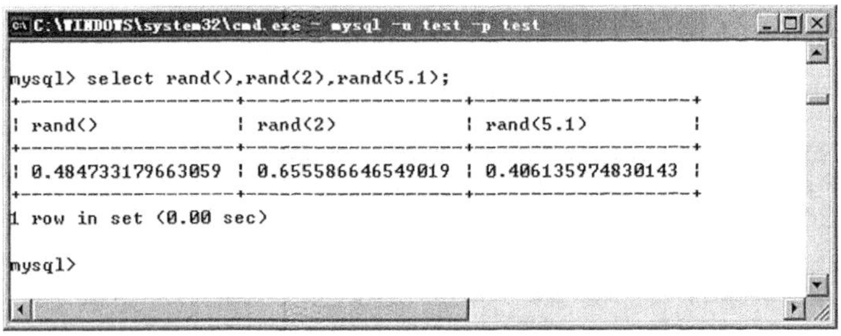

图 8.4　rand 函数的使用

8.1.5　四舍五入函数 round

round(num1,num2)函数。将返回 num1 的四舍五入值，可以带有 2 个参数。参数 num2 原则上是整数，如果不是整数，那么整数部分有效果。它的作用是当正整数时表示 num1 被四舍五入为 num2 位小数。当负数时，则 num1 被四舍五入至小数点向左 num2 位。示例脚本如下：

```
select round(6.54321,2) ,round(6.54321,2.88), round(6.54321,-1);
```

执行结果参考图 8.5。

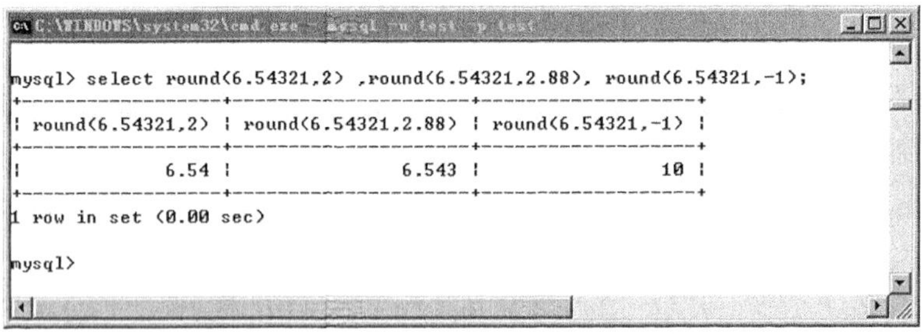

图 8.5　round 函数的使用

8.1.6　符号函数 sign

sign(num)函数。函数将返回参数的符号类型，当 num 为正数时，则返回 1；为 0 时，返回 0；当为负数时，则返回–1。示例脚本如下：

```
select sign(21),sign('321'), sign(-1), sign(0.00), sign(-1*'1');
```

执行结果参考图 8.6。

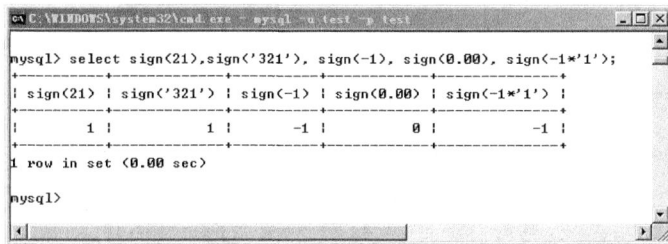

图 8.6　sign 函数的使用

8.1.7　幂运算函数 power

power(num1,num2)函数。利用该函数可以获取参数 num1 的 num2 次幂。如果 num1 为负数,那么 num2 需要为整数,否则函数将返回 NULL。示例脚本如下:

```
select power(8,2),power('8',3),power(2.1,2.5),power(-2,2),power(-2,2.2);
```

执行结果参考图 8.7。

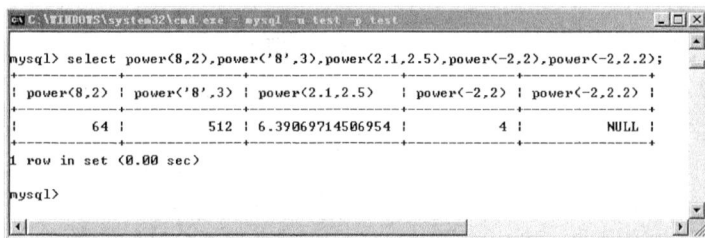

图 8.7　power 函数的使用

8.1.8　对数运算函数 log

log(num1,num2)函数。该函数可以返回 num2 对于基数 num1 的对数,当使用一个参数时,该函数等同 ln(num)函数,也就是自然对数函数。示例脚本如下:

```
select log(5,25),log(3,'9'),log(2),log(-2);
```

执行结果见图 8.8。

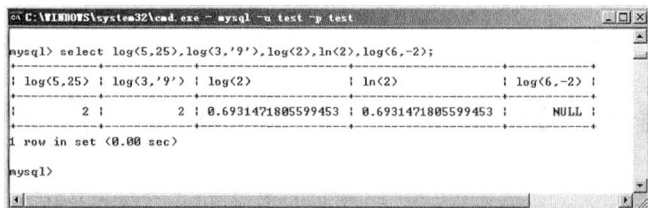

图 8.8　log 函数的使用

🔔注意：从图 8.8 的运行效果中，可以发现，当 log 函数参数为 1 个时，它会等同 ln(num)
函数。

8.1.9　pi 函数

pi()函数。可以获取 π 的值，默认情况下，会得到一个 7 位的数值。示例脚本如下：

```
select pi ();
```

执行结果见图 8.9。

8.1.10　三角函数

三角函数是一系列的函数，主要包括正弦、余弦、正切、余切函数，其使用方法非常
相似，这里只用一个函数做讲解，其他读者可以自行实验。

sin(num)函数。可以获取参数 num 的正弦值，这里 num 是用弧度表示的角度。示例脚
本如下：

```
select sin(pi()/2),sin(pi());
```

执行结果参考图 8.10。

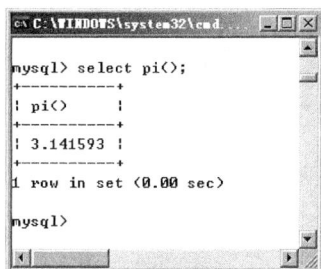

图 8.9　pi 函数的使用

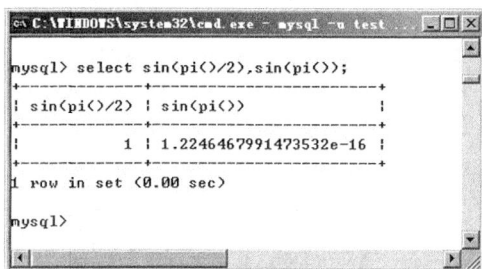

图 8.10　sin 函数的使用

该系列的函数主要还有以下几个：

❑ cos(num)函数：可以获取参数的余弦值。

❑ acos(num) 函数：可以获取参数的反余弦值，如果 num 的值不在–1～1 之间，那么
将返回 NULL。

❑ asin(num) 函数：可以获取参数的反正弦值。如果 num 的值不在–1～1 之间，那么
将返回 NULL。

❑ tan(num) 函数：可以获取参数的正切值。

❑ atan(num) 函数：可以获取参数的反正切值。

8.1.11　获取最小整数 ceil、ceiling

ceiling(num)和 ceil(num)函数。可以获取不小于参数的整数值，两个函数作用相同。示
例脚本如下：

```
select ceiling(-234.32),ceil(-234.32),ceiling(234.32),ceil(234.32);
```

执行结果参考图 8.11。

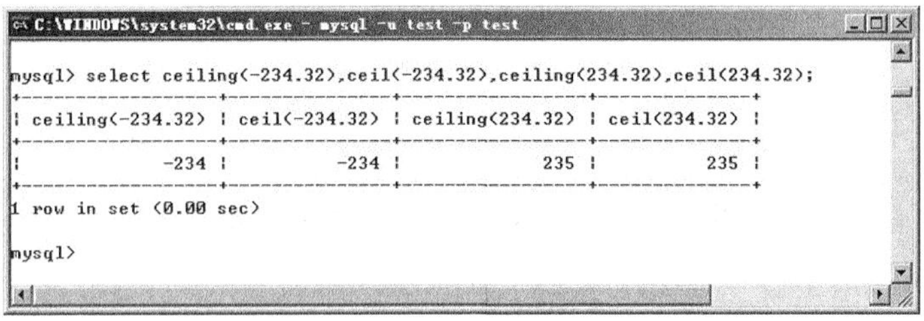

图 8.11　ceil 函数的使用

8.2　字符串函数

字符串函数可以对字符串或字符进行操作，如计算字符串长度、连接字符串等。它们可以接收字符串或数字作为参数，函数可以返回字符类型数据或数值类型数据。

8.2.1　合并字符串的函数 concat

concat(str1,str2…)函数。可以把参数连接在一起，并返回连接后的字符串。参数允许多个，当其中一个为 NULL 时，返回结果为 NULL。示例脚本如下：

```
select
concat('this','a','test'),concat('this','a','test',null),concat(123,456);
```

执行结果参考图 8.12。

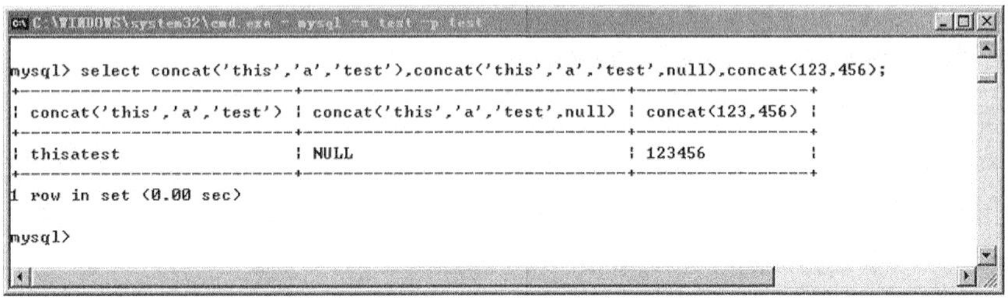

图 8.12　concat 函数的使用

8.2.2　计算字符串长度的函数 length

char_length(str)和 length(str)函数。这两个函数都可以获取字符串的长度。char_length 函数以字符为单位，一个多字节的字符会被当成一个字符，而 length 函数则是以字节为单位进行计算。示例脚本如下：

```
select char_length('1234'),char_length('测试'),length('测试');
```

执行结果参考图 8.13。

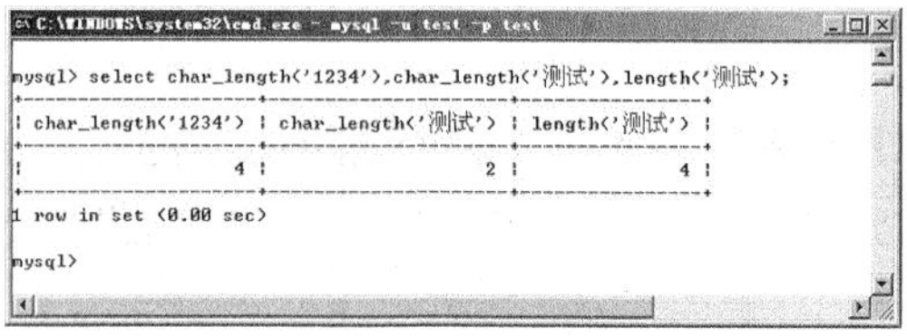

图 8.13　char_length 和 length 函数使用

8.2.3　字母小写转大写函数 upper

upper(str)和 ucase(str)函数。利用它们可以把参数中的小写字母转换成大写字母。这两个函数都可以完成转换工作，不过 upper 函数和其他数据库同名函数相兼容，因此更建议使用该函数。示例脚本如下：

```
select upper('abcd测试'),ucase('abcd测试');
```

执行结果参考图 8.14。

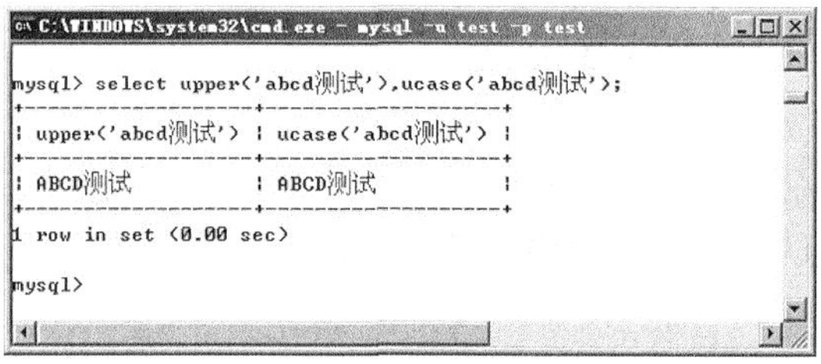

图 8.14　upper 和 ucase 函数的使用

8.2.4　字母大写转小写函数 lower

lower(str)和 lcase(str)函数。利用它们可以把参数中的大写字母转换成小写字母。这两个函数都可以完成转换工作，同样的 lower 函数和其他数据库同名函数相兼容，因此更建议使用该函数。示例脚本如下：

```
select lower('ABCD测试'),lcase('ABCD测试');
```

执行结果参考图 8.15。

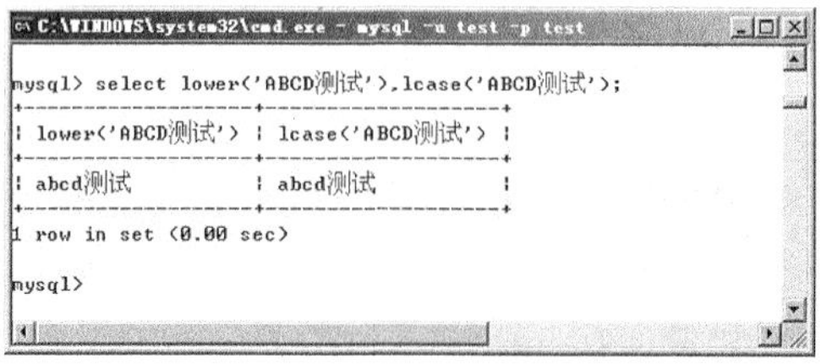

图 8.15　lower 和 lcase 函数的使用

8.2.5　获取指定长度的字符串的函数 left 和 right

left(str,len)和 right(str,len)函数。这两个函数可以获取字符串中指定长度的字符。其中 left 函数可以返回参数 str 从左边开始，长度为 len 的子串；而 right 则可以返回参数 str 从右边开始，长度为 len 的子串。示例脚本如下：

```
select left('left 函数测试',5),right('right 函数测试',2);
```

执行结果参考图 8.16。

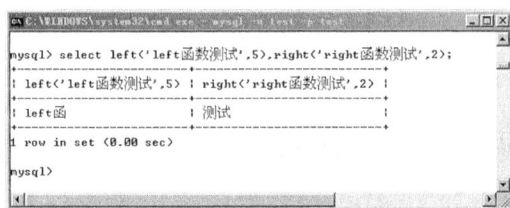

图 8.16　left 和 right 函数的使用

8.2.6　填充字符串的函数 lpad 和 rpad

lpad(str,len,padstr)和 rpad(str,len,padstr)函数。这两个函数可以为参数 str 分别在左边和右边填补字符串 padstr，注意 len 的长度，当 len 表示的长度小于 str 长度时，str 将会被缩短至 len 长度。示例脚本如下：

```
select lpad('函数测试',8,'lpad'),rpad('函数测试',8,'rpad'),rpad('函数测试',
2,'MySQL');
```

执行结果参考图 8.17。

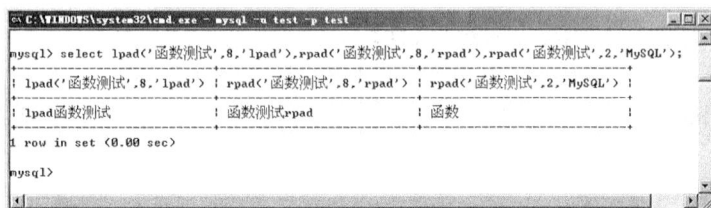

图 8.17　lpad 和 rpad 函数的使用

8.2.7　删除指定字符的函数 trim

trim ([{BOTH | LEADING | TRAILING} [remstr] FROM] str)函数。它可以去除 str 中指定的字符 remstr，并允许从指定的位置去除，其中{BOTH | LEADING | TRAILING}修饰符表示两端去除、前端去除和尾端去除。在默认情况下，trim 函数可以去除字符串两端空格。示例脚本如下：

```
select trim(trailing 'm' from 'mysqltrim'), trim(both 'm' from 'mysqltrim'),
trim(' mysqltrim ') ;
```

执行结果参考图 8.18。

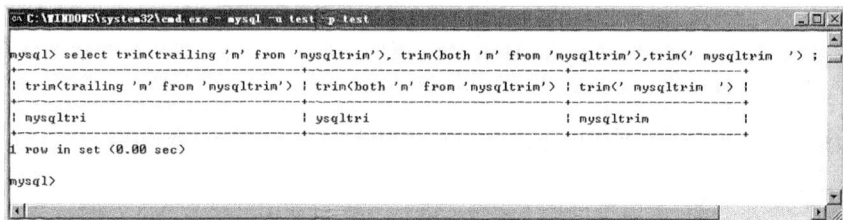

图 8.18　trim 函数的使用

8.2.8　删除字符串两端空格函数 ltrim，rtrim

ltrim(str) 和 rtrim(str)函数。这两个函数可以分别获取字符串的前、后端的空格。示例脚本如下：

```
select length(' mysqlltrim'),length('mysqltrim '),
length(ltrim(' mysqlltrim')), length(rtrim('mysqltrim '));
```

执行结果参考图 8.19。

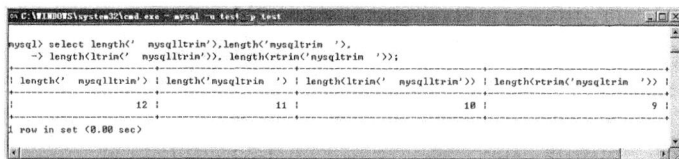

图 8.19　ltrim 和 rtrim 函数的使用

8.2.9　重复生成字符串的函数 repeat

repeat(str,count)函数。它可以获取一个字符串，该字符串由 str 重复组成，而重复的次数由 count 决定。示例脚本如下：

```
select repeat('测试',3),repeat('测试',-1),repeat('测试',null);
```

执行结果参考图 8.20。

图 8.20　repeat 函数的使用

说明：当参数 count 小于 0 的时候，函数返回一个空字符串，而两个参数中的任何一个
为 NULL 时，则函数返回 NULL。

8.2.10　空格函数 space

space(num)函数。可以返回一个由 num 个间隔符组成的字符串。示例脚本如下：

```
select length(space(10));
```

执行结果参考图 8.21。

8.2.11　替换函数 replace

replace(str,from_str,to_str)函数。它可以把 str 中的 from_str 字符替换成 to_str，并返回
str。示例脚本如下：

```
select replace('this is test','t','T');
```

执行结果参考图 8.22。

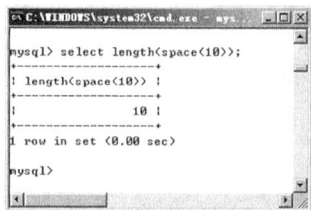

图 8.21　space 函数的使用

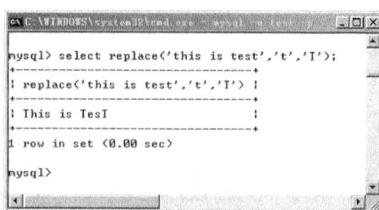

图 8.22　replace 函数的使用

说明：使用替换函数可以方便数据的查询，比如：当要查询表中某一字段所有的含有 a
或 A 的信息，那么，就可以将表中该字段中所有的 a 都替换成 A，然后直接查询
表中该字段是否含有 A 就可以了。

8.2.12　替换字符串的函数 insert

insert(str,pos,len,newstr)函数。它将字符串 str 中起始于 pos，长度为 len 的子串被 newstr
取代。当 pos 的长度超过 str 时，函数返回原始字符串，当 len 的长度大于 newstr 的长度时，
会直接在 str 中删除多余部分。其中任何一个参数为 null，则返回值为 NULL。示例脚本如下：

```
select insert('testinsert',2,2,'uu'),insert('testinsert',2,5,'uu'),
insert('testinsert',2,1,'uuu');
```

执行结果参考图 8.23。

8.2.13　比较字符串大小的函数 strcmp

strcmp(expr_1,expr_2)函数。它可以比较两个参数的大小。当两个参数相同时，函数返

回 0，而当 expr_1<expr_2 时返回–1，其他则返回 1。示例脚本如下：

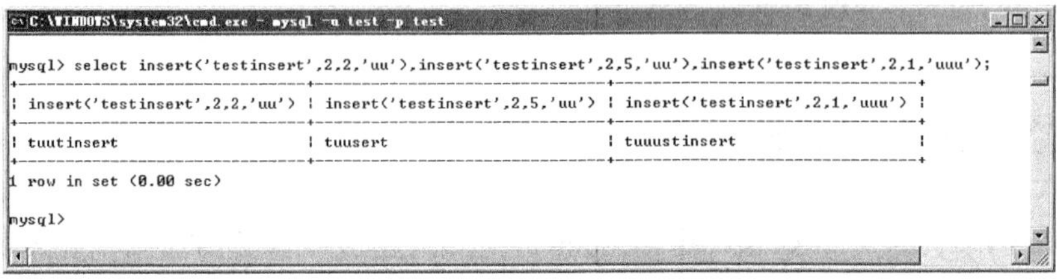

图 8.23　insert 函数的使用

```
select strcmp('strcmptest','strcmptest'),strcmp('sarcmp','strcmp'),
strcmp('strcmp','sarcmp');
```

执行结果参考图 8.24。

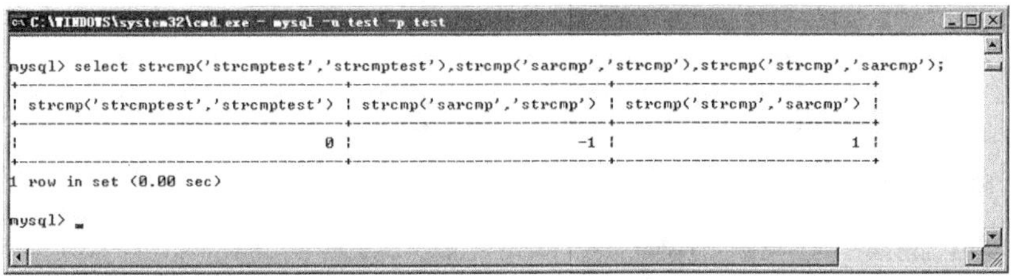

图 8.24　strcmp 函数的使用

8.2.14　获取子串的函数 substring

substring (str,pos,len)函数。它可以从 str 字符串中返回一个子字符串，标准情况下函数包含 3 个参数，但 len 参数可以省略。其中 pos 表示返回字符串的起始位置，而该子串的长度由参数 len 指定，当 len 参数省略时，表示长度到 str 的尾部。示例脚本如下：

```
select substring('strcmptest',4,3),substring('strcmptest',4);
```

执行结果参考图 8.25。

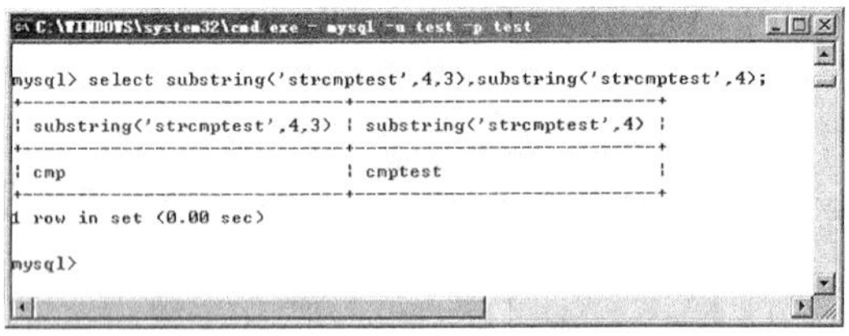

图 8.25　substring 函数的使用

说明：该函数还有两种写法 substring(str FROM pos)和 substring(str FROM pos FOR len)，这两种写法是 SQL 写法，和其他的数据库很难兼容。其中 substring(str FROM pos)的效果等同于 substring (str,pos)；而 substring(str FROM pos FOR len)的执行效果则等同于 substring(str FROM pos)。

8.2.15　字符串逆序的函数 reverse

reverse(str)函数。它可以把参数 str 重新排序，返回的字符串同 str 中字符的顺序相反。
示例脚本如下：

```
select reverse('abcdefg'),reverse('学习MySQL');
```

执行结果参考图 8.26。

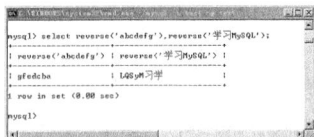

图 8.26　reverse 函数的使用

8.2.16　返回指定字符串位置的函数 field

field(str,str_1,str_2,str_3[,str_4])函数。它可以从列表 str_1,str_2…中找出第一次出现 str
的位置。示例脚本如下：

```
select field('ab','abc','cd','of','ab','ab'),field(null,'abc','cd','of',
'ab',null);
```

执行结果参考图 8.27。

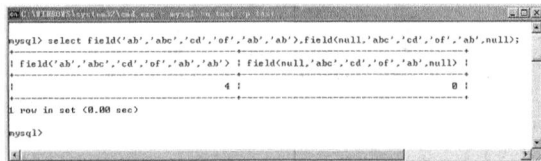

图 8.27　field 函数的使用

🔔说明：当 str 的值是 null 时，结果将返回 0，因为 null 不能和其他值进行同等比较。

8.3　日期和时间函数

日期类型的函数是指针对日期进行操作的函数，它们可以完成对日期、时间的转换和
运算，也是常用的函数。

8.3.1　返回指定日期对应的工作日索引 dayofweek 和 weekday

dayofweek(date)和 weekday(date)函数。这两个函数可以获取日期参数对应的工作日索

引，都带有一个参数，参数要求符合日期格式。需要说明的是 dayofweek 函数索引值符合 ODBC 标准，它从 1 开始，即 1 表示周日，7 表示周六；而 weekday 索引值从 0 开始，即 0 表示周一，6 表示周日。示例脚本如下：

```
select dayofweek('2019-1-30'),weekday('2019-1-30');
```

执行结果参考图 8.28。

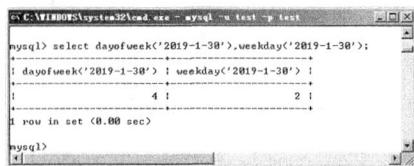

图 8.28　dayofweek 和 weekday 函数的使用

8.3.2　返回指定日期所在月中的日期索引 dayofmonth

dayofmonth(date)函数。它可以获取日期参数在当月所对应的索引日，带有一个参数，参数要求符合日期格式。当参数所表示的日期没有实际意义时，函数将返回 null。示例脚本如下：

```
select dayofmonth('2007-2-3 12:22:00'),dayofmonth('2007-3-30'),dayofmonth
('2007-2-30');
```

执行结果参考图 8.29。

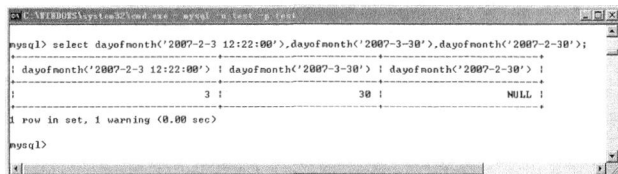

图 8.29　dayofmonth 函数的使用

说明：在 MySQL 中，函数 day(date)的效果同 dayofmonth(date)是相同的，因此以上的 SQL 脚本也可以写成：

```
select day('2007-2-3 12:22:00'),day('2007-3-30'),day('2007-2-30');
```

8.3.3　返回指定日期所在年中的日期索引 dayofyear

dayofyear(date)函数。它可以获取日期参数所在年中对应的索引日，带一个参数，参数要求符合日期格式。当参数所表示的日期没有实际意义时，函数将返回 null。示例脚本如下：

```
select dayofyear('2010-1-1 00:2:00'),dayofyear('2010-3-30'),dayofyear
('2010-2-30');
```

执行结果参考图 8.30。

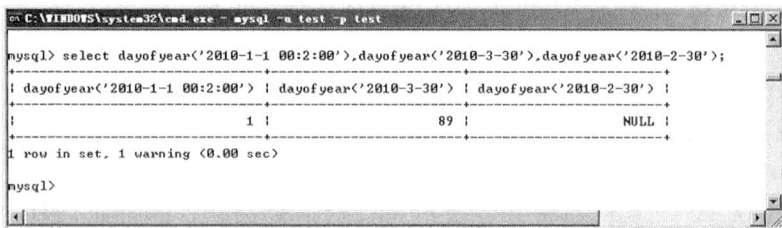

图 8.30 dayofyear 函数的使用

8.3.4 返回指定日期对应的月份 month

month(date)函数。它可以返回日期参数所在的月份。带有一个参数，参数要求符合日期格式。当参数所表示的日期没有实际意义时，函数将返回 null。示例脚本如下：

```
select month('2007-2-3 12:22:00'),month('2007-3-30'),month('2007-2-30');
```

执行结果参考图 8.31。

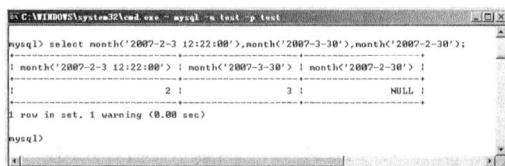

图 8.31 month 函数的使用

8.3.5 返回指定日期对应的月名称 monthname

monthname(date)函数。函数可以获取日期参数的月份名称，带有一个参数，参数要求符合日期格式。当参数所表示的日期没有实际意义时，函数将返回 null。示例脚本如下：

```
select monthname('2010-1-1 00:2:00'),monthname('2010-3-30'),monthname
('2010-2-30');
```

执行结果参考图 8.32。

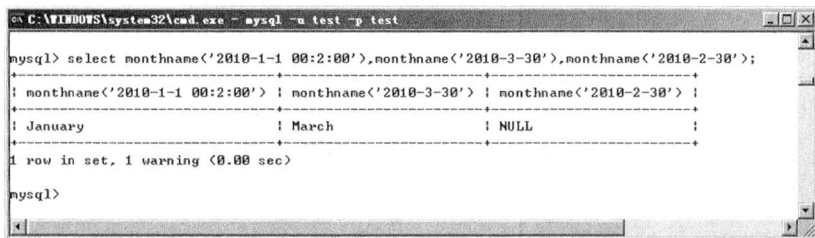

图 8.32 monthname 函数的使用

8.3.6　返回指定日期对应的工作日名称 dayname

dayname(date)函数。函数可以获取日期参数对应的工作日的名称，带有一个参数，参数要求符合日期格式。当参数所表示的日期没有实际意义时，函数将返回 null。示例脚本如下：

```
select dayname('2007-2-3 12:22:00'),dayname('2007-3-30'),dayname
('2007-2-30');
```

执行结果参考图 8.33。

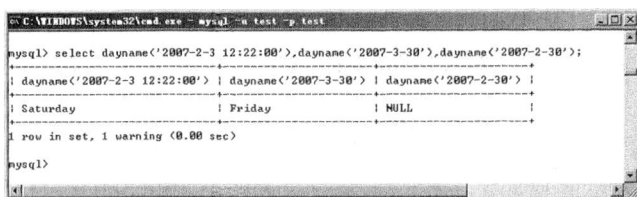

图 8.33　dayname 函数的使用

8.3.7　返回指定日期对应的季度 quarter

quarter(date)函数。可以获取日期参数所在的季度，带有一个参数，参数要求符合日期格式。当参数所表示的日期没有实际意义时，函数将返回 null。示例脚本如下：

```
select quarter('2007-1-3 12:22:00'),quarter('2007-4-30'),quarter
('2007-9-31');
```

执行结果参考图 8.34。

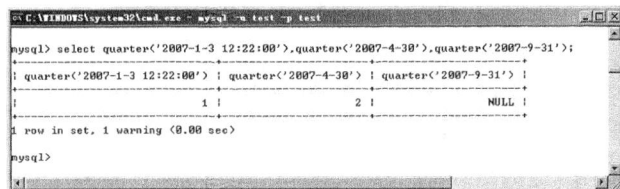

图 8.34　quarter 函数的使用

8.3.8　返回指定日期对应的年份 year

year(date)函数。可以获取日期参数所在的年份，表示范围在 1000～9999，带有一个参数，参数要求符合日期格式。当参数所表示的日期没有实际意义时，函数将返回 null。示例脚本如下：

```
select year('2007-2-3 12:22:00'),year('07-3-30'),year('2007-2-30');
```

执行结果参考图 8.35。

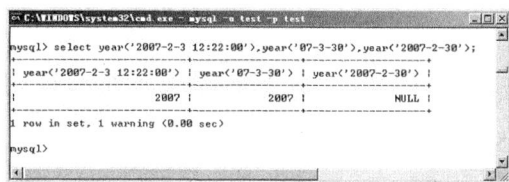

图 8.35　year 函数的使用

8.3.9　返回指定时间中的小时 hour

hour(time)函数。可以获取时间参数对应的小时数，带有一个参数，参数要求符合时间格式。示例脚本如下：

```
select hour('2007-2-3 12:22:00'),hour('07-3-30'),hour('23:12:22');
```

执行结果参考图 8.36。

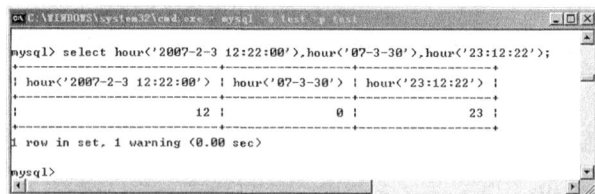

图 8.36　hour 函数的使用

8.3.10　返回指定时间中的分钟 minute

minute (time)函数。可以获取时间参数对应的分钟数，带有一个参数，参数要求符合时间格式。示例脚本如下：

```
select minute('2007-1-3 12:22:00'),minute('12:12:28');
```

执行结果参考图 8.37。

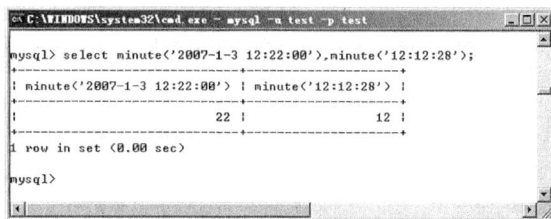

图 8.37　minute 函数的使用

8.3.11　返回指定时间中的秒数 second

second(time)函数。可以获取时间参数对应的秒数，带有一个参数，参数要求符合时间格式。示例脚本如下：

```
select second('2007-1-3 12:22:00'),second('12:12:28');
```

执行结果参考图 8.38。

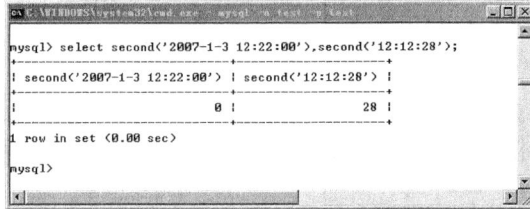

图 8.38 second 函数的使用

8.3.12 增加月份函数 period_add

period_add(date,n)函数。它可以对一个日期增加指定的月份数，然后返回增加月份数后的日期。其中参数 date 需要的格式为 "YYMM" 或 "YYYYMM"，而函数返回的格式则为 "YYYYMM"。示例脚本如下：

```
select period_add(1201,5),period_add(201101,12);
```

执行结果参考图 8.39。

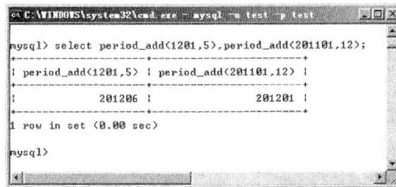

图 8.39 period_add 函数的使用

8.3.13 取月份差的函数 period_diff

period_diff(date_1,date_2)函数。它可以获取两个日期之前的月份数，包含两个参数，参数格式为 "YYMM" 或 "YYYYMM"，如果 date_1 比 date_2 小，函数将返回负值。函数示例脚本如下：

```
select period_diff(1201,1208),period_diff(201101,201112),period_diff
(201101,201008);
```

执行结果参考图 8.40。

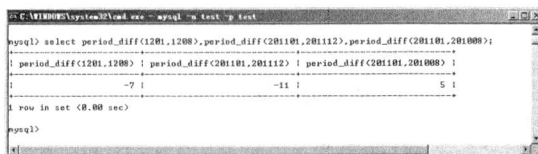

图 8.40 period_diff 函数的使用

8.3.14 返回当前日期函数 curdate 和 current_date

curdate()和 current_date 函数。这两个函数可以获取当前的系统日期，返回格式是"YYYYMMDD"或"YYYY-MM-DD"。函数示例脚本如下：

```
select curdate(),current_date ;
```

执行结果参考图 8.41。

8.3.15 返回当前时间函数 curtime 和 current_time

curtime()和 current_time 函数。它们可以获取当前的时间，返回格式是"HHMMSS"或者是"HH:MM:SS"。函数示例脚本如下：

```
select curtime(),current_time;
```

执行结果参考图 8.42。

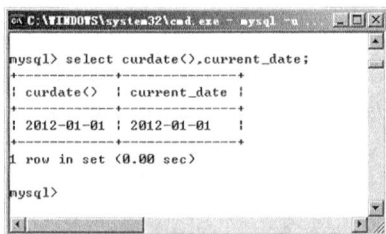

图 8.41 curdate 和 current_date 函数的使用

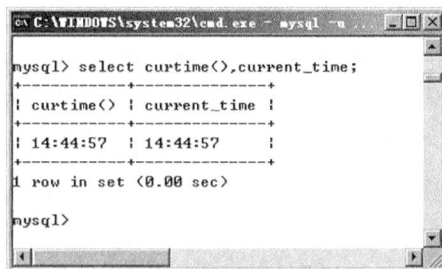

图 8.42 curtime 和 current_time 函数的使用

8.3.16 获取当前的时间日期函数 now 和 sysdate

now()和 sysdate()函数。它们可以获取当前的时间日期，返回格式是"YYYYMMDD-HHMMSS"或者"YYYY-MM-DD HH:MM:SS"。函数示例脚本如下：

```
select now(),sysdate(),sysdate()+0;
```

执行结果参考图 8.43。

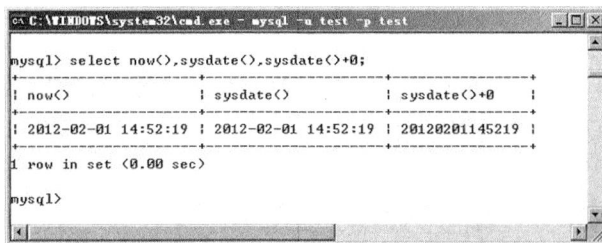

图 8.43 now 和 sysdate 函数的使用

8.3.17 秒转换成时间函数 sec_to_time

sec_to_time(seconds)函数。它可以把参数转换成时间，带有一个参数，参数用数字表示秒数。函数返回格式为"HHMMSS"或者"HH:MM:SS"。函数示例脚本如下：

```
select sec_to_time(60),sec_to_time(180),sec_to_time(8180);
```

执行结果参考图 8.44。

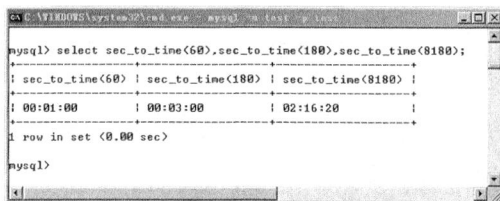

图 8.44   sec_to_time 函数的使用

8.3.18 时间转换成秒函数 time_to_sec

time_to_sec (time)函数。它可以把参数转换成时间格式，同 time_to_sec 函数相反，带有一个参数，参数需要是一个时间格式。函数示例脚本如下：

```
select time_to_sec('00:01:00'),time_to_sec('00:20:00'),time_to_sec
('01:20:00');
```

执行结果参考图 8.45。

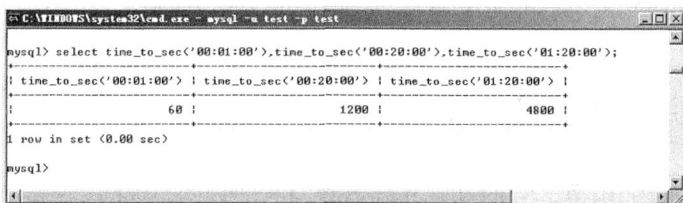

图 8.45   time_to_sec 函数的使用

8.4   其 他 函 数

这里主要介绍一些数据库本身的以及工具类型的函数，它们不归类于前面几种类型，在实际应用当中也有着不可替代的作用。

8.4.1 返回当前用户名函数 session_user

session_user()函数。没有任何参数，可以获取当前 session 的用户名。函数示例脚本如下：

```
select session_user();
```

执行结果参考图 8.46。

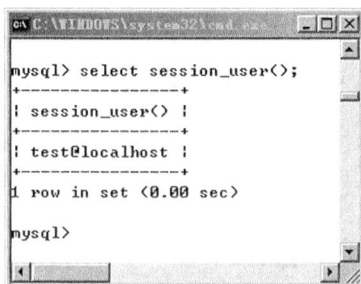

图 8.46　session_user 函数的使用

8.4.2　返回当前数据库名称函数 database

database()函数。没有参数，可以获取当前连接的数据库名称。函数示例脚本如下：

```
select database();
```

执行结果参考图 8.47。

8.4.3　返回字符串 MD5 校验和函数 md5

md5(string)函数。它可以计算出字符串的 md5 128 比特检查和。函数示例脚本如下：

```
select md5('md5test');
```

执行结果参考图 8.48。

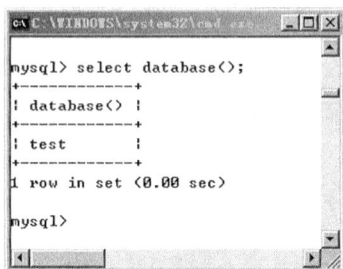

图 8.47　database 函数的使用

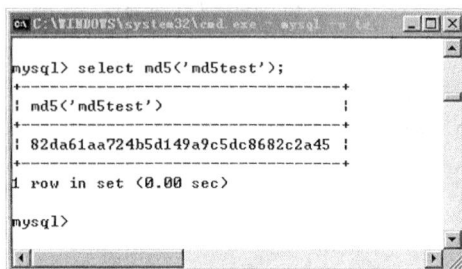

图 8.48　md5 函数的使用

8.5　本　章　小　结

函数在所有数据库中都占有非常重要的位置。利用它们可以快速地完成常用的功能，缩短开发周期，提高开发效率，它们就像公式一样存在数据库中，开发者只需调用即可。在本章中主要介绍的函数类型包括数值类型函数、字符串函数、日期和时间函数以及其他类型的函数。其中字符串和数值类型的函数在第三方程序开发中经常使用，读者应对其重点掌握。

8.6　本章习题

一、填空题

（1）举出 3 个数值类型函数_____。
（2）举出 3 个日期时间函数_____。
（3）获取字符串中子串的函数是_____。

二、选择题

（1）下列哪个函数是用来取绝对值的？_____
　　A. MAX　　　　　　　　　　B. REPLACE
　　C. ABS　　　　　　　　　　D. ABC
（2）下列哪个函数是用来计算四舍五入的？_____
　　A. ROUND　　　　　　　　　B. REPLACE
　　C. ABS　　　　　　　　　　D. INSERT
（3）下列哪个函数是用来返回当前登录名的？_____
　　A. USER　　　　　　　　　　B. SHOW USER
　　C. SESSION_USER　　　　　　D. SHOW USERS

三、上机题

（1）练习所有字符串函数的使用，特别是替换函数、比较大小函数、获取子串函数的使用。
（2）练习所有日期时间函数的使用。
（3）使用函数获取当前数据库名称以及用户名。

第3篇　数据库使用进阶

第 9 章 视 图

视图是一张虚拟的表，在查询者来看，它与普通数据表没有明显区别，但对其数据的操作，却不能等同于普通数据表。读者可以认为视图是基于一个甚至几个数据表的逻辑表，它所包含的数据符合某个特定的查询条件，它不仅可以方便开发者对数据进行筛选，也能缩短项目的开发周期。

本章的主要知识点如下：

❑ 了解什么是视图；

❑ MySQL 下如何创建视图；

❑ MySQL 下如何对视图进行查询；

❑ MySQL 下如何管理视图。

9.1 视 图 介 绍

视图是一个查询结果集，可以看作一个逻辑表，它里面的数据符合指定的查询条件，允许开发者进行查询，查询过程同普通表一样，但数据更新有限制。由一个或多个基本表来提供数据，因此视图中的数据可以是单一表中数据的子集、多表数据子集，甚至是视图数据的子集，并且当基本表中的数据发生改变时，视图中的数据也会发生改变。

视图相对普通数据表来说有着它自己的优势，主要表现在以下几个方面：

❑ 简化复杂数据。由于复杂查询通常会从几个数据表中获取数据，而这种操作需要开发者具有一定的基础，并且需要一定的操作时间，而把复杂的查询结果放到视图中，当再次需要进行相同查询时，开发者只需要查询该视图即可，这样复杂的查询就被相对简化了，方便开发者使用。

❑ 增加数据安全性。由于商业需求，某些数据可能会限制查询，而简单的做法，就是建立一个视图，该视图包含被允许查询的列，这样其他数据客户就无法查询到。

❑ 隔离数据。视图的另一个作用就是对数据进行隔离，正常情况下当表的结构设计完成后是不建议修改的，如果出现列名修改的情况，那么程序代码也会需要修改，这样牵扯会比较大，而如果利用视图，可以减少修改操作，以达到隔离数据的目的。

9.2 创 建 视 图

视图创建需要使用 CREATE 命令，本节将介绍创建视图的主要语法结构，以及如何创建视图。

9.2.1　创建视图语法

在 MySQL 中，创建视图可以按照一定的语法结构来做，因此，视图的创建显得非常容易，创建视图的主要语法结构如下：

```
CREATE
   VIEW view_name [(column_list)]
   AS select_statement
   [WITH CHECK OPTION]
```

语法说明：

❑ CREATE VIEW：创建视图的关键词。

❑ view_name：视图的名称。

❑ column_list：列名列表。

❑ AS：关键词。

❑ select_statement：查询语句，可以定义视图中的数据。

❑ WITH：关键词。

❑ CHECK OPTION：约束检查选项。

以上为创建视图的主要语法结构，初学者只要正确掌握该语法，就可以创建属于自己的视图了。

9.2.2　单源表视图的创建

单源表视图就是视图具有一个基表，它里面的数据只来源于一张表，是最简单的视图，本小节将介绍如何创建单源表视图。

【示例 1】　要求创建视图，该视图只包含 sex 列数据为 "1" 的记录。在 SQLyog 工具中创建视图可以分为以下的 3 个步骤：

（1）展开要创建视图的数据库，见图 9.1，右击 Views 选项，在出现的右键菜单中选择 "创建视图" 选项，出现图 9.2 所示的视图名称填写界面。

（2）在图 9.2 中填写视图名称 view_st_score，见图 9.3。单击 "确定" 按钮，进入视图脚本编辑窗口，见图 9.4。

（3）在视图脚本编辑窗口编辑视图代码，具体脚本如下：

```
01  CREATE
02
03    VIEW 'test'.'view_st_score'
04    AS
05    (
06    SELECT sc.id,sc.scores,sc.subject,st.name,st.age,st.sex
07    FROM  scoresinfo sc,studentinfo st
08    where sc.student_id = st.id
09    )
```

该脚本表示创建的视图名称为 view_st_score，并且属于 test 数据库。执行该脚本后，会在 Views 下节点下生成视图节点，见图 9.5。

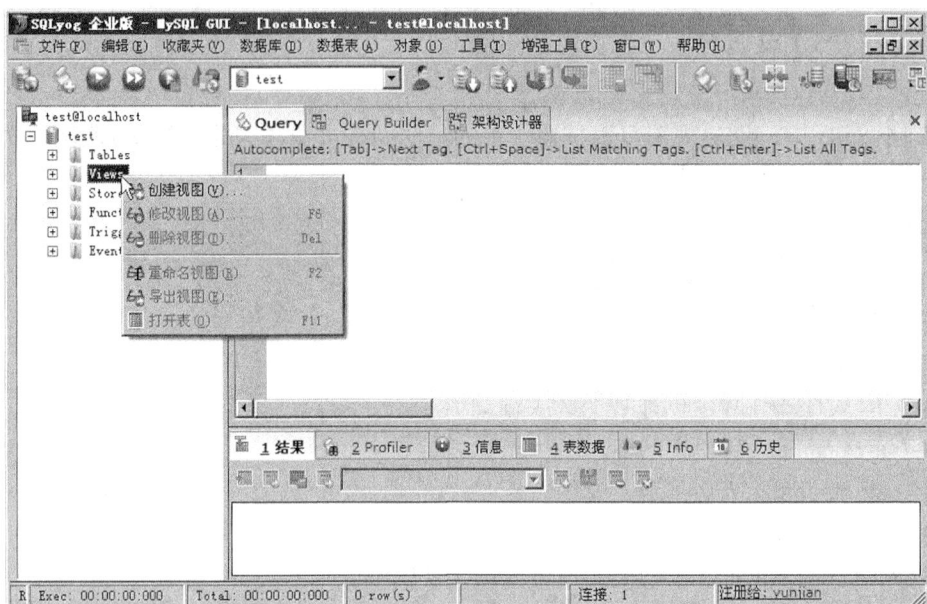

图 9.1　SQLyog 界面

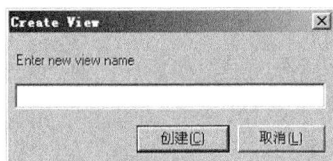

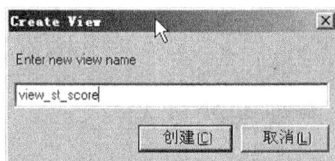

图 9.2　填写视图名称界面　　　　　　图 9.3　填写视图名称

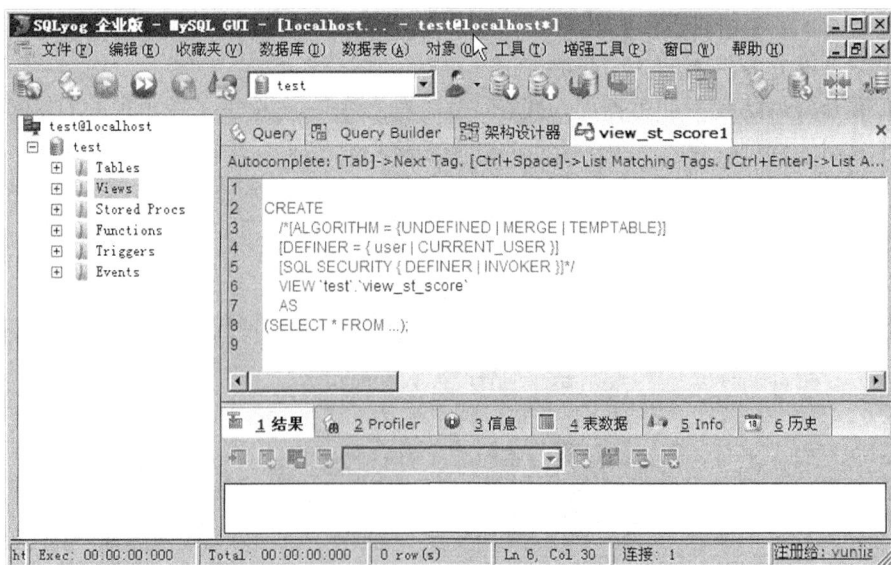

图 9.4　视图脚本编辑窗口

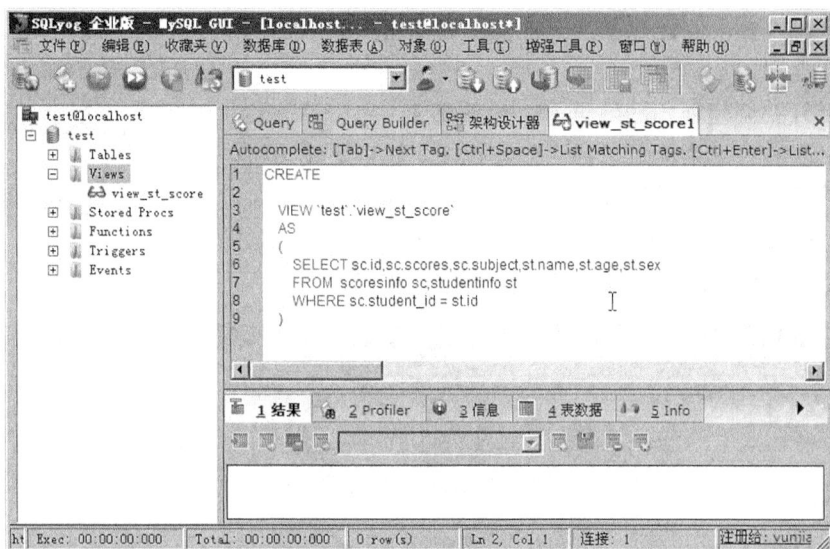

图 9.5　生成视图

视图里的数据允许被查询，利用查询语句可以查看视图中的数据，并且可以设置查询条件，利用下面的查询语句来查询视图中的数据集：

```
SELECT * FROM view_st_score WHERE sex =1;
```

执行结果参考图 9.6。

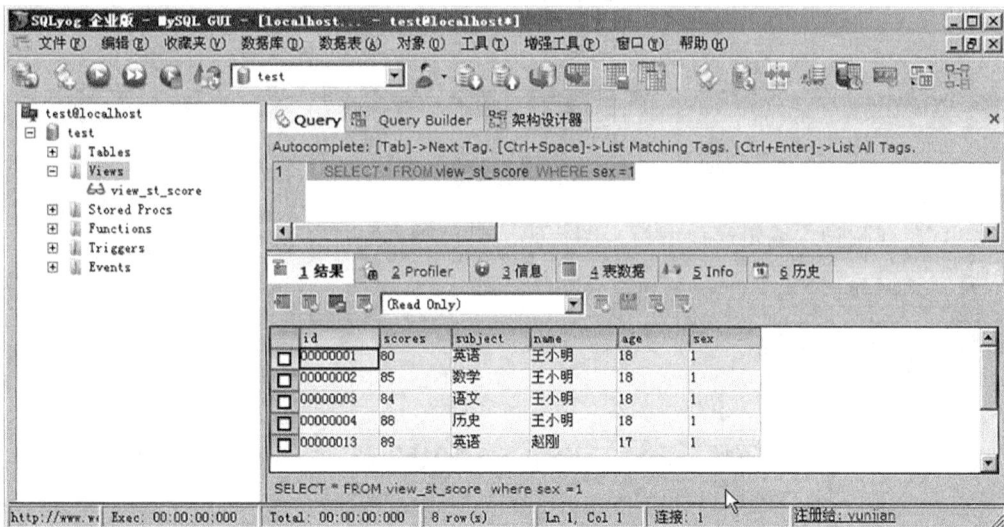

图 9.6　查询视图数据

在图 9.6 中查询了视图 view_st_score 中所有 sex 列是 "1" 的数据。

9.2.3　多源表视图的创建

多源表视图指的是视图的数据来源有 2 张或多张表。这样的视图在实际应用当中是最多的，本小节将介绍如何创建多源表的视图。

【示例 2】 要求创建视图，该视图需要给出所有人员的
成绩，包括性别。

（1）展开要创建视图的数据库，见图 9.1，右击 Views
选项，在出现的右键菜单中选择"创建视图"选项，出现图
9.2 所示的视图名称填写界面。

（2）在图 9.2 中填写视图名称 view_st_score_se，见图 9.7。
单击"确定"按钮，进入视图脚本编辑窗口，见图 9.8。

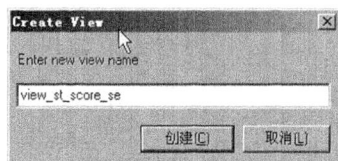

图 9.7 填写视图名称

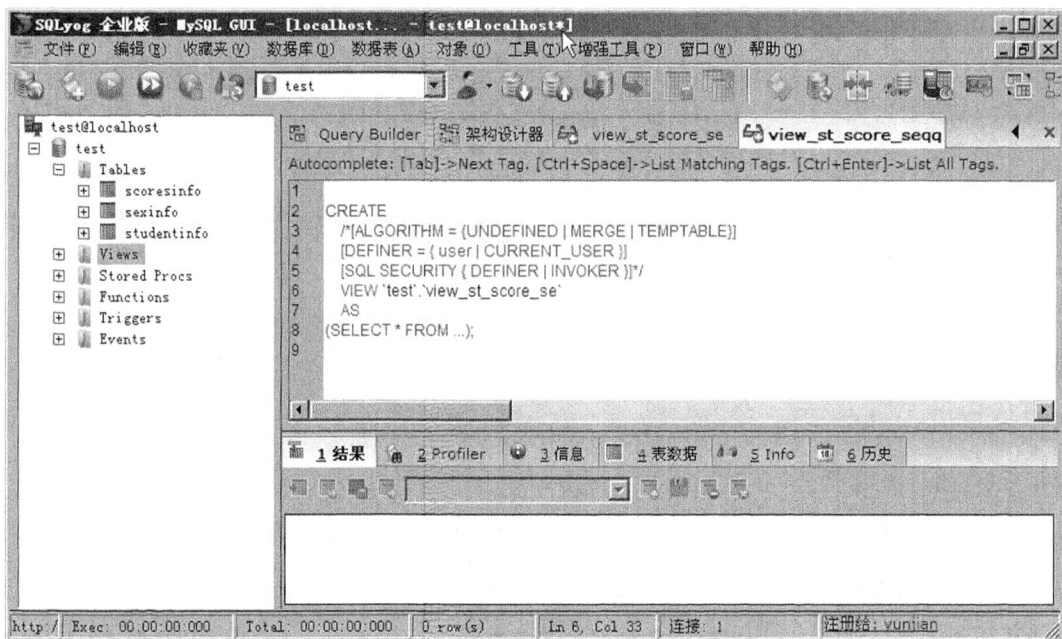

图 9.8 view_st_score_se 视图脚本编辑窗口

（3）在视图脚本编辑窗口编辑视图代码，具体脚本如下：

```
01   CREATE
02
03    VIEW 'test'.'view_st_score_se'
04      AS
05      (
06            SELECT sc.id,sc.scores,sc.subject,st.name,st.age,sx.name
07            FROM  scoresinfo sc,studentinfo st ,sexinfo sx
08            WHERE sc.student_id = st.id
09            AND sx.id = st.sex
10      )
```

该脚本表示创建的视图名称为 view_st_score_se，并且属于 test 数据库。执行该脚本后，
会在 Views 下节点下生成视图节点，见图 9.9。

视图创建完成后，可以利用查询来验证效果，利用下面的查询语句来查询视图中的数
据集：

```
SELECT * FROM view_st_score_se WHERE age > 17 ORDER BY age
```

执行结果参考图 9.10。

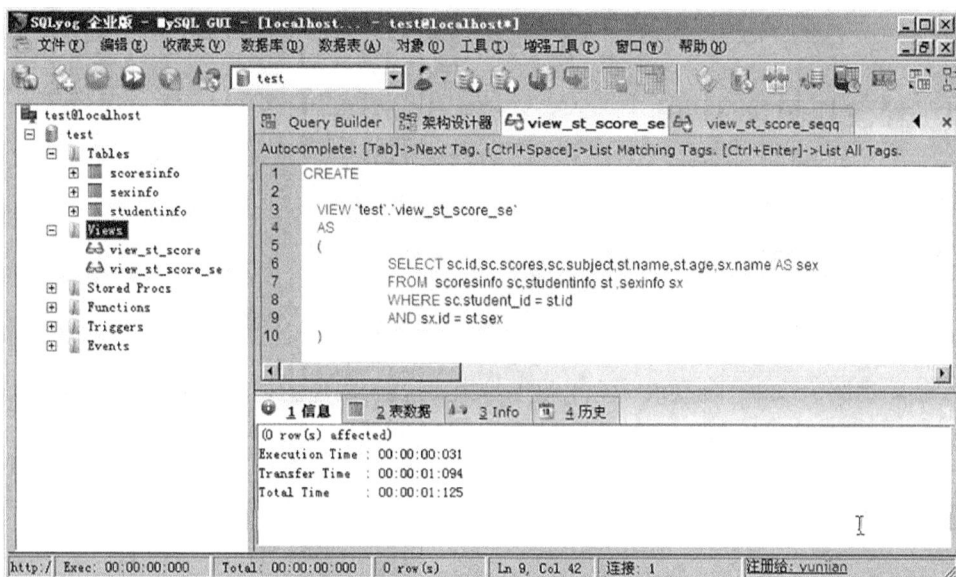

图 9.9　生成 view_st_score_se 视图

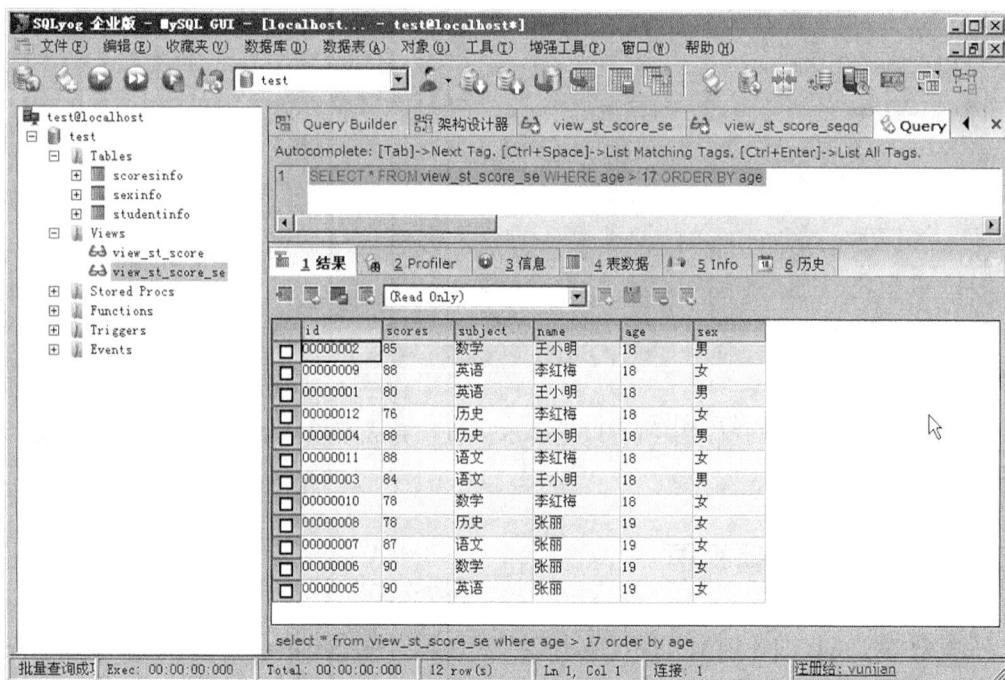

图 9.10　查询 view_st_score_se 视图数据

9.3　修改视图

当视图不符合业务的需求时，可以对其进行修改，视图的修改和创建相似，只是在创建视图的语法上添加关键词即可。

9.3.1　修改视图语法

修改视图的语法如下：

```
CREATE [OR REPLACE]
   VIEW view_name [(column_list)]
   AS select_statement
   [WITH CHECK OPTION]
```

在创建视图语法中加上 OR REPLACE 关键词表示创建新视图的同时覆盖掉以前的同名视图，这是日常开发过程中最常用的方式。

9.3.2　使用语句更新视图

在任何工具的查询窗口都可以利用 SQL 语句来更新视图，下面的示例演示了如何利用 SQL 语句直接修改视图内容。

【示例 3】　要求修改视图 view_st_score，把该视图修改为只包含 sex 列数据为"0"的记录。相关脚本如下：

```
01   CREATE OR REPLACE
02
03   VIEW 'test'.'view_st_score'
04   AS
05   (
06       SELECT sc.id,sc.scores,sc.subject,st.name,st.age,st.sex
07       FROM  scoresinfo sc,studentinfo st
08       where sc.student_id = st.id
09       and st.sex = 0
10   )
```

在 SQLyog 工具查询窗口中执行以上脚本，执行完成后以前的视图脚本将被覆盖，对视图脚本修改完成。

9.3.3　使用工具更新视图

在针对 MySQL 的各种工具里，基本都有对视图支持的模块，这些功能模块或多或少都能帮助开发者完成对视图的操作。下面的示例演示了在 SQLyog 工具中如何修改视图。

【示例 4】　要求重新修改视图 view_st_score，把该视图修改为只包含 sex 列数据为"1"的记录。相关操作步骤如下：

（1）展开要修改视图的数据库，见图 9.11，右击 view_st_score 选项，在出现的右键菜单中选择"修改视图"选项，进入图 9.12 所示的视图代码修改界面。

（2）在图 9.12 所示的窗口中修改视图 view_st_score 的相关脚本，并执行修改结果，此时视图将修改成功。

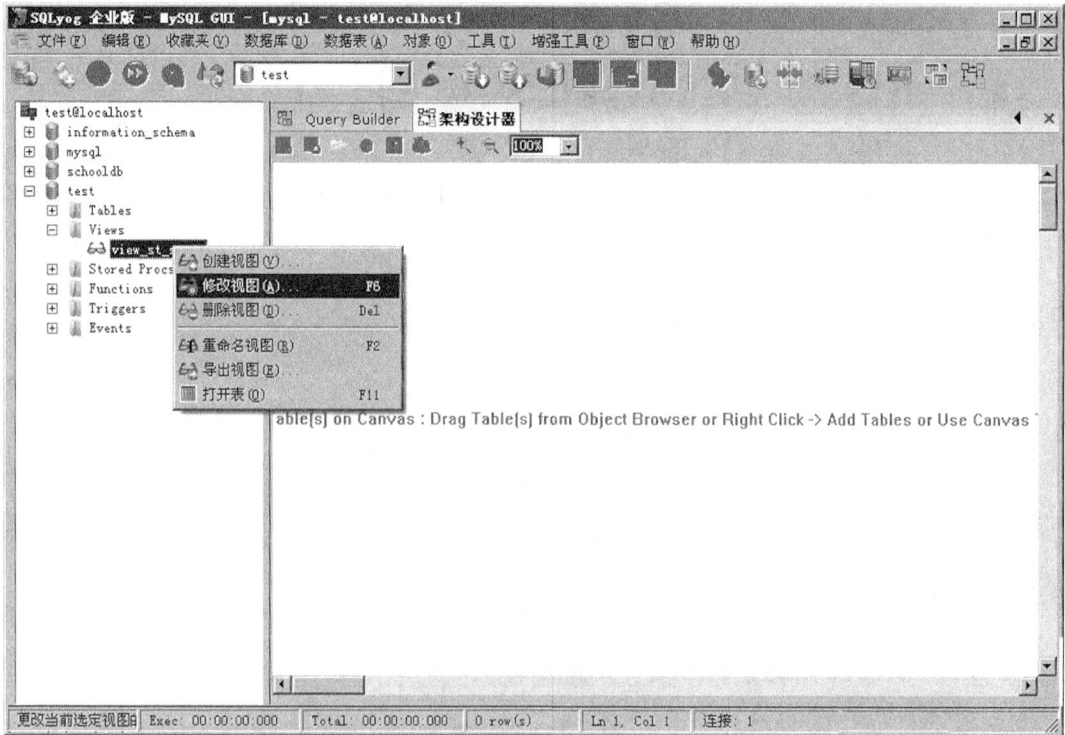

图 9.11 修改视图

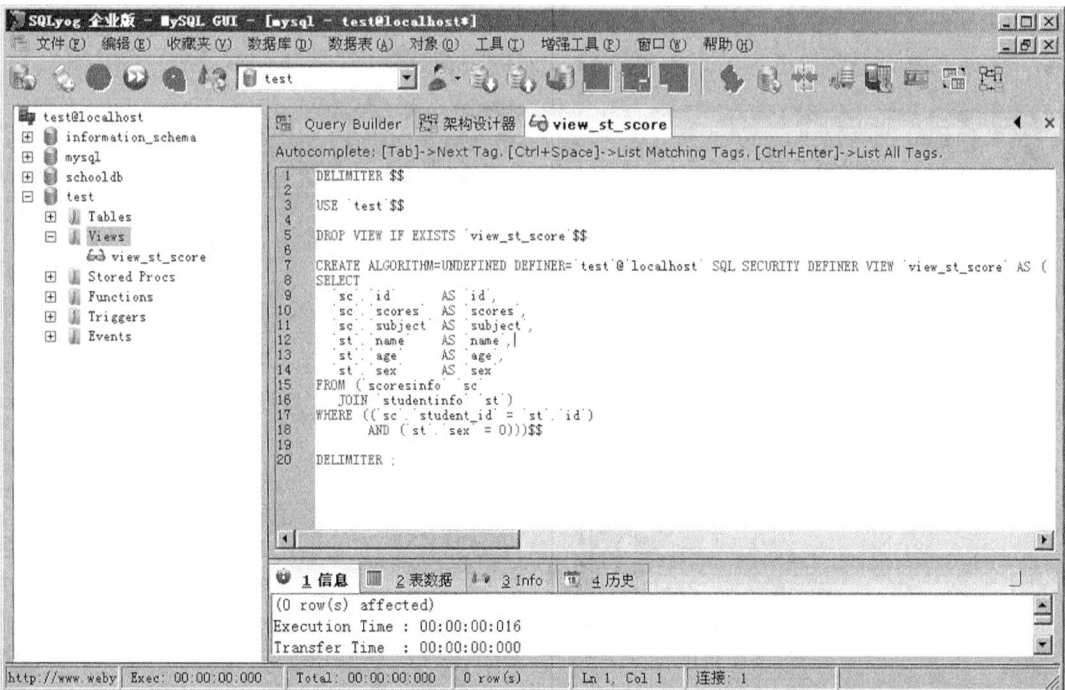

图 9.12 修改视图代码

9.4　删　除　视　图

对于不使用的视图，可以对其进行删除，删除视图可以利用 SQL 语句，也可以利用各种工具的视图管理模块进行操作。

9.4.1　使用 SQL 语句删除视图

删除视图操作简单，语法结构如下：

```
DROP VIEW [IF EXISTS]
    view_name [, view_name] ...
```

删除视图时，可以利用 IF EXISTS 关键词来防止删除操作时因视图不存在而出现的错误。

如果要删除视图 view_st_score_se，那么需要执行以下脚本即可：

```
DROP VIEW IF EXISTS view_st_score_se;
```

9.4.2　使用工具删除视图

利用 SQLyog 工具删除视图，按照以下的两个步骤操作即可：

（1）展开要删除视图的数据库，见图 9.13，右击 view_st_score 选项，在出现的右键菜单中选择"删除视图"选项，进入图 9.14 所示的视图删除确认界面。

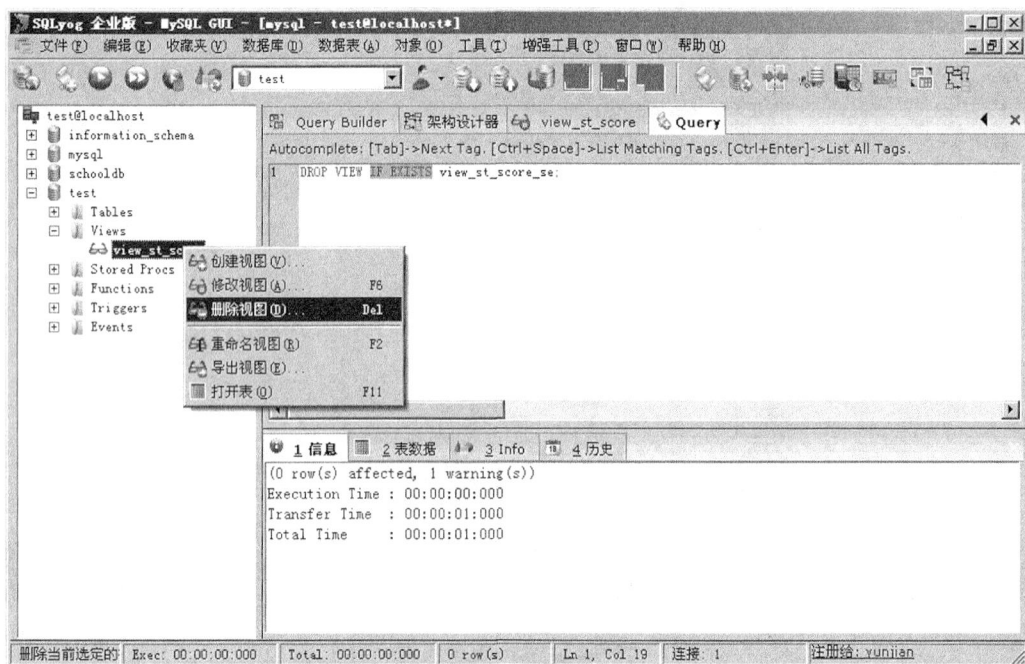

图 9.13　删除视图

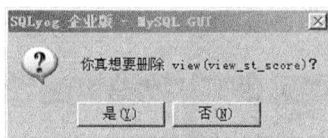

图 9.14　视图删除确认界面

（2）在图 9.14 中单击"是"按钮，进行确认删除操作。

9.5　查　看　视　图

创建好视图后，可以通过查看视图的语句来查看视图的字段信息以及视图的创建语句等信息。当然，这部分内容也可以通过工具直接查看。在本节中主要讲解如何使用 SQL 语句来查看视图的信息和视图创建的语句。

9.5.1　查看视图的字段信息

查看视图的字段信息与查看表的字段信息一样，都是使用 DESCRIBE 关键字来查看的。具体的语法如下所示：

```
DESCRIBE 视图名称；
```

这里，在查看视图之前，要确定该视图存放在哪个数据库中，然后在指定的数据库中使用上面的语句就可以查询出视图的字段信息了。另外，DESCRIBE 也可以简写成 DESC。

下面就创建学生信息表（studentinfo）的一个视图，用于查询学生姓名和考试分数。studentinfo 表的结构如图 9.15 所示。

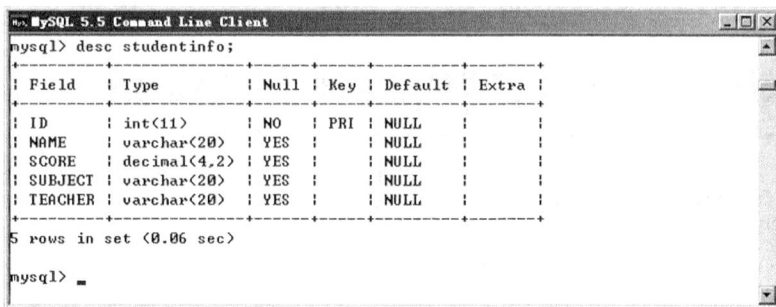

图 9.15　studentinfo 表的结构

创建查询学生姓名和分数的视图语句如下所示。

```
CREATE VIEW  V_STUDENTINFO
AS
SELECT NAME,SCORE FROM STUDENTINFO;
```

【示例 5】　使用 DESCRIBE 关键字来查看 V_STUDENTINFO 视图中的字段信息。
使用 DESCRIBE 来查看视图的语句如下所示，结果如图 9.16 所示。

```
DESCRIBE V_STUDENTINFO;
```

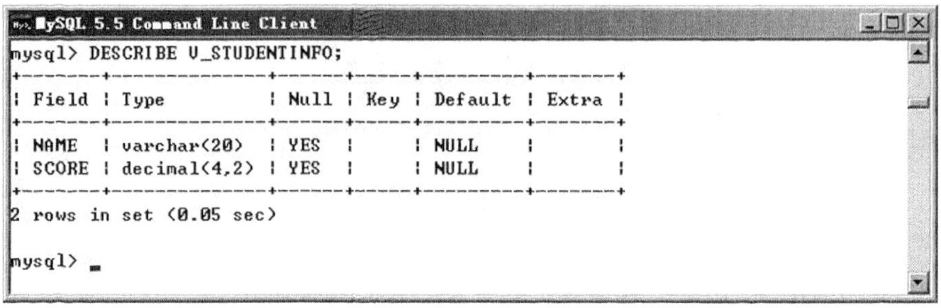

图 9.16　示例 5 的结果

从图 9.16 的结果可以看出，查看视图的字段内容与查看表的字段内容显示的格式是相同的。因此，更能说明视图实际上也是一张数据表了，不同的是，视图的内容都来源于数据库中已经存在的表。

9.5.2　查看创建视图的语句

创建视图的语句，在视图创建完成后也是可以查看到的。查看创建视图的语句可以作为修改或者重新创建视图的参考，方便用户操作。查看创建视图语句的语法如下所示：

```
SHOW CREATE VIEW 视图名称;
```

通过上面的语句，只要指定视图名称就可以查看到创建视图的语句。但是，也要确保在视图所在的数据库中查看。

【示例 6】　查看 V_STUDNETINFO 视图的创建语句。

使用 SHOW CREATE VIEW 查看视图，语句如下所示，结果如图 9.17 所示。

```
SHOW CREATE VIEW V_STUDNETINFO\G;
```

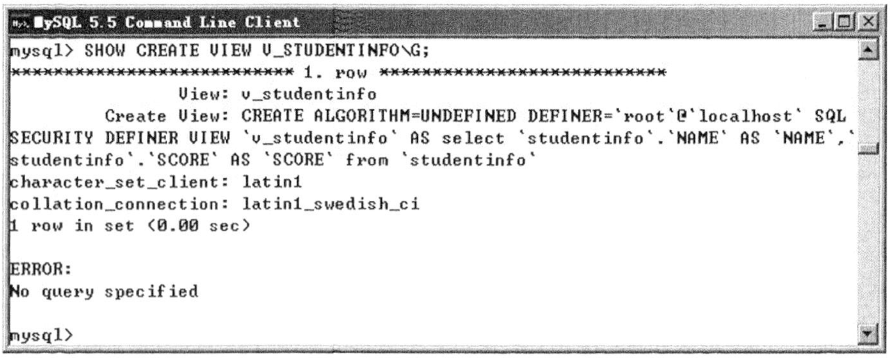

图 9.17　示例 6 的结果

说明：这里在视图名称后面加上\G，这样能够格式化显示结果。如果不使用\G，那么显示的结果就如图 9.18 所示，比较混乱。

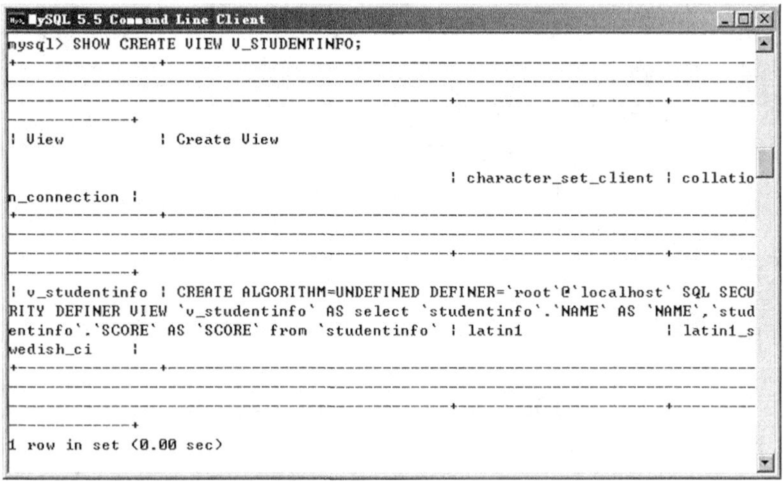

图 9.18　示例 6 不使用\G 的结果

9.6　本章小结

视图是数据库中很重要的一部分，它不仅可以提高数据的安全性，也可以根据需要展示不同的数据给用户，本章介绍了什么是视图，视图的作用，以及对视图的创建、修改、删除、查看等操作。

9.7　本章习题

一、填空题

（1）创建视图的语句是_____。
（2）视图中可以含有_____源表。
（3）修改视图的语句是_____。
（4）删除视图的语句是_____。

二、选择题

（1）下面对视图的描述正确的是_____。
　　A．视图也是数据库中的表，删除视图中的数据，和删除源表中的数据是一样的
　　B．视图是一个虚拟的表，数据都来源于源表，视图删除后，源表中的数据不变
　　C．创建视图的语句也可以不是查询语句
　　D．以上都正确
（2）下面对创建视图的描述正确的是_____。
　　A．创建视图时，视图的名称可以重名
　　B．创建视图时，源表可以不存在

　　C. 创建视图的语句只能是查询语句，并且可以从多个源表中查询数据

　　D. 以上都正确

（3）下面对修改视图的描述正确的是_____。

　　A. 修改视图与修改表一样，可以修改视图中的字段名、长度等信息

　　B. 修改视图实际上就是重新创建了一个新视图

　　C. 不能够修改视图

　　D. 以上都正确

三、上机题

（1）假设有表 TEST、MAJOR。TEST、MAJOR 的表结构如表 9.1 和表 9.2 所示。创建 TEST 的视图，只显示测试的编号和测试的名称。

表 9.1　TEST表结构

序号	列名	数 据 类 型	说　　　明
1	id	int	编号
2	name	varchar(20)	名称
3	recode	varchar(20)	分制
4	major	int	适合专业的专业编号
5	remarks	varchar(50)	备注

表 9.2　MAJOR表结构

序号	列名	数据类型	说明
1	id	int	专业编号
2	name	varchar(20)	专业名称

（2）建立 TEST 和 MAJOR 的视图，显示出测试的编号、测试名称以及适合的专业名称信息。

（3）删除已经创建的两个视图。

（4）使用 DESCRIBE 语句来查看视图信息。

（5）使用 SHOW CREATE VIEW 语句来查看视图创建信息。

第 10 章　索　　引

索引可以帮助用户查询数据，提高查询效率，和书中的索引类似，数据库中的索引可以使用户快速找到表中的特定信息。通常，索引是某个表中一列或者若干列值的集合和相应的指向表中物理标识这些值的数据页的逻辑指针清单。本章将介绍数据库中索引的基本知识及其操作。

本章的主要知识点如下：
- ❏　什么是索引；
- ❏　索引分类；
- ❏　索引的作用；
- ❏　对索引的操作。

10.1　认　识　索　引

在数据库中，如果使用索引，那么数据库引擎不需要对整个表进行扫描，就可以在表中找到符合条件的数据。简单来说，索引是某个表中一列或者若干列值的集合和相应的指向表中物理标识这些值的数据页的逻辑指针清单。

10.1.1　什么是索引

与书中的索引一样，数据库中的索引使用户可以快速找到表或索引视图中的特定信息。索引包含从表或视图中一个或多个列生成的键，以及映射到指定数据的存储位置的指针。设计好的索引在查询数据时，可以显著提高数据库查询的性能。索引可以减少查询读取的数据量，同时索引还可以强制表中的记录具有唯一性，从而确保表数据的完整性。

10.1.2　索引分类

MySQL 中索引可以简单分为普通索引、唯一索引、主键索引和全文索引，具体说明如下：
- ❏　普通索引：它是最基本的索引类型，可以加快对数据的访问，该类索引没有唯一性限制，也就是索引数据列允许重复值。
- ❏　唯一索引：和普通索引类似，但是该类索引有个特点，索引数据列中的值必须只能出现一次，也就是索引列值要求唯一，需要使用 UNIQUE 关键词。

- ❑ 主键索引：顾名思义，主键索引就是专门为主键字段创建的索引，也属于唯一索引的一种，只是需要使用 PRIMARY KEY 关键词。
- ❑ 全文索引：MySQL 支持全文索引，其类型为 FULLTEXT，可以在 VARCHAR 或 TEXT 类型上创建。

由于索引是作用在数据列上的，因此，索引可以是由单列组成，也可以是由多列组成。单列组成的索引可以称为单列索引，多列组成的索引可以称为组合索引。

10.1.3　索引的作用

在 MySQL 数据库中，索引主要有以下的 4 个作用：
- ❑ 索引可以明显地加快数据检索速度。
- ❑ 由于主键约束在一张表中只能有一个，那么，如果要确保表中多列唯一性，就要使用唯一约束，也就是唯一索引。
- ❑ 当查询中使用了 ORDER BY 和 GROUP BY 子句时，索引的使用可以明显地减少查询的时间。
- ❑ 在表与表之间连接查询时，如果创建了索引列，就可以提高表与表之间的连接速度。

10.1.4　索引注意事项

索引虽然对提高查询数据的速率有很大帮助，但是并不是一个表上的索引越多越好，下面列出了创建索引的一些注意事项：
- ❑ 索引要占用数据库空间，因此在设计数据库时，需要考虑索引所占用的空间。
- ❑ 为了提高查询速度，建议把表和表的索引放在不同的磁盘上。
- ❑ 如果在唯一约束的列上定义索引，相对效果更好。
- ❑ 不建议为表建立过多的索引，虽然索引多会提高查询速度，但同样的会降低更新速度。
- ❑ 索引列应该是在 WHERE 子句中使用相对频繁的列。
- ❑ 小表不建议为其创建索引，通常小表使用索引并不能提高任何检索性能，创建索引的表应该是数据大、查询频繁，但更新较慢的表。

10.2　管　理　索　引

索引的管理主要包括索引的创建、修改、删除等操作，本节将通过实例对索引的管理进行详细的介绍。

10.2.1　普通索引创建

为了方便介绍索引，首先创建新表，并添加数据，读者可以利用以下的 SQL 语句来完成这项操作：

```
01  CREATE TABLE studentinfoix
02    SELECT * FROM studentinfo
```

这段 SQL 指令表示创建新表 studentinfoix，并且是复制 studentinfo 表的数据结构以及里面的数据，操作完成后表数据和结构如图 10.1 所示。

	id	name	age	sex
☐	000001	王小明	18	1
☐	000002	张丽	19	0
☐	000003	李红梅	18	0
☐	000004	赵刚	17	1
☐	000005	周蓉	18	0
☐	111111	测试	12	0
☐	111115	new测试	1	0
*	(NULL)	(NULL)	(NULL)	(NULL)

图 10.1　新表数据

普通索引，属于最基本的索引，要求最低，可以加快访问数据的速度，是数据库最常见的索引类型，其创建语法如下：

```
CREATE INDEX index_name
  ON table_name (column_list(length)) ;
```

❑ CREATE INDEX：是创建索引的关键词。

❑ index_name：索引名称。

❑ ON：关键词，表示将要操作的表。

❑ table_name：宿主表名。

❑ column_list：字段列表。

❑ length：CHAR、VARCHAR 类型时，length 可以小于字段实际长度，如果字段类型为 BLOB 或 TEXT 类型，则需要指定 length。

【示例 1】　要求在表 studentinfoix 上创建普通索引，相关列为 name，具体脚本如下所示：

```
01  CREATE INDEX idx_studentinfoix_one
02    ON studentinfoix (NAME) ;
```

❑ idx_studentinfoix_one：是新的索引的名称。

❑ studentinfoix：为索引所在的表名。

❑ name：索引字段。

在 CMD 窗口下进入 MySQL 程序，执行以上脚本，执行过程参考图 10.2。

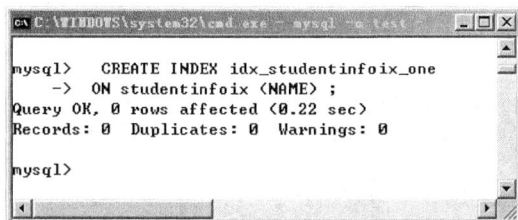

图 10.2　创建普通索引

创建索引不仅可以利用 CREATE 关键词来实现，也可以利用 ALTER 关键词完成，具体的操作语法如下：

```
01  ALTER TABLE table_name
02      ADD INDEX index_name (column_list) ;
```

- ❑ ALTER TABLE：表示修改表操作。
- ❑ table_name：表的名称。
- ❑ ADD INDEX：关键词，为表增加索引。
- ❑ index_name：索引名称。
- ❑ column_list：索引字段列表。

【示例 2】要求利用 ALTER 关键词在表 studentinfoix 上创建普通索引，相关列为 name，具体脚本如下所示：

```
01  ALTER TABLE studentinfoix
02      ADD INDEX idx_studentinfoix_th(name(5)) ;
```

这段脚本表示修改表 studentinfoix，为其增加索引 idx_studentinfoix_th，索引列为 name 列。

在 CMD 窗口下进入 MySQL 程序，执行以上脚本，执行过程参考图 10.3。

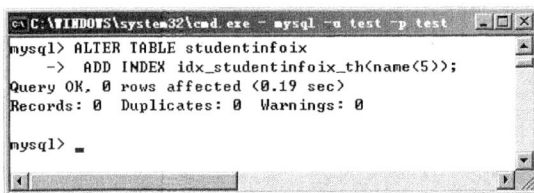

图 10.3　ALTER 方式增加索引

创建后的索引可以进行查看，该操作将在后面的章节进行介绍。

10.2.2　唯一索引创建

唯一索引是和普通索引相似的，但是该类索引要求列值唯一，需要使用 UNIQUE 关键词，其创建语法如下：

```
CREATE UNIQUE INDEX index_name
    ON table_name (column_list(length)) ;
```

- ❑ CREATE UNIQUE INDEX：表示创建唯一索引。其他关键词不再做介绍，读者可参考普通索引创建语法。

【示例 3】　要求在表 studentinfoix 上创建唯一索引，相关列为 name、age 和 sex，具体脚本如下所示：

```
01  CREATE UNIQUE INDEX idx_studentinfoix_se
02      ON studentinfoix (NAME,age(2),sex(1)) ;
```

- ❑ idx_studentinfoix_se：唯一索引的名称。
- ❑ NAME,age(2),sex(1)：索引包含的列。

在 CMD 窗口下进入 MySQL 程序，执行以上脚本，执行过程参考图 10.4。

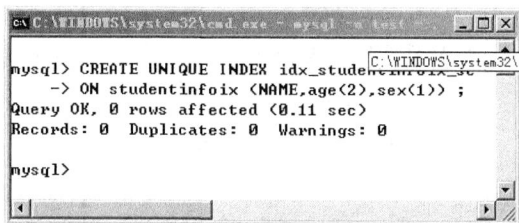

图 10.4　增加唯一索引

利用 ALTER 关键词创建唯一索引的操作语法如下：

```
01  ALTER TABLE TABLE_NAME
02      ADD UNIQUE (COLUMN_LIST) ;
```

❑　ALTER TABLE TABLE_NAME：修改已有的表。

❑　ADD UNIQUE：在已有的表上增加唯一索引。

【示例 4】　利用 ALTER 关键词在表 studentinfoix 上创建唯一索引，相关列为 name、age 和 sex，具体脚本如下所示：

```
01  ALTER TABLE studentinfoix
02      ADD UNIQUE INDEX idx_studentinfoix_fh(name(5),age(2),sex(1));
```

以上脚本表示为表 studentinfoix 增加唯一索引，有关脚本说明读者可以参考前面的例题，这里不做介绍。

在 CMD 窗口下进入 MySQL 程序，执行以上脚本，执行过程参考图 10.5。

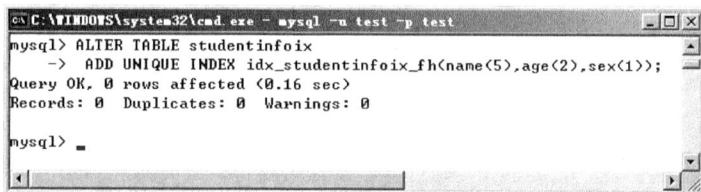

图 10.5　ALTER 方式增加唯一索引

10.2.3　主键索引创建

主键索引在一张表中只能有一个，不允许有 NULL 值，通常都是在创建表的时候创建主键索引，即为表创建主键，同时也可以通过 ALTER 命令增加。

【示例 5】　要求创建表 testpk，并在该表创建主键索引，具体脚本如下所示：

```
01  CREATE TABLE testpk(
02      ID INT NOT NULL,
03      name VARCHAR(20) NOT NULL,
04      PRIMARY KEY(ID)
05  );
```

❑　PRIMARY KEY(ID)：表示创建主键。

在 CMD 窗口下进入 MySQL 程序，执行以上脚本，执行过程参考图 10.6。

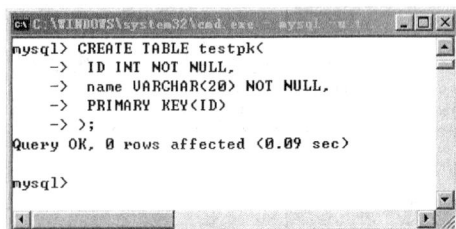

图 10.6　创建表并创建主键索引

通过 ALTER 增加主键的语法结构如下：

```
ALTER TABLE table_name ADD PRIMARY KEY(column_list) ;
```

由于主键只有一个，而且不需要名称，因此，在语法结构中，没有主键名称，只用了
PRIMARY KEY。

【示例 6】　要求为表 studentinfoix 创建主键索引，具体脚本如下所示：

```
01  ALTER TABLE studentinfoix
02      ADD PRIMARY KEY(id(7)) ;
```

❏　id：表示主键列。

在 CMD 窗口下进入 MySQL 程序，执行以上脚本，执行过程参考图 10.7。

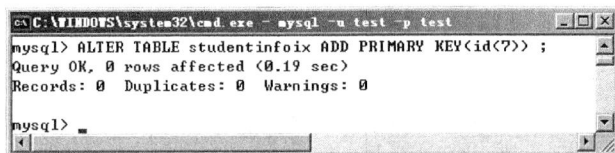

图 10.7　创建主键索引

10.2.4　查看索引

索引创建完成后，可以利用 SQL 命令查看已经存在的索引，查看索引的命令语法如下
所示：

```
SHOW INDEX FROM tb_name;
```

【示例 7】　利用 SHOW 命令查看索引，为了让读者观察得更清楚，在 SQLyogEnt 工具
中查看表 studentinfoix 中的索引，具体脚本如下所示：

```
SHOW INDEX FROM studentinfoix;
```

在 SQLyogEnt 窗口中执行上面的脚本，执行结果参考图 10.8。

	Table	Non_unique	Key_name	Seq_in_index	Column_name	Collation	Cardinality	Sub_part	Packed	Null	Index_type	Comment	Index_comment
☐	studentinfoix	0	idx_studentinfoix_se	1	name	A	7	(NULL)	(NULL)	YES	BTREE		
☐	studentinfoix	0	idx_studentinfoix_se	2	age	A	7	2	(NULL)	YES	BTREE		
☐	studentinfoix	0	idx_studentinfoix_se	3	sex	A	7	(NULL)	(NULL)	YES	BTREE		
☐	studentinfoix	1	idx_studentinfoix_one	1	name	A	7	2	(NULL)	YES	BTREE		

图 10.8　查看索引

图 10.8 中的部分列所表示的含义如下：

❑ Table：表的名称。

❑ Non_unique：如果索引允许包含重复值，那么为 1，如果不允许包含重复值，则为 0。

❑ Key_name：索引名称。

❑ Seq_in_index：索引当中的列序号。

❑ Column_name：具体的列名称。

❑ Collation：A 表示该列升序。

❑ Cardinality：索引中唯一值的数目的估算值。

❑ Sub_part：列中被编入索引的字符的数量。

❑ Index_type：索引类型，最常用的是 BTREE 类型。

10.2.5　删除索引

不用的索引建议进行删除，因为过多的索引会影响查询速度。删除索引可以使用 DROP 关键词，也可以使用 ALTER 关键词。利用 DROP 关键词删除索引的语法结构如下：

```
DROP INDEX index_name ON table_name ;
```

【示例 8】 利用 DROP 命令，删除表 studentinfoix 中的 idx_studentinfoix_one 索引，具体脚本如下：

```
DROP INDEX idx_studentinfoix_one ON studentinfoix ;
```

在 CMD 窗口下进入 MySQL 程序，执行以上脚本，执行过程参考图 10.9。

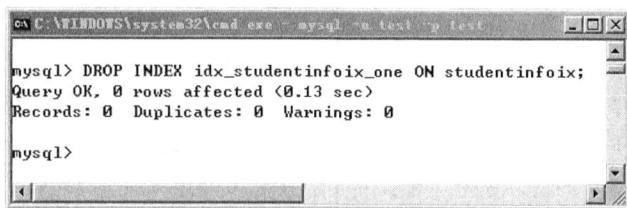

图 10.9　使用 DROP 命令删除索引

利用 ALTER 命令删除索引的操作方式同样简单，相关语法如下：

```
ALTER TABLE table_name DROP INDEX index_name ;
```

【示例 9】 利用 ALTER 命令，删除表 studentinfoix 中的 idx_studentinfoix_se 索引，具体脚本如下：

```
ALTER TABLE studentinfoix DROP INDEX idx_studentinfoix_se;
```

在 CMD 窗口下进入 MySQL 程序，执行以上脚本，执行过程参考图 10.10。

对于主键索引，则可以利用以下的语法进行删除操作：

```
Alter Table table_name Drop Primary Key ;
```

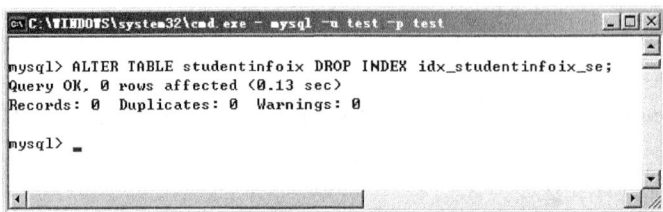

图 10.10　使用 ALTER 命令删除索引

由于一张表只有一个主键，因此，可以利用上面的语法结构直接删除主键，而没有必要写明主键名称。

【示例 10】　利用 ALTER 命令，删除表 studentinfoix 中的主键，具体脚本如下：

```
01  ALTER TABLE studentinfoix
02      DROP PRIMARY KEY ;
```

在 CMD 窗口下进入 MySQL 程序，执行以上脚本，执行过程参考图 10.11。

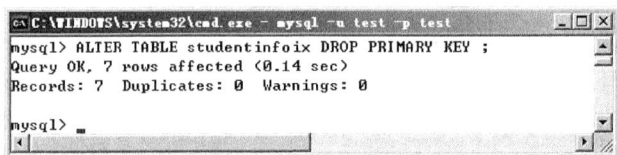

图 10.11　删除主键索引

10.3　本章小结

本章从基本概念上介绍了什么是索引、索引的种类以及如何管理索引。在数据库中使用索引是非常有必要的，尤其是数据量大、查询频繁但更新不频繁的表，使用索引可以非常有效地提高查询速度。需要注意的是索引也需要占用磁盘空间，而且不是索引越多对查询越有利，每次针对大型数据库创建索引，开发组应做出相应的评估。

10.4　本章习题

一、填空题

（1）索引的好处是＿＿＿＿。
（2）索引的分类包括＿＿＿＿。
（3）创建索引的语句是＿＿＿＿。

二、选择题

（1）假设有数据表 table1，在 table1 中有 id 列，要将其设置成普通索引，语句是＿＿＿＿。
　　A．CREATE INDEX A SELECT id FROM table1

B．CREATE INDEX a ON table1

C．CREATE INDEX a ON table1(id)

D．以上都不对

（2）查看索引的语句正确的是＿＿＿＿＿。

A．SHOW INDEXS

B．SHOW TABLE INDEXS

C．SHOW INDEX FROM tb_name

D．以上都不对

（3）删除索引的语句正确的是＿＿＿＿＿。

A．DELETE INDEXS

B．DROP TABLE INDEXS

C．DROP INDEX index_name ON table_name

D．以上都不对

（4）假设有数据表 table1，在 table1 中有 name 列，要将其设置成唯一索引，语句是＿＿＿＿＿。

A．CREATE INDEX A SELECT id FROM table1

B．CREATE INDEX a ON table1

C．CREATE UNIQUE INDEX a ON table1(name)

D．以上都不对

（5）假设有数据表 table1，在 table1 中有 id 列，要将其设置成主键索引，语句是＿＿＿＿＿。

A．CREATE INDEX A SELECT id FROM table1

B．ALTER TABLE table1 ADD PRIMARY KEY(id)

C．CREATE INDEX a ON table1(id)

D．以上都不对

三、上机题

（1）假设有表 10.1 所示的表结构 TEST，将其编号列设置成主键索引。

表 10.1　TEST表结构

序号	列名	数 据 类 型	说明
1	id	int	编号
2	name	varchar(20)	名称
3	recode	varchar(20)	分制
4	major	int	适合专业的专业编号
5	remarks	varchar(50)	备注

（2）将其所适合的专业 major 设置成普通索引。

（3）将其测试的名称 name 设置成唯一索引。

（4）删除为 TEST 表设置的索引。

（5）查看为表 TEST 创建的唯一索引。

第 11 章　自定义函数

前面介绍过 MySQL 的内置函数，它们由数据库自身带来，用户可以直接调用，利用这样的函数可以轻易地实现某些功能。实际上，MySQL 数据库也允许开发者自己定义函数，因为自定义函数更符合实际的业务需求。

本章的主要知识点如下：

- ❏　创建函数；
- ❏　管理函数。

11.1　创建自定义函数

前面章节介绍了一些函数的使用方法，对于系统内部函数，开发者只需要拿来直接使用就好，但是内置函数远远不能满足用户的需求，因此，在一定程度上需要开发者编写自己的函数，来适应当前的业务需要，本节将介绍如何创建自定义函数。

11.1.1　创建函数的语法

创建函数的主要语法如下：

```
CREATE FUNCTION fu_name ([param_name data_type[,...]])
    RETURNS type
    routine_body
```

语法各种关键词解释如下：

- ❏　CREATE FUNCTION：创建自定义函数的关键词。
- ❏　fu_name：自定义函数名称。
- ❏　param_name：参数名称，允许多个参数。
- ❏　data_type：参数类型，必须是 MySQL 支持的类型。
- ❏　RETURNS type：返回值。
- ❏　routine_body：函数体，具体的函数语句集。

☐注意：自定义函数的参数都是 IN 类型的，并且 RETURNS 关键词一定要有，也就是说它是强制性的，用来指明函数的返回类型。

11.1.2　使用语句创建函数

根据提供的语法知识，可以简单快捷地创建自己需要的函数。本小节将介绍如何在命令行的环境下创建自定义函数。

【示例 1】　在命令行环境下创建一个自定义函数，函数返回值为 5，具体脚本如下：

```
01  delimiter //
02
03  CREATE FUNCTION myfstfun()
04  RETURNS VARCHAR(5)
05
06  BEGIN
07   RETURN 2+3;
08  END//
```

其中：

❑ 第 01 行表示指明一个结束标记。

❑ 第 03 行表示创建函数，名称为 myfstfun，后面的括号必须包含。

❑ 第 04 行表示返回类型为 VARCHAR 类型，长度为 5。

❑ 第 06～08 行表示函数执行体内运算了 2+3 的结果，并把该结果作为返回值。

利用 SELECT 语句执行创建的函数，具体的执行效果参考图 11.1。

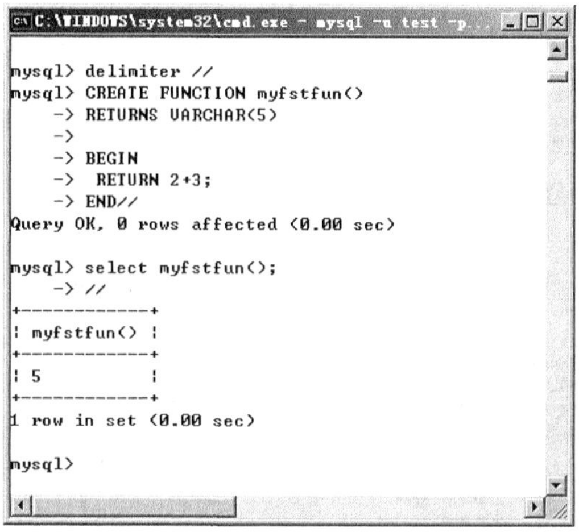

图 11.1　自定义函数的创建执行

【示例 2】　在命令行环境下创建带参数的函数，函数可以根据提供的参数获取对应的结果，具体脚本如下：

```
01  DELIMITER //
02
03  CREATE FUNCTION
04      'test'.'myfstfun_2'(in_id VARCHAR(20),in_str1 VARCHAR(20),in_str2
      VARCHAR(20))
05      RETURNS VARCHAR(5)
06
07    BEGIN
08          DECLARE int_1  INT;
09          DECLARE int_2  INT;
10          IF (in_id IS NOT NULL) THEN
11              SELECT scores INTO int_1
12              FROM scoresinfo
13              WHERE student_id = in_id AND SUBJECT = in_str1;
14
```

```
15                    SELECT scores INTO int_2
16                    FROM scoresinfo
17                    WHERE student_id = in_id AND SUBJECT = in_str2;
18
19              END IF;
20              RETURN int_1+int_2;
21
22          END//
```

其中：

❑ 第 01 行表示指明一个结束标记。

❑ 第 03～04 行表示创建函数，名称为 myfstfun_2，并且函数属于数据库 test，函数带有 3 个参数。

❑ 第 05 行表示返回类型为 VARCHAR 类型，长度为 5。

❑ 第 08～09 行表示声明两个变量，用于存放查询数据，其数据类型都是 INT 型。

❑ 第 10 行利用 IF 语句进行判断，如果第 1 个参数不为 NULL，那么将执行 IF 语句内的相关语句。

❑ 第 11～13 表示利用 SELECT…INTO 语句为变量 int_1 进行赋值。

❑ 第 15～17 表示利用 SELECT…INTO 语句为变量 int_2 进行赋值。

❑ 第 20 行表示函数返回 int_1+int_2 的和。

利用 SELECT 语句执行创建的函数，具体的执行效果参考图 11.2。

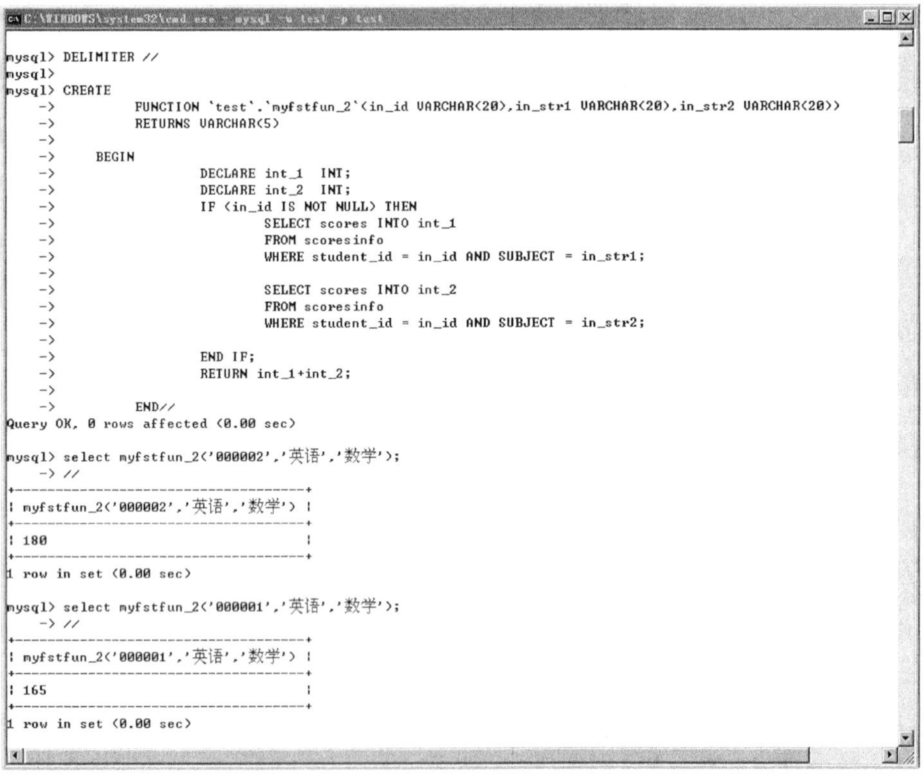

图 11.2　myfstfun_2 函数的创建执行

自定义函数中可以调用其他的函数，下面的示例在自定义函数中调用了系统函数。

【示例 3】 修改示例 2，在该自定义函数中调用系统函数，获取参数 int_1 和 int_2 的和的平方根，具体脚本如下：

```
01  DELIMITER //
02
03  CREATE FUNCTION
04      'test'.'myfstfun_2'(in_id VARCHAR(20),in_str1 VARCHAR(20),in_str2
        VARCHAR(20))
05      RETURNS VARCHAR(5)
06
07      BEGIN
08              DECLARE int_1  INT;
09              DECLARE int_2  INT;
10              IF (in_id IS NOT NULL) THEN
11                  SELECT scores INTO int_1
12                  FROM scoresinfo
13                  WHERE student_id = in_id AND SUBJECT = in_str1;
14
15                  SELECT scores INTO int_2
16                  FROM scoresinfo
17                  WHERE student_id = in_id AND SUBJECT = in_str2;
18
19              END IF;
20              RETURN SQRT(int_1+int_2);
21
22          END//
```

其中：

❑　每行的代码含义读者参考示例 2。

❑　第 20 行表示函数内部调用系统函数 SQRT，来获取两个参数的和的平方。

利用 SELECT 语句执行创建的函数，具体的执行效果参考图 11.3。

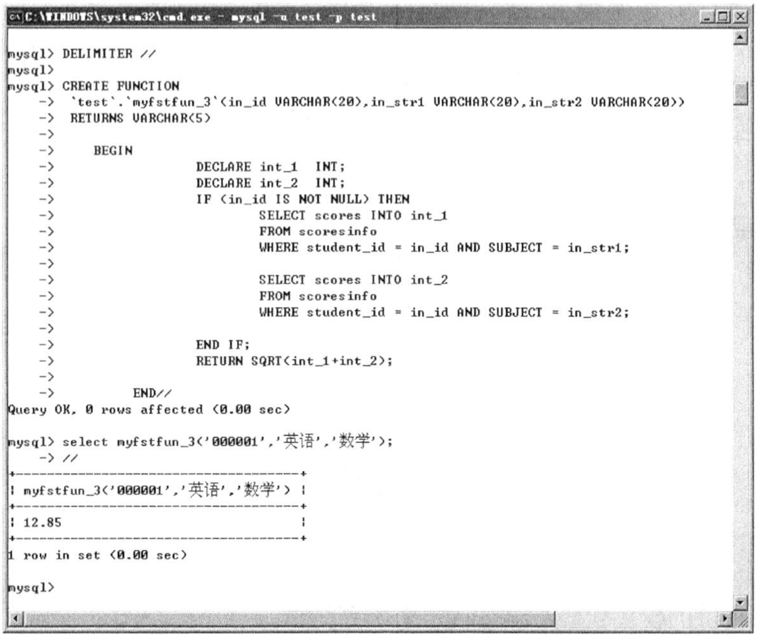

图 11.3　myfstfun_3 函数的创建执行

从图 11.3 中可以发现，执行结果已经调用了系统函数 SQRT，并得到了相应的结果。由此可见，自定义函数内部调用系统内置函数是被允许的。

11.1.3　使用图形界面创建函数

利用图形工具可以有效地提高创建自定义函数的效率。本小节将介绍如何利用图形工具来创建自定义函数。

【示例 4】　要求在 SQLyog 工具中创建自定义函数，可以分为以下的 3 个步骤：

（1）展开要创建自定义函数的数据库，并找到相关节点。

见图 11.4，右击 Functions 选项，在出现的右键菜单中选择"创建函数"选项。

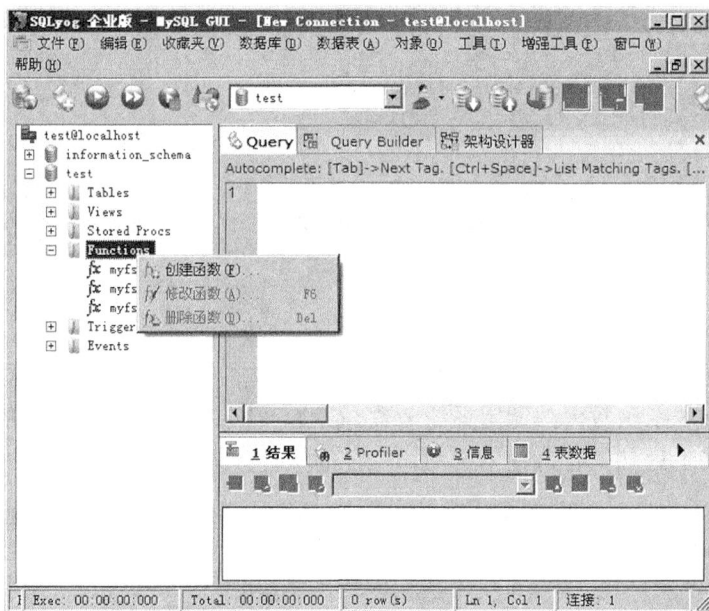

图 11.4　SQLyog 界面

（2）填写需要创建的函数名称。

在图 11.4 中，选择"创建函数"，出现图 11.5 所示的界面，同时填写需要创建的自定义函数名称。

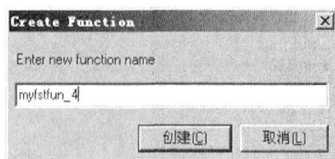

图 11.5　自定义函数名称

（3）根据提供的模板代码，编写自定义函数脚本。

【示例 5】　在提供的模板代码中填写脚本，完成新的自定义函数，具体脚本如下：

```
DELIMITER $$
```

```
CREATE

    FUNCTION 'test'.'myfstfun_4'()
    RETURNS VARCHAR(5)

    BEGIN
     RETURN SQRT(20+80);
    END$$

DELIMITER ;
```

执行以上的脚本，创建函数 myfstfun_4，创建结果参考图 11.6。

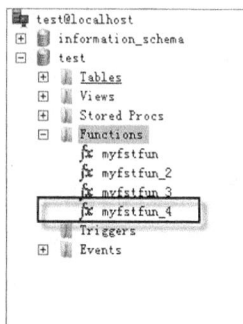

图 11.6　创建自定义函数 myfstfun_4

11.2　函数的管理

对自定义函数可以进行管理操作，例如修改、删除等操作。本节将介绍如何在命令行状态下以及图形界面中管理自定义函数。

11.2.1　使用命令删除函数

不使用的函数可以被删除，删除函数需要具有 ALTER ROUTINE 权限，下面给出了删除自定义函数的语法结构：

```
DROP { FUNCTION} [IF EXISTS]
fn_name
```

语法各种关键词解释如下：

❑　DROP：删除自定义函数的关键词。

❑　FUNCTION：关键词，指函数。

❑　IF EXISTS：关键词。

❑　fn_name：准备删除的函数的名称。

【示例 6】　在命令行的模式下删除自定义函数 myfstfun_4，具体脚本如下：

```
01  DELIMITER //
02  DROP FUNCTION
03  myfstfun_4
04  //
```

执行以上脚本，执行效果参考图 11.7。

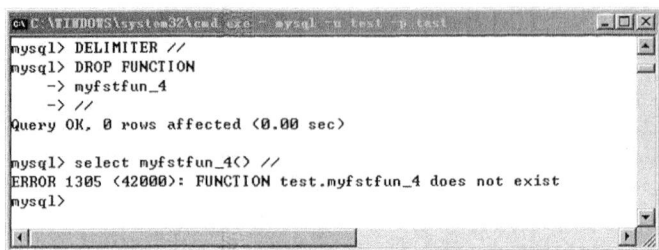

图 11.7　删除函数

从图 11.7 可以看出来，当删除指定的自定义函数后，再使用该函数时，会提示出错，因此可以直观地看出函数已经被删除。

11.2.2　图形界面下删除函数

这里只介绍如何在 SQLyogEnt 工具下进行删除自定义函数的操作，其他图形工具中删除自定义函数的操作相似。

【示例 7】　在图形界面工具中删除函数 myfstfun_4，具体步骤如下：

（1）展开自定义函数节点，右击准备删除的自定义函数。

见图 11.8，在 Functions 节点下右击 myfstfun_4 选项，在出现的右键菜单中选择"删除函数"选项。

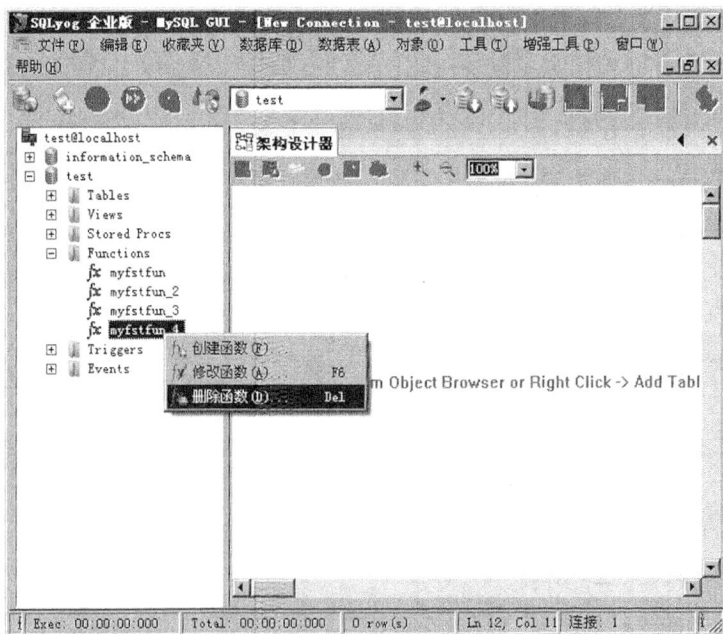

图 11.8　SQLyog 界面

（2）删除自定义函数确认。

在选择"删除函数"后，会弹出确认窗口，见图 11.9。单击图中的"是"按钮后，会删除指定的函数，删除后，自定义函数列表里将不存在 myfstfun_4，见图 11.10，可以看出 myfstfun_4 已经被删除成功，删除自定义函数操作至此完成。

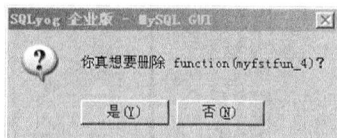

图 11.9　删除确认

图 11.10　自定义函数被删除

11.2.3　图形界面下修改函数

MySQL 中自定义函数内容的修改实际上是先删除指定的函数，然后再创建一个同名函数，不过要是只修改自定义函数特征，那么可以利用 ALTER FUNCTION 语句完成，这里不做介绍。本小节将介绍在图形工具 SQLyogEnt 中对已有的自定义函数进行修改。

【示例8】　在图形界面工具中修改函数 myfstfun_3，具体步骤如下：

（1）展开自定义函数节点，右击准备修改的自定义函数。

见图 11.11，在 Functions 节点下右击 myfstfun_3 选项，在出现的右键菜单中选择"修改函数"选项。

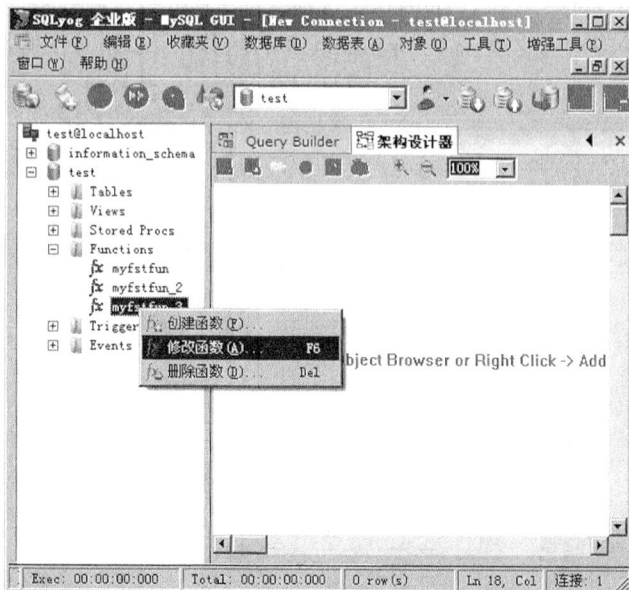

图 11.11　修改函数

（2）进入修改页面。

在单击图 11.11 中的修改选项后，进入代码修改界面，如图 11.12 所示。从黑框部分可以看出来，修改自定义函数，实际上是先删除然后再创建的一个过程。

图 11.12　代码修改界面

（3）修改脚本，重新执行。

修改脚本后，重新执行修改后的脚本，将创建一个新的同名函数。参考图 11.13，执行图中的脚本，将创建一个新的名为 myfstfun_3 的函数，至此，利用图形工具修改函数操作完成。

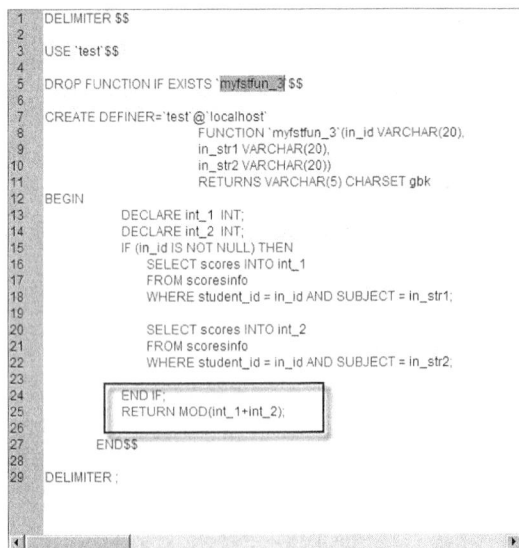

图 11.13　新的函数脚本

11.3 本 章 小 结

在 MySQL 中，允许用户自定义函数来适应实际的业务。本章介绍了如何在 MySQL 下创建自定义函数，创建自定义函数可以在命令行下完成，也可以利用图形工具完成，两者相比较而言，在图形工具中创建函数更加方便快捷，也是开发者最常用的方式，读者应重点学习。

11.4 本 章 习 题

一、填空题

（1）创建函数的语句是_____。
（2）自定义函数与系统函数的区别是_____。
（3）自定义函数的作用是_____。

二、选择题

（1）下面哪一个是创建自定义函数的语法？_____
　　　A．CREATE TABLE　　　　　　　B．CREATE VIEW
　　　C．CREATE FUNCTION　　　　　　D．以上都不是
（2）下面哪一个是删除自定义函数的语法？_____
　　　A．DROP TABLE　　　　　　　　　B．DROP VIEW
　　　C．DROP FUNCTION　　　　　　　　D．以上都不是

三、上机题

（1）创建一个自定义函数来计算两个数的和。
（2）创建一个自定义函数来计算 3 个数中的最大的值。
（3）创建一个自定义函数来判断一个数是否是偶数。
（4）删除所创建的自定义函数。

第 12 章 存 储 过 程

存储过程可以用来转换数据、数据迁移、制作报表，它类似编程语言，一次执行成功，就可以随时被调用，完成指定的功能操作。存储过程就相当于是将一系列的操作都放在一起，当需要执行的时候直接调用就行，不必再重新编写操作步骤。使用存储过程不仅可以提高数据库的访问效率，同时也可以提高数据库使用的安全性。

本章的主要知识点如下：

❑ 理解什么是存储过程；

❑ 如果创建存储过程；

❑ 如何管理存储过程。

12.1 存储过程介绍

存储过程比普通 SQL 语句功能更强大，而且能够实现功能性编程，它是 SQL 语句集，当执行成功后会被存储在数据库服务器中，并允许客户端直接调用，而且存储过程可以提高 SQL 语句的执行效率。

存储过程中允许包含一条或者多条的 SQL 语句，利用这些 SQL 语句完成一个或者多个的逻辑功能。因此，对于调用者来说，存储过程封装了 SQL 语句，调用者无需考虑逻辑功能的具体实现过程。只是简单调用即可，它可以被 Java 或者 C#等编程语言调用。

编写存储过程对开发者要求稍微高一些，但这并不影响存储过程的普遍使用，因为它有着一系列的优点：

❑ 封装复杂的操作：通常完成一个逻辑功能需要多条 SQL 语句，而且各个语句之间很可能需要传递参数，所以，编写逻辑功能相对来说稍微复杂些，而存储过程则可以把这些 SQL 语句包含到一个独立的单元中，使得外界看不到复杂的 SQL 语句，只需要简单调用即可达到目的。

❑ 使数据独立：数据的独立可以达到解耦的效果，也就是说，程序可以调用存储过程，来替代执行多条的 SQL 语句。这种情况下，存储过程把数据同用户隔离开来，优点就是当数据表的结构改变时，调用者不用修改程序，只需要数据库管理者重新编写存储过程即可。

❑ 提高安全性：存储过程提高安全性的一个方案就是把它作为中间组件，存储过程里可以对某些表做相关操作，然后存储过程作为接口提供给外部程序。这样，外部程序无法直接操作数据库表，而只能通过存储过程来操作对应的表，因此安全性在一定程度上是得到提高的。

❑ 提高性能：复杂的功能往往需要多条 SQL 语句，同时客户端需要多次连接并发送 SQL 语句到服务器才能完成该功能。如果利用存储过程，则可以把这些 SQL 语句放入存储过程当中，当存储过程被成功编译后，就存储在数据库服务器里了，以后客户端可以直接调用，这样所有的 SQL 语句将从服务器执行，从而提高性能。但需要说明的是，存储过程不是越多越好，过多地使用存储过程反而影响系统性能。

12.2　创建存储过程

存储过程的创建可以按照语法结构按部就班地来，但对开发者水平要求较高，本节将介绍如何创建存储过程。

12.2.1　存储过程的语法

简单的存储过程语法结构如下：

```
CREATE PROCEDURE sp_name ([[ IN | OUT | INOUT ] param_name type[,...]])
body
```

其中各项参数介绍如下：
❑ CREATE PROCEDURE：表示创建存储过程的关键词。
❑ sp_name：创建的存储过程的名称。
❑ IN | OUT | INOUT：参数的类型，可以是输入类型参数、输出类型参数、既表示输入也表示输出类型的参数。
❑ param_name：参数的名称。
❑ type：参数类型。

注意：存储过程的参数默认类型是传入型的，即是 IN 类型的。

12.2.2　命令行中创建存储过程

在 CMD 命令窗口下登录 MySQL，然后利用 SQL 语句可以创建存储过程，这种方式对开发者要求较高，整个创建过程没有语法结构提示。下面的示例演示了如何在命令窗口中创建存储过程。

【示例 1】　在命令行下创建一个存储过程，要求带一个输出参数。具体操作如下：
（1）进入 CMD 命令行窗口当中，输入以下命令：

```
mysql -u test -p test
```

登录进入 MySQL 数据库。
（2）在命令行窗口中执行以下脚本，创建存储过程：

```
01  DELIMITER //
```

```
02
03    CREATE
04       PROCEDURE 'test'.'fst_prc'(OUT param1 INT)
05
06       BEGIN
07       SELECT COUNT(*) INTO param1 FROM sexinfo;
08
09       END//
```

当创建成功时会提示"Query OK", 参考图 12.1。

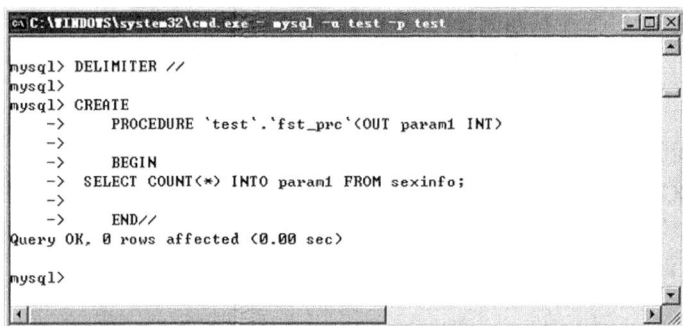

图 12.1　创建存储过程

12.2.3　利用工具创建存储过程

利用可视化工具可以方便地创建存储过程, 这里介绍在 SQLyog 工具下如何创建存储过程, 具体的操作过程参考示例 2。

【示例 2】　在可视化工具中创建一个存储过程, 要求带一个输出参数。具体操作如下:
(1) 展开要创建存储过程的数据库。

在图 12.2 所示的界面中, 右击 Stored Procs 选项, 在出现的右键菜单中选择"创建存储过程"选项, 出现图 12.3 所示的界面, 在该界面中填写存储过程的名称。

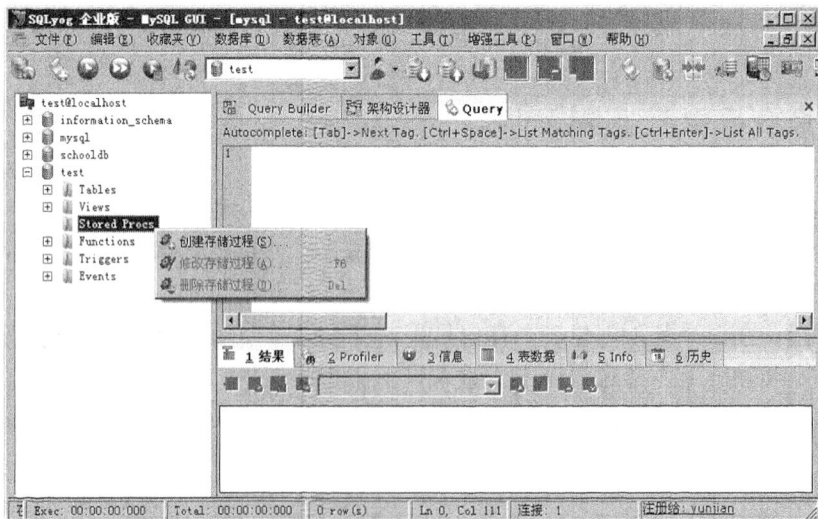

图 12.2　SQLyog 主界面

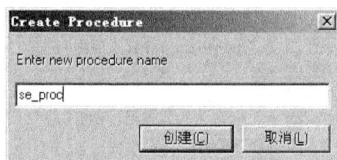

图 12.3　填写存储过程名称界面

（2）根据语法提示创建存储过程。

在图 12.3 中，单击"创建"按钮，进入存储过程设计界面，参考图 12.4。

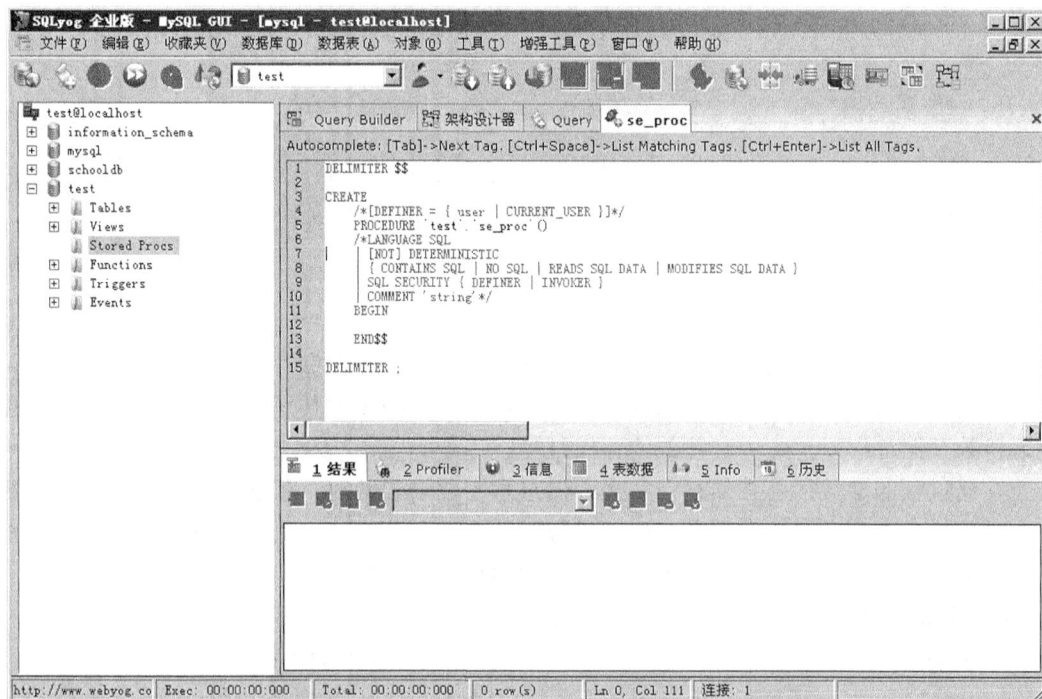

图 12.4　存储过程设计界面

在该界面修改存储过程模板，根据实际情况完成自己的存储过程，如果创建存储过程的功能与 fst_prc 相同的话，则可以写成以下的脚本：

```
01  DELIMITER $$
02
03  CREATE
04      /*[DEFINER = { user | CURRENT_USER }]*/
05      PROCEDURE 'test'.'se_proc'(OUT param1 INT)
06
07      BEGIN
08       SELECT COUNT(*) INTO param1 FROM sexinfo;
09      END$$
10
11  DELIMITER ;
```

脚本编写完成后，需要执行这段脚本，然后在 Stored Procs 节点下面会出现名称为 se_proc 的存储过程，见图 12.5。

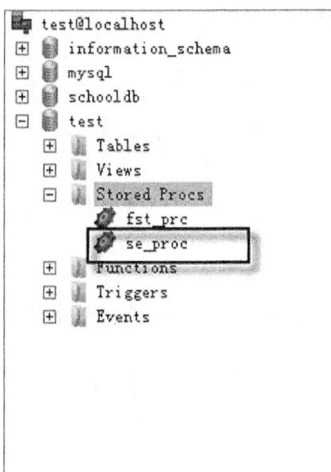

图 12.5　存储过程列表

12.2.4　存储过程的参数

存储过程可以无参数，也可以带有一个或多个参数，无参数存储过程通常只能在内部做一定的逻辑操作，而带有参数的存储过程则可以进行数据的传递。本小节将介绍如何创建无参数存储过程以及各种有参数的存储过程。

存储过程的参数括号必须存在，当存储过程不需要参数时，那么括号为空即可，否则将在参数括号中列举参数类型和名称，参数默认情况下都是 IN 类型，除非为其指定其他类型。下面的示例演示了带各种类型参数的存储过程的创建。

【示例 3】创建无参数存储过程，要求该存储过程把 scoresinfo 表中 scores 列大于等于 90 的记录都在 remark 列中标注"优秀"。具体存储过程脚本如下：

```
01  DELIMITER //
02
03  CREATE
04    PROCEDURE 'test'.'fst_scoresinfo_proc'()
05    BEGIN
06      UPDATE scoresinfo SET remark = '优秀' WHERE scores >= 90;
07    END//
08
09  DELIMITER ;
```

利用以下脚本执行存储过程：

```
CALL fst_scoresinfo_proc//
```

查询表 scoresinfo 中的数据，查看存储过程是否执行成功，查询语句如下：

```
SELECT id, student_id, scores, SUBJECT,    remark
    FROM
    test.scoresinfo
    LIMIT 0, 50;
```

具体查询结果参考图 12.6。

id	student_id	scores	subject	remark
00000001	000001	80	英语	(NULL)
00000002	000001	85	数学	(NULL)
00000003	000001	84	语文	(NULL)
00000004	000001	88	历史	(NULL)
00000005	000002	90	英语	优秀
00000006	000002	90	数学	优秀
00000007	000002	87	语文	(NULL)
00000008	000002	78	历史	(NULL)
00000009	000003	88	英语	(NULL)
00000010	000003	78	数学	(NULL)
00000011	000003	88	语文	(NULL)
00000012	000003	76	历史	(NULL)
00000013	000004	89	英语	(NULL)
00000014	000004	67	数学	(NULL)
00000015	000004	87	语文	(NULL)
00000016	000004	76	历史	(NULL)

图 12.6　示例 3 数据查询结果

存储过程参数分为 IN、OUT、INOUT 类型，分别表示：输入类型参数、输出类型参数以及输入输出类型参数。这 3 种参数类型各有其作用，其中 IN 类型参数最为常用，是默认的参数类型；OUT 表示输出类型参数，也就是说它可以把存储过程内部的数据传递给调用者；而 INOUT 类型参数既可以把数据传入到存储过程中，也可以把存储过程中的数据传递给调用者。

【示例 4】 创建带有 IN 类型参数的存储过程，具体的存储过程脚本如下：

```
DELIMITER //

CREATE
    PROCEDURE 'test'.'se_scoresinfo_proc'(IN param1 INT)
    BEGIN
     IF (param1 IS NOT NULL) THEN
         UPDATE scoresinfo SET remark = '一般' WHERE scores <=70;
     END IF;
    END//
```

利用以下脚本执行存储过程：

```
DELIMITER //
CALL se_scoresinfo_proc(1)
//
```

查询表 scoresinfo 中的数据，查看存储过程是否执行成功。查询语句如下，结果参考图 12.7。

```
SELECT id, student_id, scores, SUBJECT,    remark
    FROM
    test.scoresinfo
    LIMIT 0, 50;
```

【示例 5】 创建带有 OUT 类型参数的存储过程，并调用该存储过程，具体的存储过程脚本如下：

```
DELIMITER //

CREATE
    PROCEDURE 'test'.'th_proc'(OUT param1 INT)
    BEGIN
     SELECT COUNT(*) INTO param1 FROM studentinfo;
    END//
```

图 12.7　示例 4 数据查询结果

该存储过程将查询 studentinfo 表中的记录数，并把记录数放入 param1 参数中，供外部调用。

利用以下脚本调用存储过程：

```
DELIMITER //
CALL th_proc (@x)
//
select @x
//
```

变量 x 将被赋值，查询变量 x 的值，执行结果见图 12.8。

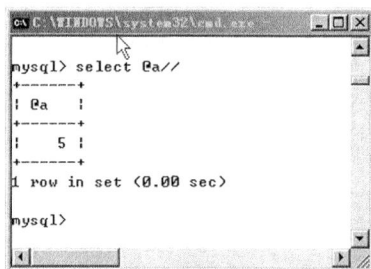

图 12.8　示例 5 数据查询结果

【示例 6】　创建带有 INOUT 类型参数的存储过程，并调用该存储过程，具体的存储过程脚本如下：

```
01   DELIMITER //
02
03   CREATE
04     PROCEDURE 'test'.'fo_scoresinfo_proc'(INOUT param1 INT)
05     BEGIN
06         IF (param1 IS NOT NULL) THEN
07             SELECT COUNT(*) INTO param1 FROM studentinfo;
08         END IF;
09     END//
```

该存储过程判断输入参数是否为空，如果不为空则进行相关查询。具体调用脚本如下：

```
DELIMITER //
set @a = 1//
CALL fo_scoresinfo_proc (@a)
```

```
//
select @a
//
```

变量 a 将被赋值，查询变量 a 的值，执行结果见图 12.9。

图 12.9 示例 6 数据查询结果

12.3 修改存储过程

对于存储过程内容的修改，可使用先删除，然后重新创建的方式完成，这里将介绍利用 SQLyog 工具如何完成修改存储过程。

【示例 7】 对存储过程 th_proc 进行修改操作，具体的存储过程脚本如下：

（1）展开要修改存储过程所在的数据库。

在图 12.10 所示界面中，右击 th_proc 选项，在出现的右键菜单中选择"修改存储过程"选项，进入图 12.11 所示的存储过程修改界面。

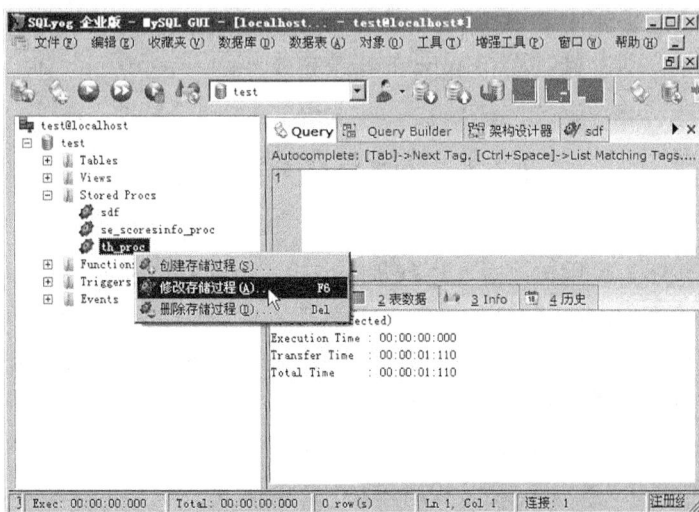

图 12.10 准备修改界面

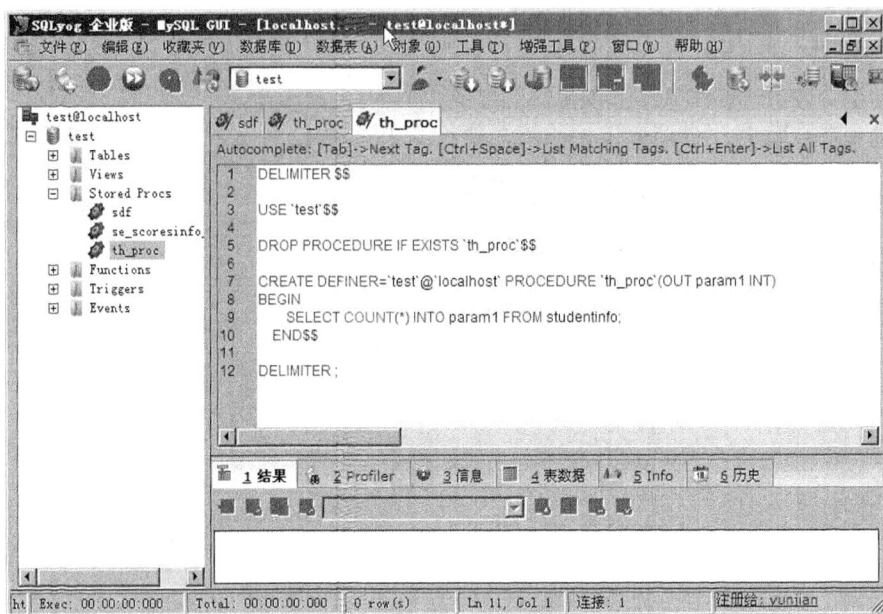

图 12.11 存储过程修改界面

（2）根据语法提示修改存储过程。

在图 12.11 中，修改存储过程创建脚本，修改后的脚本如下：

```
01   DELIMITER $$
02
03   USE 'test'$$
04
05   DROP PROCEDURE IF EXISTS 'th_proc'$$
06
07   CREATE DEFINER='test'@'localhost' PROCEDURE 'th_proc'(OUT param1 INT)
08   BEGIN
09       SELECT COUNT(*) INTO param1 FROM sexinfo;
10       END$$
11
12   DELIMITER ;
```

执行该脚本后，对存储过程 th_proc 的修改完成。

12.4 删除存储过程

如果存储过程不再使用可以对其进行删除操作，删除存储过程需要具有删除权限，本节将介绍如何删除指定的存储过程。

删除存储过程可以直接利用 SQL 语句完成，也可以利用图形工具来完成，其中利用 SQL 语句删除存储过程的语法结构如下：

```
DROP PROCEDURE
[IF EXISTS]
sp_name
```

【示例 8】 利用 SQL 语句删除存储过程 th_proc。操作步骤如下：

（1）打开 CMD 命令行窗口，登录 MySQL。

在"运行"窗口输入 cmd，见图 12.12，进入 CMD 命令行窗口后，利用 mysql -u test -p test 命令登录进入 MySQL 数据，见图 12.13。

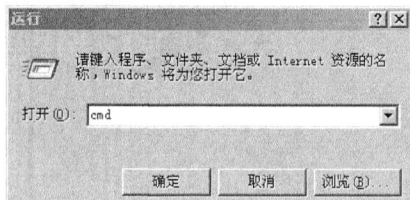

图 12.12　执行 cmd 命令

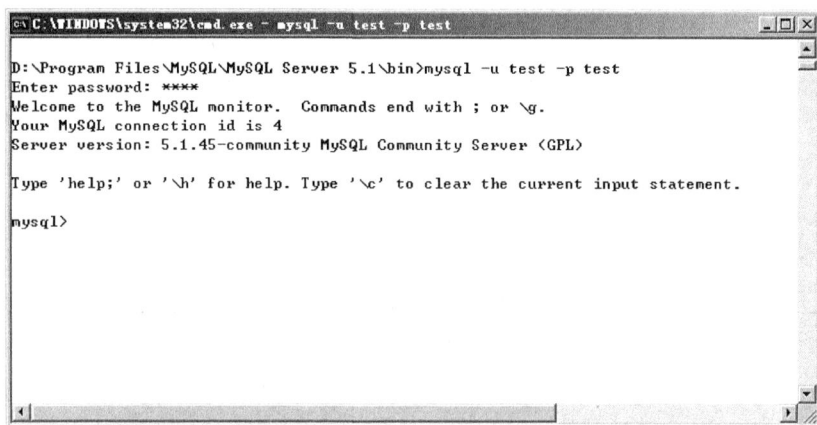

图 12.13　登录进入 MySQL 数据库

（2）执行删除命令，删除指定的存储过程：

```
01  DELIMITER //
02
03  DROP PROCEDURE
04  IF EXISTS
05  th_proc//
```

执行以上脚本，执行过程见图 12.14。

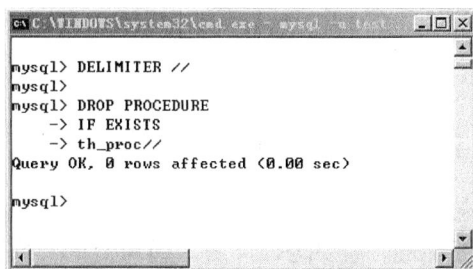

图 12.14　执行删除命令

【示例 9】 利用可视化工具删除存储过程 fst_prc。操作步骤如下：

（1）展开要删除的存储过程所在的数据库。

在图 12.15 所示的界面中，右击 fst_prc 选项。

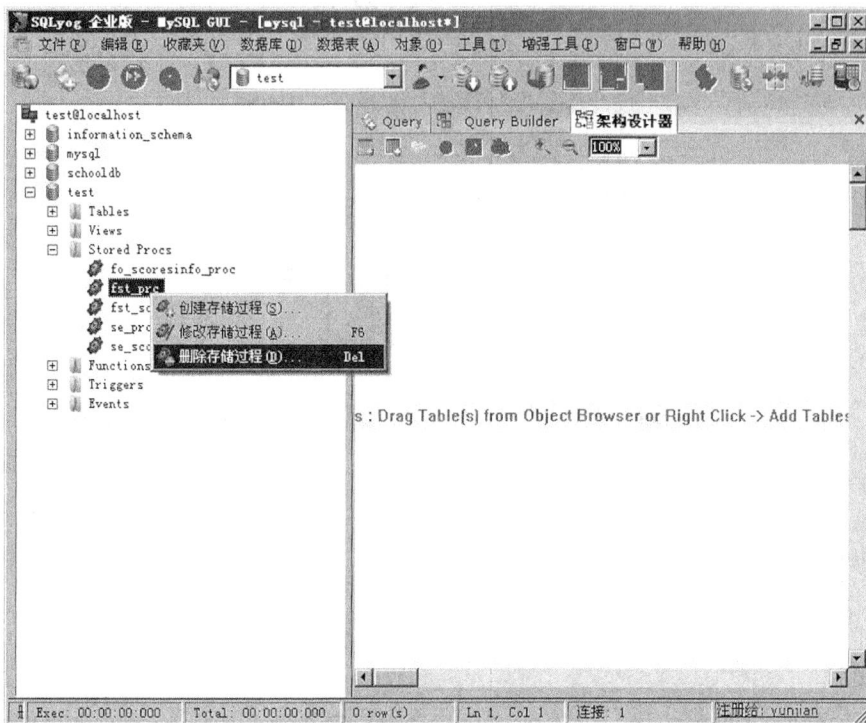

图 12.15 准备删除存储过程界面

在图 12.15 出现的右键菜单中选择"删除存储过程"选项，进入图 12.16 所示的删除确认界面。

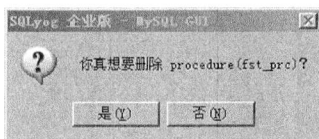

图 12.16 删除确认界面

（2）删除指定存储过程。

在图 12.16 中单击"是"按钮，确认删除该存储过程。

12.5 存储过程中的变量

存储过程在使用局部变量之前需要进行声明，局部变量的数据类型必须是 MySQL 支持的数据类型，声明局部变量的关键词是 DECLARE。下面是声明局部变量的语法结构：

```
DECLARE var_name[,...] type [DEFAULT value]
```

其中 DECLARE 为声明变量的关键词，var_name 是变量名称，允许有多个变量，type 表示变量的类型，DEFAULT value 则表示变量的默认值。

而对变量进行赋值，则可以使用以下的语法：

```
SET var_name = expr [, var_name = expr] ...
```

其中 SET 是赋值关键词，var_name 为变量名称，expr 则为表达式。该语句可以为多个变量进行赋值。

下面的示例演示了如何在存储过程中声明变量，并为变量赋值。

【示例 10】 在存储过程中使用变量，具体脚本如下：

```
01  DELIMITER //
02
03  CREATE
04
05      PROCEDURE 'test'.'fr_proc'(a VARCHAR(5))
06      BEGIN
07
08          DECLARE vage INT;
09          DECLARE vname VARCHAR(10) ;
10          DECLARE vsename VARCHAR(10) DEFAULT 'ABC';
11          DECLARE vthname VARCHAR(10) ;
12
13          SET vthname = 'EEE';
14
15          SELECT id,NAME INTO vage,vname
16          FROM studentinfo
17          WHERE id = '000001';
18
19      END//
```

本示例中利用 DECLARE 关键词声明了多个变量，并且利用 DEFAULT 关键词对变量设置了默认值，同时利用 SET 对变量进行赋值。

12.6　结构控制语句

存储过程可以利用各种结构控制语句来控制程序的流程，是必不可少的部分，常用的流程控制语句主要有：

❑ IF 条件控制语句；
❑ CASE 控制语句；
❑ LOOP 控制语句；
❑ WHILE 控制语句。

12.6.1　IF 条件控制语句

IF 条件语句具有多种结构方式，是流程控制中最常用的判断语句，它利用布尔表达式，来进行流程控制，当布尔表达式成立时，SQL 将执行该表达式对应的语句。当布尔表达式不成立时，程序会进入另一个流程里面。有关它的整体流程如图 12.17 所示。

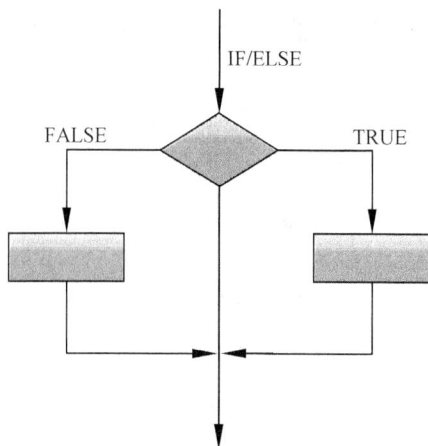

图 12.17　IF 判断语句流程

条件判断语句的语法结构如下:

```
IF search_condition THEN statement_list
    [ELSEIF search_condition THEN statement_list] ...
    [ELSE statement_list]
END IF
```

当 search_condition 的值为真时,将执行 THEN 后面的语句,否则跳出这个 IF 语句,执行它后面的指令。ELSEIF 需要配合 IF 关键词使用,表示条件的嵌套。

【示例 11】　存储过程中使用 IF 条件语句,具体脚本如下:

```
01  DELIMITER //
02
03  CREATE
04
05      PROCEDURE 'test'.'fr_if_proc'(a VARCHAR(5))
06      BEGIN
07
08      DECLARE vage INT;
09      DECLARE vname VARCHAR(10) ;
10      DECLARE vsename VARCHAR(10) DEFAULT 'ABC';
11      DECLARE vthname VARCHAR(10) ;
12
13      SET vthname = 'EEE';
14
15      IF (a IS NOT NULL) THEN
16          SELECT id,NAME INTO vage,vname
17          FROM studentinfo
18          WHERE id = '000001';
19      END IF
20  END//
```

该存储过程中利用 IF 语句判断,参数 a 是否为空,如果不为空,则执行查询赋值语句,否则将不执行查询赋值语句。

12.6.2　CASE 条件控制语句

CASE 语句可以提供多个条件进行选择,其效果与 IF 语句类似,CASE 语句的使用方式可以分为如下两种：

第一种模式的 CASE 语句将给出一个表达式，该表达式结果与几个结果做比较，如果比较成功，则执行对应的语句序列。其对应的语法结构如下：

```
CASE case_value
    WHEN when_value THEN statement_list
    [WHEN when_value THEN statement_list] ...
    [ELSE statement_list]
END CASE
```

其中 CASE 是关键词，case_value 表示一个表达式，WHEN 和 THEN 分别都是关键词，也就是说当 case_value 的值与 when_value 相同时，将执行对应的 statement_list。

另一种模式的 CASE 语句，会提供多个布尔表达式，并进入第一个为 TRUE 的表达式，执行对应的脚本。其对应的语法结构如下：

```
CASE
    WHEN search_condition THEN statement_list
    [WHEN search_condition THEN statement_list] ...
    [ELSE statement_list]
END CASE
```

CASE 语句的整体流程可以参考图 12.18。

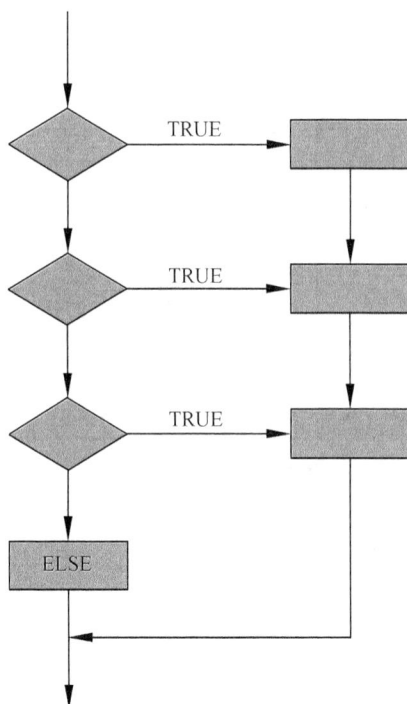

图 12.18　CASE 语句流程

注意：存储过程中的 CASE 语句与函数里的 CASE 语句是稍微有差别的，存储过程里的
　　　CASE 语句不能有 ELSE NULL 子句，并且用 END CASE 来终止。

【示例 12】　在存储过程中使用第一种模式的 CASE 条件语句，具体脚本如下：

```
01    DELIMITER //
02
03    CREATE
04        PROCEDURE 'test'.'fr_case_proc'()
05        BEGIN
06
07            DECLARE scores INT;
08            DECLARE vname VARCHAR(10) ;
09            DECLARE vth VARCHAR(10) ;
10
11            IF (a IS NOT NULL) THEN
12                SELECT scores,student_id INTO scores,vname
13                FROM scoresinfo
14                WHERE id = '00000001';
15            END IF;
16
17            CASE scores
18            WHEN 80 THEN
19              SET vth = '80分';
20            WHEN 85 THEN
21              SET vth = '85分';
22            WHEN 84 THEN
23              SET vth = '84分';
24            ELSE
25              SET vth = '其他';
26            END CASE;
27          SELECT vth;
28        END//
```

该存储过程里的 CASE 语句会对 scores 的值进行判断，当它和列出的分数值一样时，会进入 THEN 对应的语句集中执行相关脚本。

利用以下脚本调用该存储过程：

```
delimiter //
CALL fr_case_proc(1)
//
```

执行结果见图 12.19。

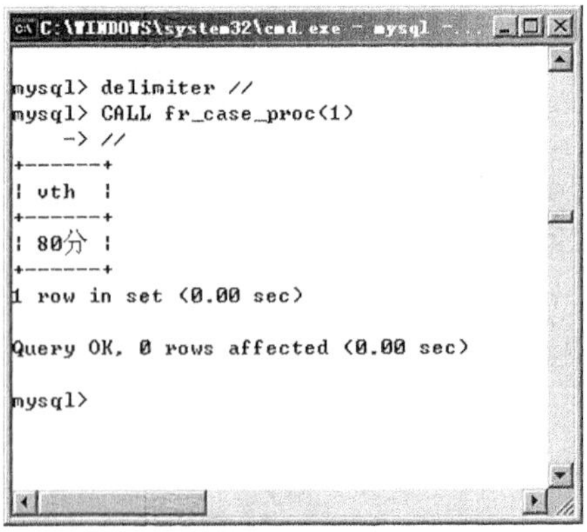

图 12.19　示例 12 存储过程执行结果

该示例演示了第一种 CASE 语句的使用方法。示例中当 scores 的数值等于 80 时，将执行 "SET vth = '80 分';" 这段脚本，因此最后输出图 12.19 所示的结果。下面的示例演示了如何使用 CASE 语句的另一种模式。

【示例 13】 在存储过程中使用第二种模式的 CASE 条件语句,具体脚本如下:

```
01   DELIMITER //
02
03   CREATE
04      PROCEDURE 'test'.'fr_case_se_proc'(a VARCHAR(5))
05      BEGIN
06
07          DECLARE score VARCHAR(10) ;
08          DECLARE vname VARCHAR(10) ;
09          DECLARE vth VARCHAR(10) DEFAULT 'ABC';
10
11          IF (a IS NOT NULL) THEN
12              SELECT scores,student_id INTO score,vname
13              FROM scoresinfo
14              WHERE id = '00000001';
15           END IF;
16
17          CASE
18          WHEN  score = 80 THEN
19            SET vth = '80分';
20          WHEN score = 85 THEN
21            SET vth = '85分';
22          WHEN score = 84 THEN
23            SET vth = '84分';
24          ELSE
25            SET vth = '其他';
26          END CASE;
27   SELECT vth;
28      END//
29
30   DELIMITER ;
```

该存储过程里的 CASE 语句会对 scores 的值进行对比操作,当表达式的值为 TRUE 时,将进入 THEN 对应的语句集中执行相关脚本。

利用以下脚本调用该存储过程:

```
delimiter //
CALL fr_case_se_proc(1)
//
```

执行结果见图 12.20。

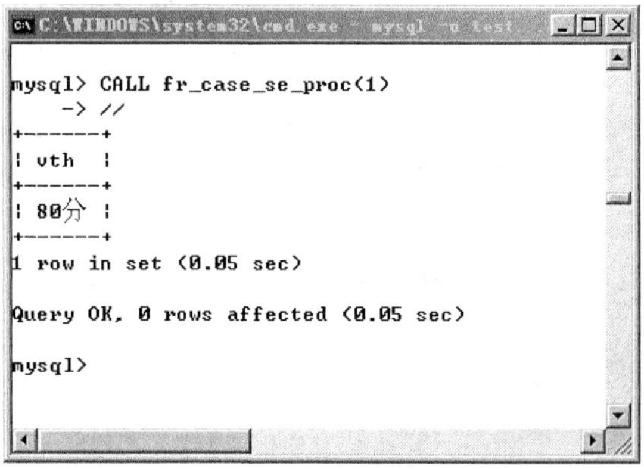

图 12.20 示例 13 存储过程执行结果

12.6.3　LOOP 循环控制语句

LOOP 语句也叫循环语句,作用是重复地执行指定的语句块,在 LOOP 和 END LOOP 之间的语句序列会被不断地执行。基本的 LOOP 语句本身没有包含中断循环的条件,通常都是和其他的条件控制语句一起使用,MySQL 中会使用 LEAVE 来中断 LOOP 循环语句。

它的基本语法结构如下:

```
[begin_label:]
LOOP
    statement_list
END LOOP [end_label]
```

该语法中的 LOOP 和 END LOOP 是关键词,它们之间的 statement_list 是被重复执行的对象,而 LOOP 语句可以被标注,当 begin_label 存在时,end_label 标签才可以存在,否则是不被允许的。同时在 LOOP 语句中也会用到 LEAVE 语句,用于退出该循环,而 ITERATE 语句则表示再次循环。有关 LOOP 的流程可以参考图 12.21。

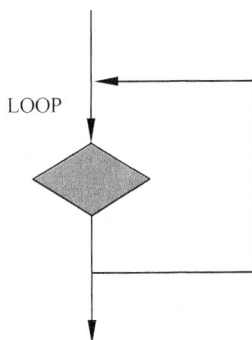

图 12.21　LOOP 语句流程

【示例 14】　在存储过程中使用 LOOP 循环语句,具体脚本如下:

```
01  CREATE PROCEDURE prcloop(x INT)      //创建存储过程,带有一个参数
02  BEGIN
03    //设置 LOOP 循环的标签,名为 label1
04    label1: LOOP
05      //为变量 x 赋值
06      SET x = x + 1;
07      IF x < 8          //判断 x 的值是否小于 8
08      //如果小于 8,则循环一次指定标签
09      THEN ITERATE label1;
10      END IF;
11      //当 x 的值等于 8 时,会跳出 IF 语句,到这里,并退出 LOOP 语句
12      LEAVE label1;
13    END LOOP label1;
14    SET @xx = x;   //把 x 的值赋给变量 xx。
15  END
```

在命令行下执行以上脚本,并调用该存储过程,具体结果参考图 12.22。

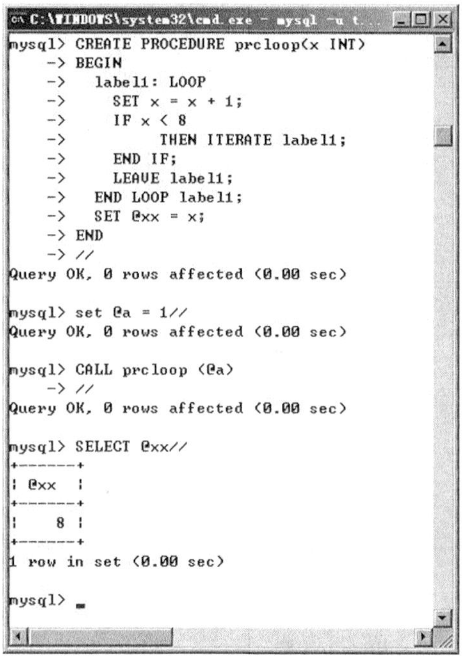

图 12.22　LOOP 语句的执行

在图 12.22 中可以发现，调用存储过程后，变量被赋值为 8，以上的脚本也可以修改为如下形式：

```
01   DELIMITER //
02
03   CREATE PROCEDURE prcloopse(x INT)
04   BEGIN
05    label1: LOOP
06      SET x = x + 1;
07      IF x >= 8
08       THEN LEAVE label1;
09      END IF;
10
11    END LOOP label1;
12    SET @xx = x;
13   END
```

以上的脚本完全发挥了 LOOP 语句的功效，同样可以达到预期效果。

12.6.4　WHILE 语句的使用

WHILE 语句的语法结构如下：

```
[begin_label:]
WHILE search_condition DO
    statement_list
END WHILE [end_label]
```

WHILE 语句内的语句或语句序列（statement_list 部分）被重复，直至 search_condition 为假的时候结束整个循环，该循环流程图可参考图 12.23。

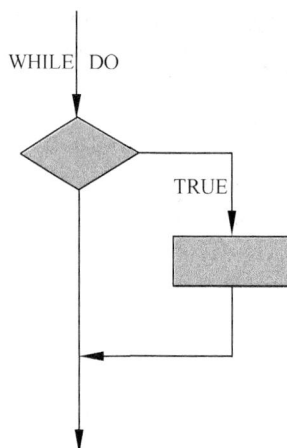

图 12.23　WHILE 语句流程

【示例 15】　在存储过程中使用 WHILE 循环语句，具体脚本如下：

```
01   DELIMITER //
02   //创建存储过程，名称为 prcwhile
03   CREATE
04     PROCEDURE 'test'.'prcwhile'()
05     //开始语句序列
06     BEGIN
07       DECLARE xx INT DEFAULT 10;
08     //while 语句，当 xx 大于 0 时，执行里面的操作
09       WHILE xx > 0 DO
10         SET xx = xx - 1;
11       END WHILE;
12
13       SET @vx = xx;
14     END//
```

在命令行下执行以上脚本，并调用该存储过程，具体结果参考图 12.24。

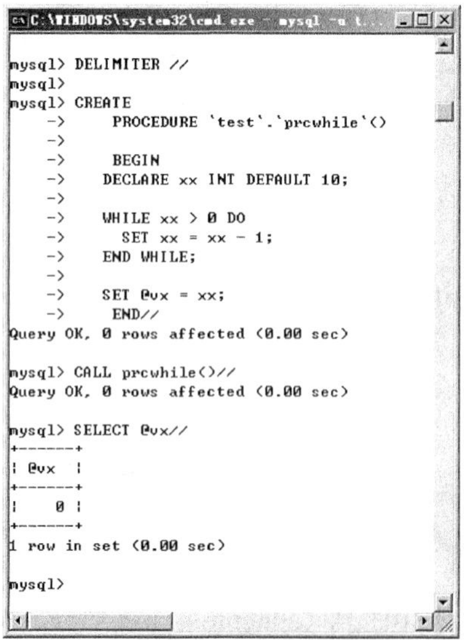

图 12.24　存储过程执行

从图 12.24 中可以发现，该存储过程最后赋值给变量的值为 0，这就是 WHILE 语句的功能。

12.7　本章小结

存储过程在数据库当中是重点，它应用相当普遍，主要用来做批量处理以及内部的数据转换。本章介绍了存储过程的概念和作用，同时也比较详细地介绍了如何创建和操作存储过程。最后介绍了几种常用的控制语句，这些语句在存储过程中比较常用，是编程不可缺少的一部分，主要有 IF、CASE、LOOP 以及 WHILE 语句，其中 IF 和 LOOP 使用比较频繁，读者应详细了解。

12.8　本章习题

一、填空题

（1）存储过程的优点是_____。
（2）创建存储过程的语句是_____。
（3）执行存储过程的语句是_____。

二、选择题

（1）下面对存储过程的描述正确的是_____。

　　A．存储过程创建好就不能够修改了

　　B．修改存储过程就相当于是重新创建一个存储过程

　　C．存储过程在数据库只能应用一次

　　D．以上都正确

（2）下面对存储过程的描述不正确的是_____。

　　A．存储过程中可以定义变量

　　B．修改存储过程就相当于是重新创建一个存储过程

　　C．存储过程不调用就可以直接使用

　　D．以上都是错误的

（3）对于结构控制语句，下面哪一个是循环语句？_____

　　A．IF　　　　　　　　B．CASE

　　C．WHICH　　　　　　D．LOOP

三、上机题

（1）假设有学生成绩信息表，表结构如表 12.1 所示。创建一个存储过程用来计算所有成绩的总和。

表 12.1　学生成绩表（recordinfo）

序号	列名	数 据 类 型	说明
1	id	int	学号
2	name	varchar(20)	姓名
3	recode	int	成绩
4	major	int	专业编号

（2）修改存储过程，使其还能够计算平均成绩。

（3）删除该存储过程。

第 13 章 触 发 器

数据的完整性除了靠事务和约束实现外，也可以使用触发器作为补充，同时，利用触发器还可以得到数据变更的日志记录，是管理数据的有力工具。触发器与存储过程不同，触发器不用直接调用，而是通过对表的相关操作，来触发不同的触发器。比如：当修改表的某一个字段时，就可以触发在该表上创建的修改后执行的触发器。

本章的主要知识点如下：

❑ 了解触发器；

❑ 创建触发器；

❑ 管理触发器。

13.1 触发器介绍

触发器与数据表紧密关联，当该数据表有插入（INSERT）、更改（UPDATE）或删除（DELETE）事件发生时，所设置的触发器就会自动被执行，因此它除了进行数据的处理外，也可以维护数据的完整性。

存储过程由开发者利用 CALL 命令调用，触发器的调用和存储过程的调用不一样，触发器只能由数据库的特定事件来触发，并且不能接收参数。所谓的特定事件主要包括插入（INSERT）、更改（UPDATE）以及删除（DELETE）等。在实际应用中，触发器在以下方面非常有用：

❑ 利用触发器可以防止误操作的 INSERT、UPDATE 以及 DELETE 操作。

❑ 触发器可以评估数据修改前后表的状态，并根据该差异采取对应的措施。

❑ 触发器可以实现表数据的级联更改，在一定程度上保证了数据的完整性，例如当删除某个学生时，他所对应的成绩等信息也应该一并删除。

❑ 利用触发器可以记录某些操作事件。例如当对指定的表进行数据操作时，可以利用触发器来记录被操作的数据，这样该记录可以被当作日志使用。

13.2 创建触发器

在 MySQL 下创建触发器，需要具有对应的权限，同时，同一张表上相同的触发动作事件和时间的触发器不能存在两个,也就是说,在同一个表上不能有两个 BEFORE INSERT 触发器。

13.2.1　触发器语法

在 MySQL 中，触发器主要的创建语法如下：

```
CREATE TRIGGER trigger_name trigger_time trigger_event
ON tbl_name FOR EACH ROW
trigger_stmt
```

其中：

❑ CREATE TRIGGER：关键词，表示创建触发器。

❑ trigger_name：触发器名称。

❑ trigger_time：触发器执行时间。

❑ trigger_event：指明激活触发程序的语句的类型。

❑ ON：关键词。

❑ tbl_name：触发器宿主。

❑ FOR EACH ROW：行级触发器，在其他的数据库中可能存在其他级别的触发器。

❑ trigger_stmt：触发器语句体，这里写具体执行的操作。

13.2.2　触发器组成和触发事件

在 MySQL 中，触发器针对永久性表，而不是临时表，被激发的动作主要是 INSERT、UPDATE 以及 DELETE 操作。INSERT 表示在数据插入表时触发器被激活，包括 INSERT、LOAD DATA 以及 REPLACE 操作；UPDATE 表示当数据被修改时会激活触发器，包括 UPDATE 修改操作；DELETE 表示数据被删除时会激活触发器，包括 DELETE 和 REPLACE 操作。

读者需要了解的是，在同一个表下，不能有两个相同时间和事件的触发器，即同张表下，不能有两个 BEFORE INSERT 类型的触发器，但可以有 1 个 BEFORE INSERT 和 1 个 AFTER INSERT 触发器，或者有 1 个 BEFORE INSERT 和 1 个 BEFORE UPDATE 触发器。

13.2.3　利用 SQL 命令创建触发器

在命令行模式下，开发者应该学会使用创建命令来创建触发器，利用命令来创建触发器需要按照创建触发器的语法来操作。

本小节将使用 logtab 表作为触发器执行后的测试表，表结构如 13.1 所示。

表 13.1　logtab表结构

字　段　名	中　文　释　义	数　据　类　型
id	id 序列	int
oname	数据名称	varchar(20)
otime	操作时间	varchar(30)

利用以下脚本创建该表：

```
01  create table 'test'.'Logtab'(
02    'id' int NOT NULL AUTO_INCREMENT ,
03    'oname' varchar(20) ,
04    'otime' varchar(30),
05    PRIMARY KEY ('id')
06  )
```

在命令行格式下执行以上脚本，创建成功后可以参考图 13.1。

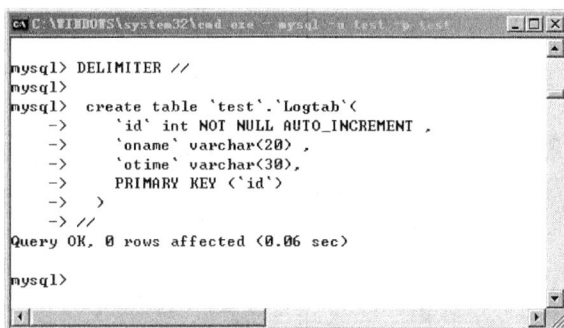

图 13.1　创建测试表

【示例 1】　创建 BEFORE INSERT 类型触发器。当为表 studentinfo 增加数据时，可以激发该触发器，并为表 logtab 增加一条指定数据。具体脚本如下：

```
01  DELIMITER //
02
03  CREATE TRIGGER test.fstinserttrg          //创建触发器 fstinserttrg
04    BEFORE INSERT ON studentinfo            //触发器作用在表 studentinfo 上
05  FOR EACH ROW                              //增加每行数据都会激发该触发器
06  BEGIN
07    INSERT INTO logtab(oname,otime) VALUES('test',SYSDATE());
08  END
09  //
```

其中：

❑ 第 1 行指明结束标志。

❑ 第 3 行表示创建触发器，名称为 fstinserttrg。

❑ 第 4 行表示该触发器作用在表 studentinfo 上，并且触发事件和时机为 BEFORE INSERT，表示数据增加前激发该触发器。

❑ 第 5 行表示增加每行数据都会激发该触发器。

❑ 第 6 和第 8 行之间表示一个语句块。

❑ 第 7 行表示当该触发器被激发后，会为测试表增加一条数据。

执行以上的脚本，创建触发器 fstinserttrg，在命令行模式下执行结果参考图 13.2。

当触发器被创建后，需要对宿主表增加数据才能看出效果，利用图 13.3 中的 SQL 语句，对表 studentinfo 进行操作。

利用查询语句，查询两表的数据，查看是否符合要求，查询结果参考图 13.4。

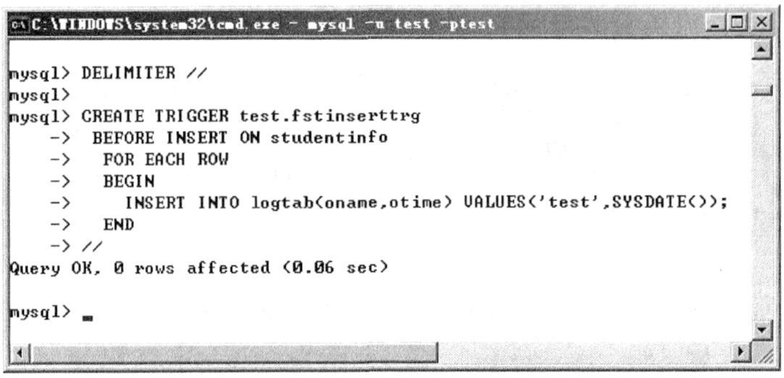

图 13.2　创建触发器

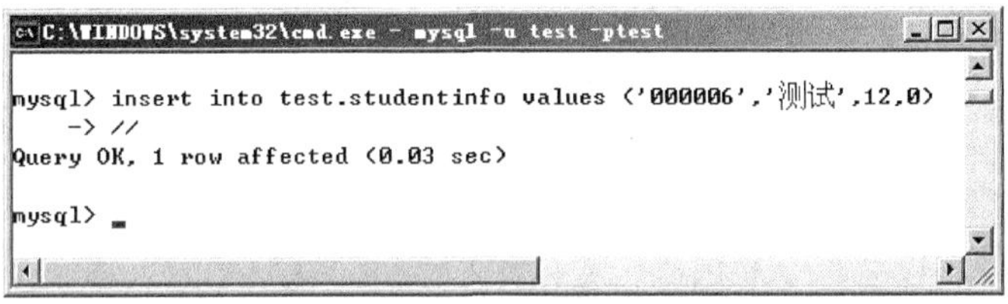

图 13.3　为宿主表增加数据

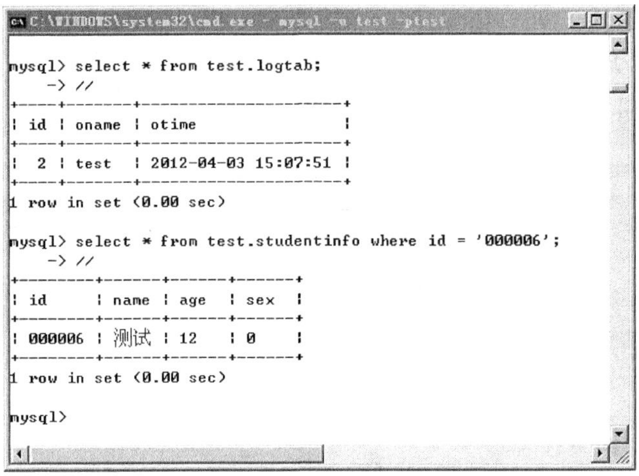

图 13.4　查询两表的数据

从图 13.4 中可以看出，不仅 studentinfo 表正常增加了数据，测试表也增加了相应的数据，其中测试表中增加的数据由触发器来完成。

【示例 2】 创建 AFTER INSERT 类型触发器。当为表 studentinfo 增加数据时，可以激发该触发器，并为表 logtab 增加一条指定数据。该类触发器将在增加数据以后被激发，具体脚本如下：

```
01  DELIMITER //
02
03  CREATE TRIGGER test.secinserttrg
04    AFTER INSERT ON studentinfo              //增加数据时触发该触发器
05    FOR EACH ROW
06    BEGIN
```

```
07        INSERT INTO logtab(oname,otime) VALUES('test_after',SYSDATE());
08    END
```

其中：

❑ 第 4 行表示创建的触发器为增加数据后被激活。

❑ 其他代码介绍可以参考示例，这里不做过多介绍。

执行以上的脚本，创建触发器 secinserttrg，在命令行模式下执行结果参考图 13.5。

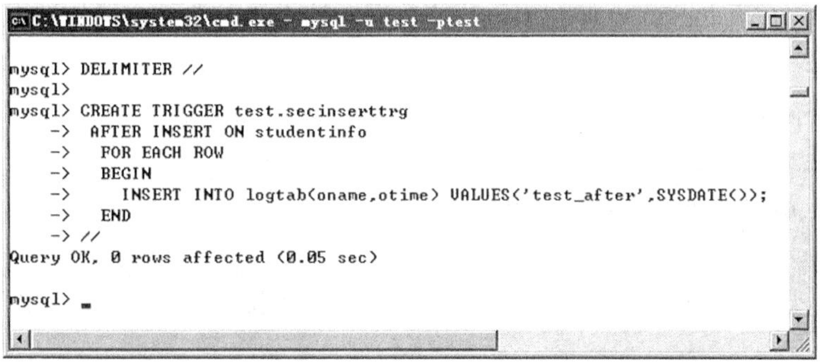

图 13.5　创建 secinserttrg 触发器

当触发器被创建后，对它所属的表增加数据操作，利用图 13.6 中 SQL 语句，对表 studentinfo 进行操作。

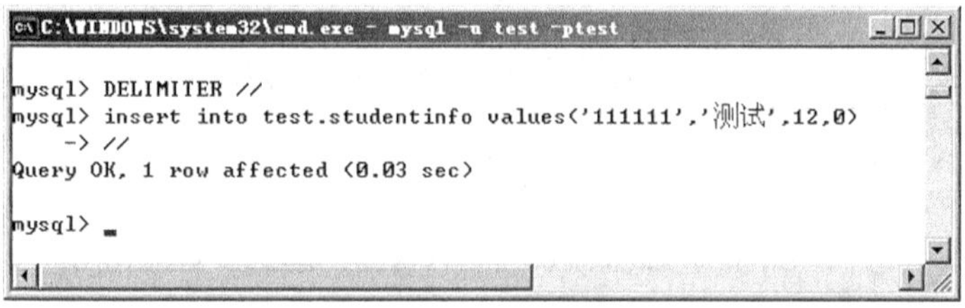

图 13.6　增加数据

利用查询语句，查询两表的数据，查看是否符合要求，查询结果参考图 13.7。

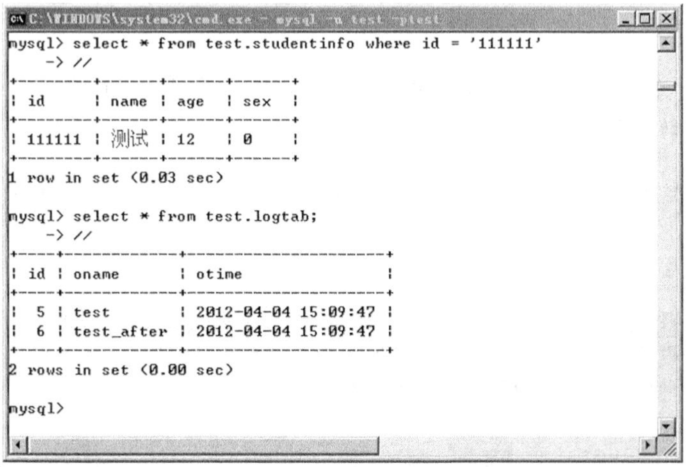

图 13.7　验证数据

在图 13.7 中可以发现，logtab 表中增加的两条数据的顺序是按照触发器的触发时间来的，即先激发 BEFORE INSERT 触发器，后激活 AFTER INSERT 触发器。

在 MySQL 的触发器中，有两个特殊的别名来引用和触发器相关的表中的列值，它们分别是 OLD 和 NEW，利用 NEW.colname 可以获取将要插入的新行的 1 列的值，而 OLD.colname 则可以在删除或更新数据之前来获取旧的数据。

【示例 3】 创建 AFTER INSERT 类型触发器。当为表 studentinfo 增加数据时，可以激发该触发器，并在表 logtab 中保存该增加的数据。该类触发器将在增加数据以后被激发，具体脚本如下：

```
01  DELIMITER //
02
03  CREATE TRIGGER test.thrinserttrg
04    AFTER INSERT ON studentinfo
05  FOR EACH ROW
06  BEGIN
07    INSERT INTO logtab(oname,otime) VALUES(NEW.name,SYSDATE());
08  END
09  //
```

其中：

❑ 第 7 行表示利用 NEW.name 来获取准备增加的数据，存入 logtab 表中。

❑ 其他代码介绍可以参考示例，这里不做过多介绍。

执行以上的脚本，创建触发器 thrinserttrg，在命令行模式下执行结果参考图 13.8。

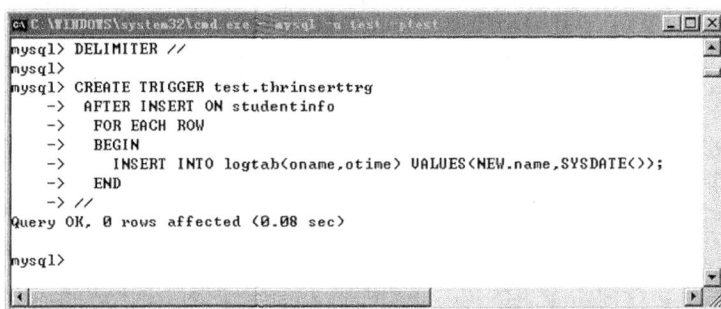

图 13.8　创建触发器 thrinserttrg

当触发器被创建后，对它所属的表增加数据操作，利用 SQL 语句，对表 studentinfo 进行操作，增加数据脚本如下：

```
insert into test.studentinfo values ('111115','new测试',1,0)
//
```

具体执行结果参考图 13.9。

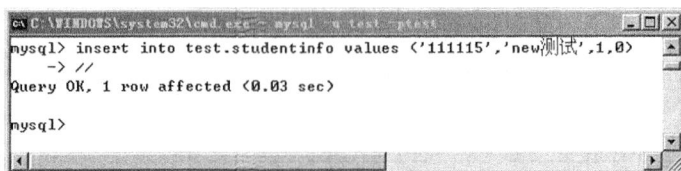

图 13.9　触发器执行结果

利用查询语句,查询两表的数据,查看是否符合要求,查询结果参考图 13.10。

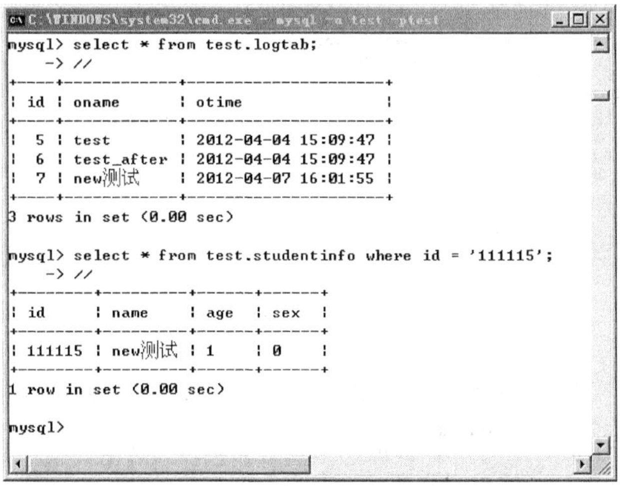

图 13.10 查询触发结果

注意:创建该触发器前应把前面创建的作用在 studentinfo 表上的 AFTER INSERT 类型触发器删除。

以上的示例演示了如何使用 NEW 关键词,下面的示例将介绍如何使用 OLD 关键词来获取准备丢弃的数据。

【示例 4】 创建 AFTER DELETE 类型触发器。当为表 studentinfo 删除数据时,可以激发该触发器,并在表 logtab 中保存该删除的数据。该类触发器将在删除数据以后被激发,具体脚本如下:

```
01   DELIMITER //
02
03   CREATE TRIGGER test.fothinserttrg
04    AFTER DELETE ON studentinfo    //在删除 studentinfo 表数据后,触发该触发器
05     FOR EACH ROW
06     BEGIN
07       INSERT INTO logtab(oname,otime) VALUES(OLD.name,SYSDATE());
08     END
09   //
```

其中:

❑ 第 7 行表示利用 OLD.name 来获取准备删除的数据,存入 logtab 表中。

❑ 其他代码介绍可以参考示例,这里不做过多介绍。

执行以上的脚本,创建触发器 fothinserttrg,在命令行模式下执行结果参考图 13.11。

当触发器被创建后,对它所属表做删除数据操作,利用 SQL 语句,对表 studentinfo进行操作,删除数据脚本如下:

```
DELIMITER //
DELETE FROM test.studentinfo WHERE id = '111118';
//
```

具体执行结果参考图 13.12。

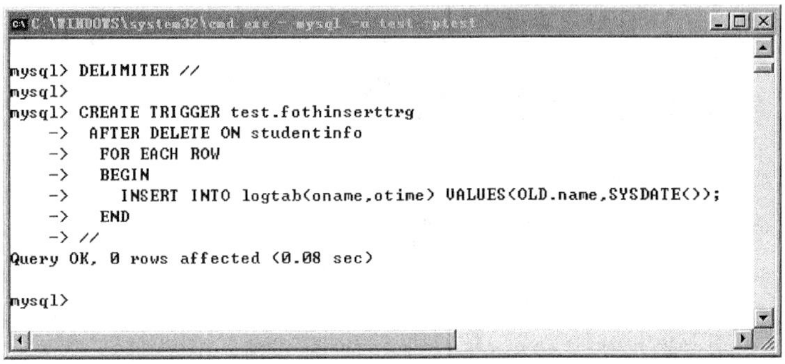

图 13.11 创建触发器 fothinserttrg

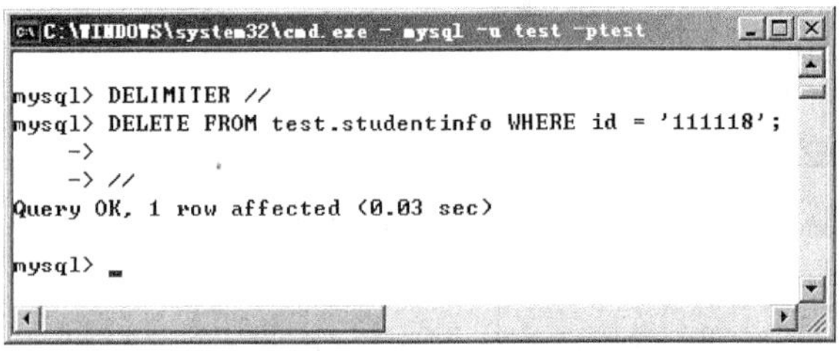

图 13.12 删除指定数据

利用查询语句，查询两表的数据，查看是否符合要求，查询结果参考图 13.13。

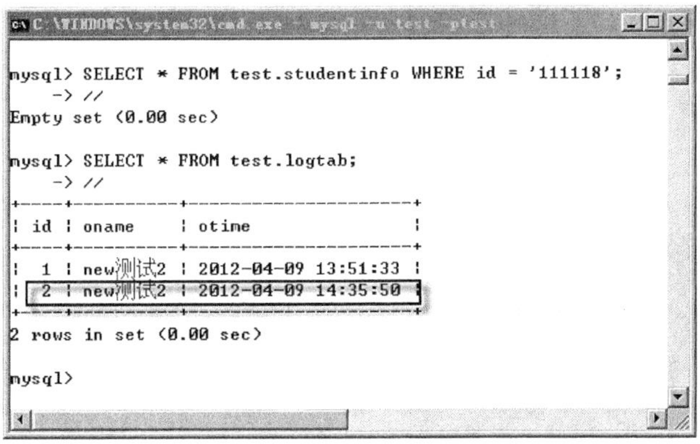

图 13.13 验证数据结果

图 13.13 中框出数据，就是删除 studentinfo 表数据时留下的痕迹，而 id 为 1 的那一条是增加数据时留下的记录。

OLD 关键词在 UPDATE 和 DELETE 操作时可以使用，用它来获取旧的数据。

13.2.4 利用图形工具创建触发器

本小节将介绍如何在 SQLyogEnt 工具中创建触发器，同存储过程一样，SQLyogEnt 工具会为创建触发器提供一个模板，开发者只需要在提供的模板中添加实际的业务脚本即可。

【示例 5】利用图形工具创建 BEFORE UPDATE 类型触发器。当为表 studentinfo 修改数据时，可以激发该触发器，并在表 logtab 中保存被修改的数据。该类触发器将在修改数据之前被激发，具体步骤如下：

（1）展开要创建触发器的数据库。

在图 13.14 所示界面中，右击 Triggers 选项，在出现的右键菜单中选择"创建触发器"选项。

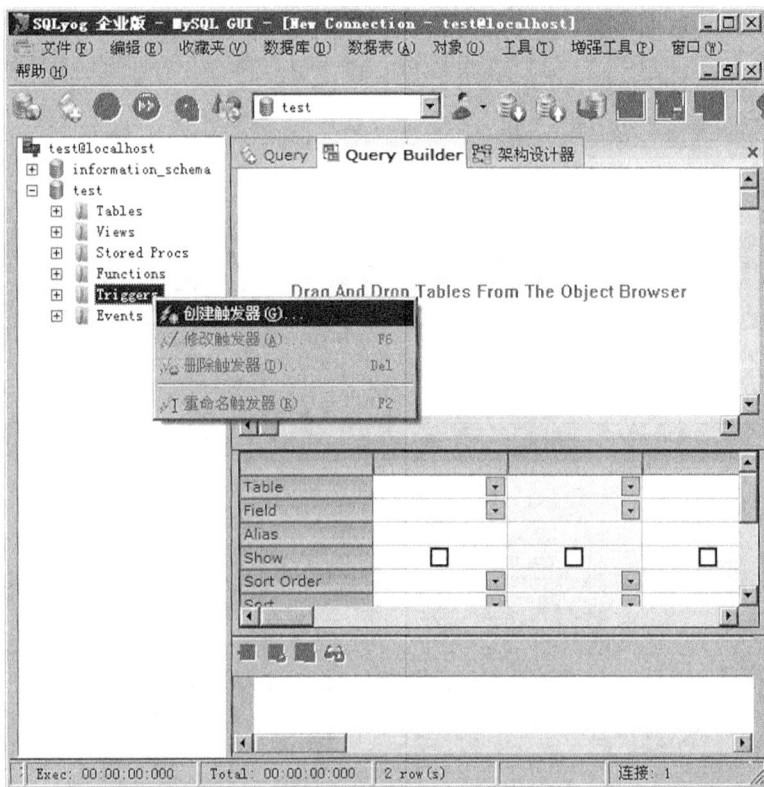

图 13.14　展开要创建触发器的数据库

（2）填写需要创建的触发器的名称。

在图 13.14 的界面中单击"创建触发器"选项，弹出图 13.15 窗口，在该窗口填写需要创建的触发器的名称。

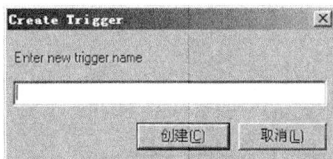

图 13.15　填写触发器名称

这里填写 fivdeltrgger 并单击"创建"按钮，进入图 13.16 所示的界面。

（3）完成触发器代码。

在图 13.16 所示的界面中根据实际业务完善触发器，具体的触发器脚本如下：

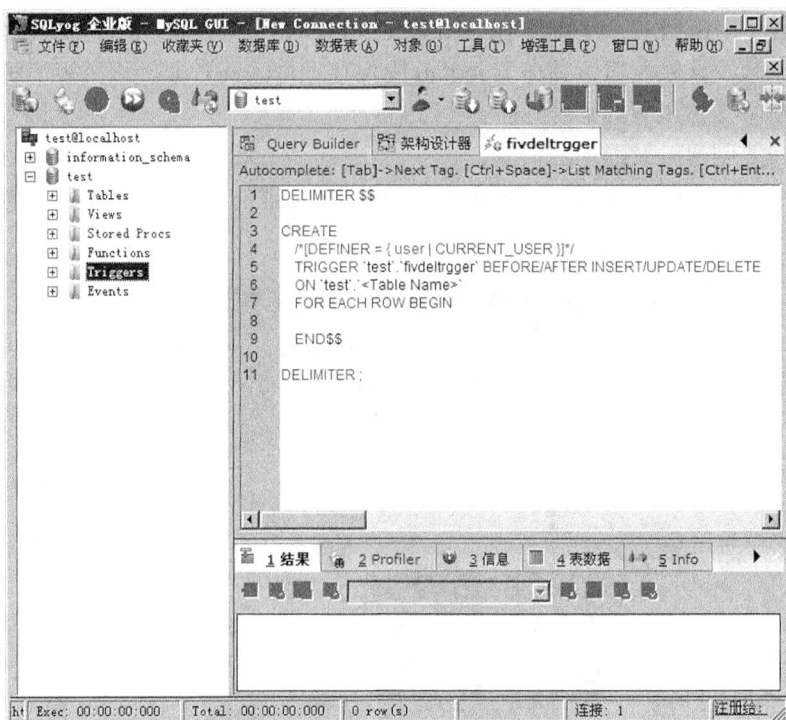

图 13.16　触发器模板

```
01   DELIMITER //
02
03   CREATE
04
05   TRIGGER 'test'.'fivdeltrgger' BEFORE UPDATE    //创建触发器，在 studentinfo
                                                       表更新时触发
06       ON 'test'.'studentinfo'
07       FOR EACH ROW BEGIN
08           INSERT INTO logtab(oname,otime) VALUES(OLD.name,SYSDATE());
09       END//
```

（4）执行触发器代码。

执行修改后的触发器脚本，当执行成功，则在触发器节点下，出现名称为 fivdeltrgger 的触发器，见图 13.17。

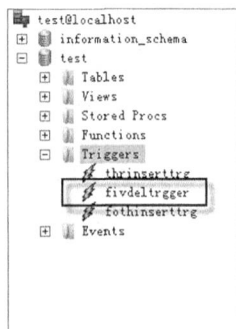

图 13.17　触发器创建成功

13.3　管理触发器

触发器被创建后可以对其进行管理操作，包括修改或者删除，其中修改触发器内容的操作实际上是执行先删除再创建的一个过程，本节将对如何管理触发器做一个介绍。

13.3.1　触发器的删除

不使用的触发器建议进行删除操作，否则在疏忽的情况下，有可能影响数据操作。删除触发器允许直接利用 SQL 语句完成，也可以利用图形工具来完成，其中利用 SQL 语句删除触发器的语法结构如下：

```
DROP TRIGGER
[schema_name.]trigger_name
```

语法中的 DROP TRIGGER 是固定关键词，而 trigger_name 则表示了具体的触发器名称，schema_name 表示了触发器所属架构。

【示例 6】　在命令行格式下，利用 SQL 指令删除 fivdeltrgger 触发器。具体脚本如下：

```
01  DELIMITER //
02
03  DROP TRIGGER               //删除触发器 fivdeltrgger
04  test.fivdeltrgger
05  //
```

执行以上脚本，整个执行过程参考图 13.18，在图中可以发现，删除指定的触发器被提示操作成功。

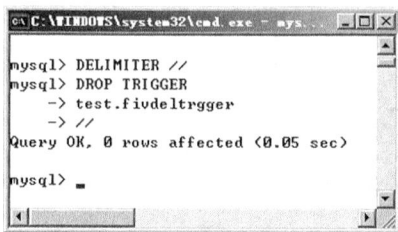

图 13.18　触发器删除成功

【示例 7】　利用图形工具来删除 fivdeltrgger 触发器。具体步骤如下：

（1）展开要删除的触发器所在的数据库。

在图 13.19 所示界面中，右击 fivdeltrgger 选项，在出现的右键菜单中选择"删除触发器"选项。

选择"删除触发器"选项后，进入图 13.20 所示的删除确认界面。

（2）确认删除指定触发器。

在图 13.20 中单击"是"按钮，确认删除该触发器，完成删除触发器后可以从触发器列表中发现指定触发器已经不存在，具体结果参考图 13.21。

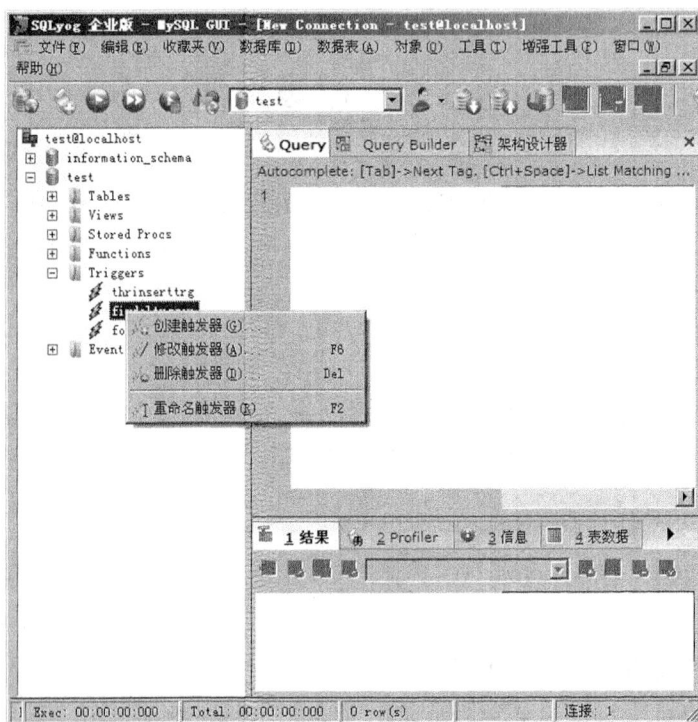

图 13.19　准备删除触发器界面

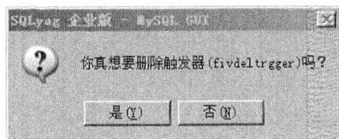

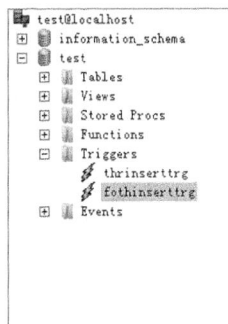

图 13.20　删除确认界面

图 13.21　指定的触发器已被删除

13.3.2　触发器的修改

MySQL 中，修改触发器实际上在执行删除并重新创建的过程，本小节将介绍利用图形工具完成对触发器的修改。

【示例 8】　利用图形工具来修改 fothinserttrg 触发器内容。具体步骤如下：

（1）展开要修改的触发器所在的数据库。

在图 13.22 所示界面中，右击 fivdeltrgger 选项，在出现的右键菜单中选择"修改触发器"选项。

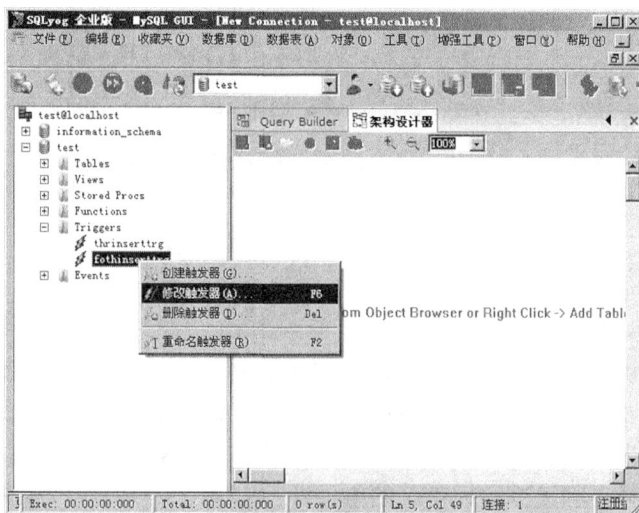

图 13.22　准备修改触发器界面

选择"修改触发器"选项后，进入图 13.23 所示的触发器修改界面。

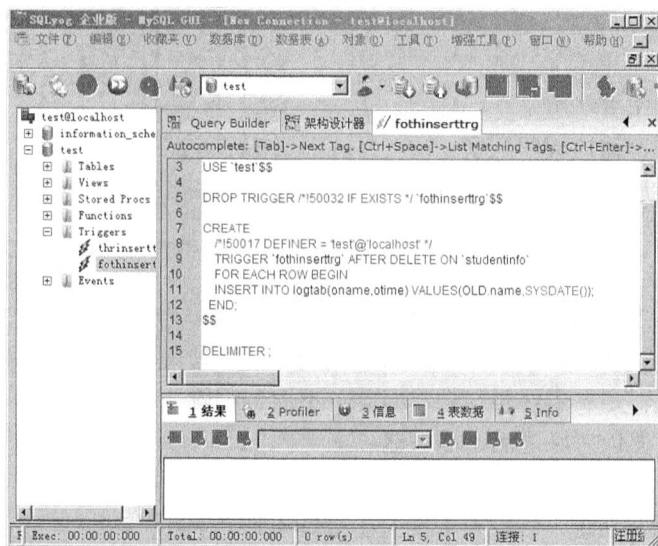

图 13.23　触发器修改界面

（2）修改指定的触发器。

对原来的脚本进行修改，简单修改后的代码如下：

```
DELIMITER $$

USE 'test'$$

DROP TRIGGER /*!50032 IF EXISTS */ 'fothinserttrg'$$

CREATE
   TRIGGER 'fothinserttrg' BEFORE DELETE ON 'studentinfo'
                             //在删除 studentinfo 表数据前触发
   FOR EACH ROW BEGIN
   INSERT INTO logtab(oname,otime) VALUES(OLD.name,SYSDATE());
```

```
  END;
$$

DELIMITER ;
```

执行这段脚本，提示执行成功，至此触发器的修改已经完成。

13.4　本章小结

在本章中主要讲解了触发器的作用以及如何创建和管理触发器。在创建触发器部分主要讲解了创建触发器的语法以及如何使用工具来创建触发器；在管理触发器部分分别讲解了使用语句和工具来修改和删除触发器。触发器的作用在数据库的应用中是举足轻重的，因此，请读者慢慢体会触发器给你带来的方便。

13.5　本章习题

一、填空题

（1）触发器的主要作用是_____。
（2）触发器和存储过程的区别是_____。
（3）创建触发器的关键字是_____。

二、选择题

（1）下列对触发器的描述正确的是_____。
　　A．触发器和存储过程一样，必须调用才能够使用
　　B．触发器是靠事件触发的，因此，不用调用就能够使用
　　C．触发器创建好之后不能够删除
　　D．以上都正确
（2）在创建触发器时，触发器都能基于哪些事件？_____
　　A．INSERT 事件　　　　　B．UPDATE 事件
　　C．DELETE 事件　　　　　D．以上都对
（3）在创建触发器时，如果要创建当修改表中的数据后触发的触发器，应该是基于下面的哪个事件？_____
　　A．INSERT 事件　　　　　B．UPDATE 事件
　　C．DELETE 事件　　　　　D．以上都对

三、上机题

（1）分别创建基于 INSERT 和 DELETE 事件的触发器。
（2）修改上面创建的触发器。
（3）删除上面创建的触发器。

第 14 章　数据库的权限与备份

数据库除了对数据本身进行管理外，对数据的安全管理也是很重要的一部分，数据库中安全管理主要涉及用户权限以及数据的备份和还原，权限可以有效地保证数据的访问，而备份数据则可以保证数据不丢失，不造成灾难性损失。

本章的主要知识点如下：

❑ 什么是用户；
❑ 数据库用户的作用；
❑ 如何管理用户；
❑ 如何给用户设置权限；
❑ 如何备份数据库；
❑ 如何还原数据库。

14.1　用　户　管　理

在实际应用中，数据库有个很重要的特性就是安全性。所谓安全性是指保护数据库数据，防止被非法操作，从而造成数据泄漏、修改或丢失。而在数据库中有效地管理用户权限，就可以尽量。

14.1.1　初始用户

当 MySQL 安装完成后会有超级用户存在，该用户名称为 root，并且该用户密码为空，因此为了使得 MySQL 受到保护，使用者应当在安装完成数据库后为 root 用户指定密码，并牢记该密码。当然，某些情况下可以不用为其指定密码，例如个人使用的简单数据库，可以不设置密码，但这里作者不建议这么做。

MySQL 的用户名和系统的用户名不是一个概念，这一点读者需要理解，Linux 系统中很多的情况下 MySQL 用户名会采用和系统用户名称一样的名称来登录，但这么做也只是为了方便而已，它们两个不是一个概念。MySQL 本身允许的用户名长度在 16 个字符以内，并且密码加密有着自己的方式。

数据库安装完成后会有两个 root 用户，在 Windows 环境下，其中一个 root 用户允许从本地连接数据库，另一个允许从其他主机登录，而在 Linux 环境下两个用户均需要从本地登录。

对 root 用户作者建议尽快对其修改密码，修改密码的相关 SQL 脚本如下：

```
01  mysql -u root -p
02  use mysql
03  update user set password=password("toor") where user="root";
```

其中：

❑ 第 01 行表示使用 root 用户登录数据库。

❑ 第 02～03 行表示使用系统数据库并进行密码修改。

在 CMD 窗口 5.1 版本 MySQL 下执行以上的命令，具体执行结果见图 14.1。

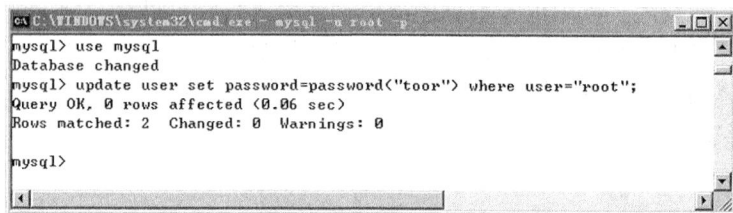

图 14.1　修改 root 用户密码

有了用户就可以登录服务器了，登录服务器需要服务器主机名、用户名、对应的密码，然后通过以下的命令来进行登录服务器操作：

```
shell> mysql -h host_name -u user_name -p password
```

其中：

❑ mysql：表示调用 mysql 应用程序命令。

❑ -h：表示主机，后面加空格然后接主机名称，本机如果是服务器，该选项可以忽略。

❑ -u：表示用户名称，后面加空格然后接用户名。

❑ -p：表示密码，后面接密码，需要说明的是-p 后面不能有空格，要直接加密码。不然该命令无法正确起作用。

❑ -h host_name：该套命令格式可以替换成--host=host_name，注意这里是两个横杠。

❑ -u user_name：该套命令格式可以替换成--user=test。

❑ -ppassword：该套命令格式可以替换成--password=your_password。

【示例 1】　使用 root 用户登录 5.1 版本本地 MySQL 数据库，具体脚本如下：

```
mysql -u root -ptoor
```

其中：

❑ mysql：表示调用 mysql 应用程序命令。

❑ -u root：指定用户。

❑ -ptoor：指定密码。

以上命令运行结果参考图 14.2。

注意：-p 和后面的密码没有空格，如果有空格，那么将提示输入密码。

登录数据库使用示例 1 的方法虽然比较方便，但也有一定的风险，就是用户密码是可见的，为了保证密码其他人不可见，读者可以变换一下命令的调用方式，示例 2 中演示了密码不可见的登录方式。

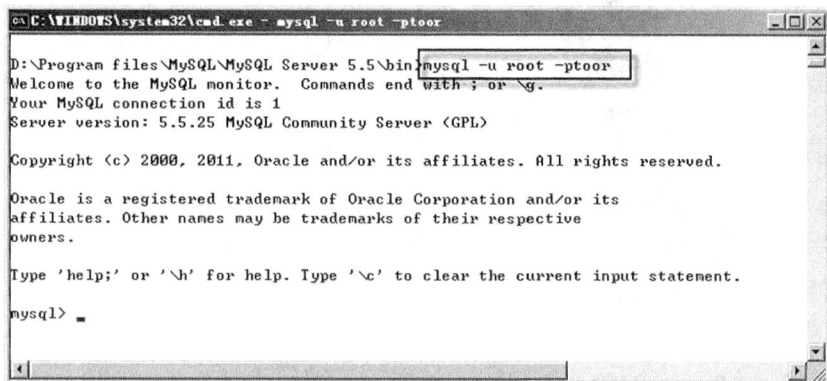

图 14.2 示例 1 root 用户登录数据库

【示例 2】 使用 root 用户登录 5.1 版本本地 MySQL 数据库，但密码要求不可见，具体脚本如下：

```
mysql -u root -p
```

-p 后面没有加密码，这样就不会出现明文密码，而系统将提示登录用户输入密码进行验证。以上命令运行结果参考图 14.3。

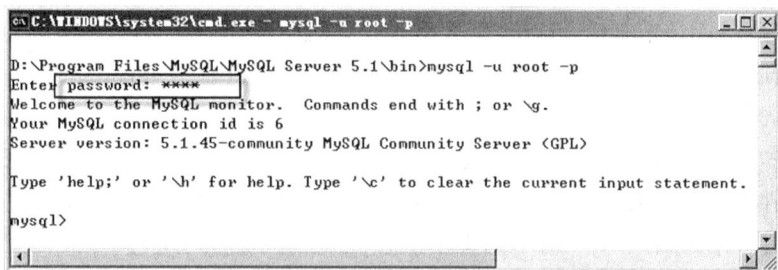

图 14.3 示例 2 root 用户登录数据库

说明：在 MySQL 配置文件中有更多针对用户名以及登录是否加密的设置，这里不做过多介绍。

以上是在 CMD 窗口中登录 MySQL 数据库的操作方式，下面将介绍如何利用图形工具连接数据库服务器。

【示例 3】 利用商业软件 SQLyogEnt 连接数据库。具体配置方法如下：

（1）启动 SQLyogEnt。

双击 SQLyogEnt 图标启动该图形工具，首先会进入连接界面，见图 14.4。

（2）配置登录信息。

当出现图 14.4 所示界面时，用户可以对登录属性进行配置。下面对常用的几种属性进行了对应的说明：

❑ 保存的连接：当前数据库连接的名称。

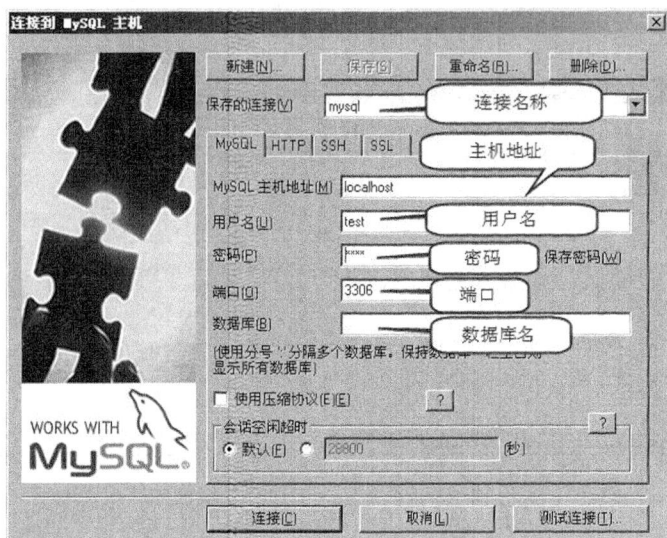

图 14.4　SQLyogEnt 连接界面

❏ MySQL 主机地址：表示 MySQL 数据库所在的电脑 IP 地址，如果是本地服务器，可用 localhost。
❏ 用户名：表示连接数据库的用户名称。
❏ 密码：表示用户名对应的密码。
❏ 端口：默认是 3306，可以在配置文件中修改。
❏ 数据库：要连接的具体数据库名称。如不填写，将显示所有。

（3）测试数据库连接。

当针对本机数据库服务器进行连接时，作者使用了图 14.4 所示的信息，读者可以根据自己的实际情况填写，然后单击图 14.4 中的"测试连接"按钮，对该连接进行测试。如果连接测试成功，将弹出图 14.5 所示的提示框。

（4）连接数据库。

当测试连接成功后，可单击图 14.4 中的"连接"按钮，进入图 14.6 所示的界面。

图 14.5　连接测试

图 14.6　进入数据库成功

最后，如果进入到 14.6 所示的界面，那么表示已经成功连接数据库，并可以对指定数据库进行操作。

【示例 4】　利用 MySQLWorkbench 连接数据库。具体配置方法如下：

（1）启动 MySQLWorkbench。

双击 MySQLWorkbench 图标启动该图形工具，首先会进入连接界面，见图 14.7。

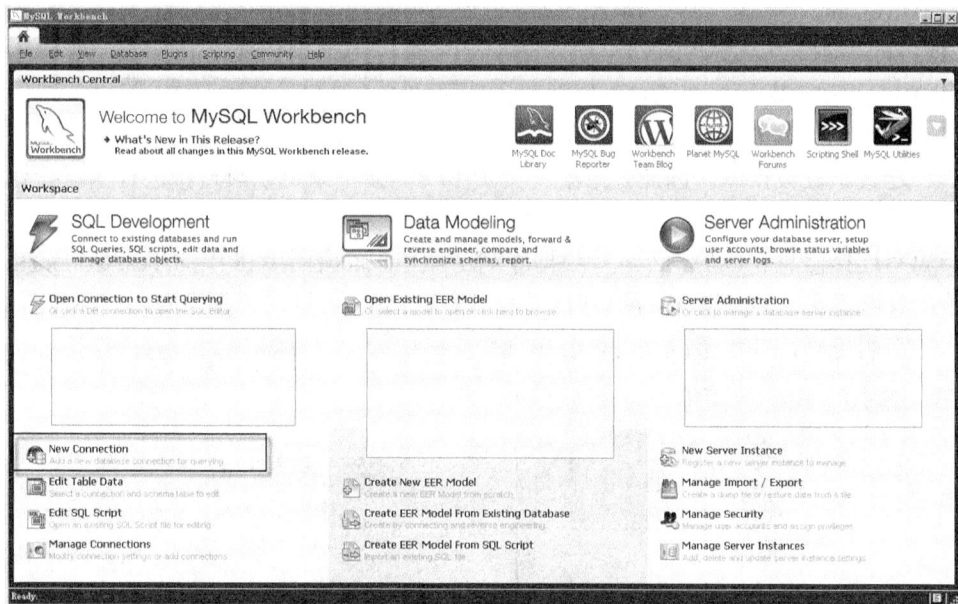

图 14.7　进入首界面

在图 14.7 中单击黑框部分，即 New Connection 选项，进行新连接的创建，见图 14.8。

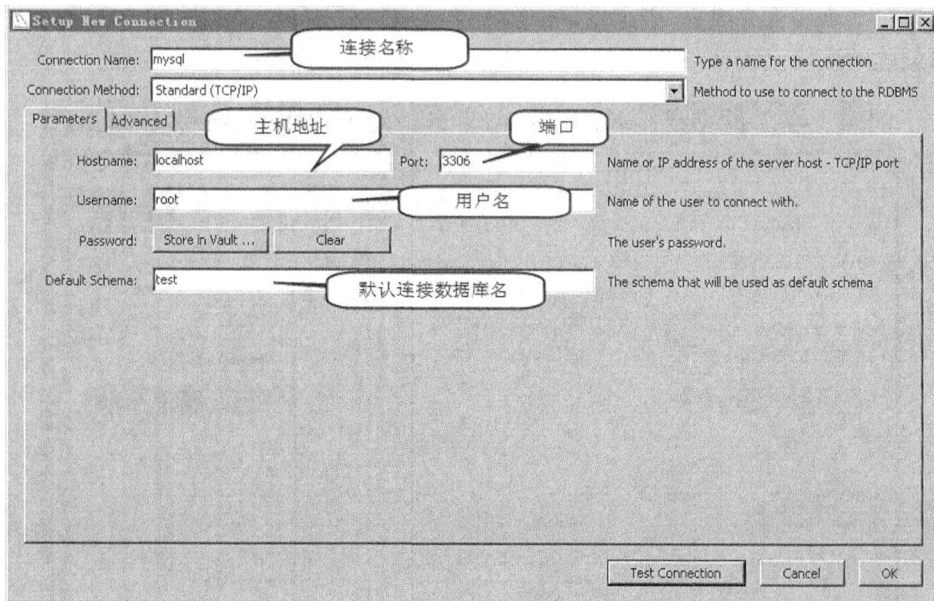

图 14.8　配置登录信息

（2）配置登录信息。

当出现图 14.8 所示页面时，用户可以对登录属性进行配置。下面对常用的几种属性进行了对应的说明：

- ❑ Connection Name：当前数据库连接的名称。
- ❑ Connection Method：连接方式。
- ❑ Hostname：数据库服务器地址，这里连接本机用 localhost。
- ❑ Port：端口号，默认即可。
- ❑ Password：密码，在测试的时候输入即可。
- ❑ Default Schema：默认连接数据库。

作者连接本机数据库，因此登录配置见图 14.8，接下来可以对连接进行测试操作。

（3）测试数据库连接。

当填写连接信息完成后，可进行数据库测试操作，单击图 14.8 中的 Test Connection 按钮，进行数据库连接测试操作，测试时会提示输入密码，可以选择保存密码，参考图 14.9。当输入的密码正确，并连接成功时，会出现图 14.10 所示的界面。

图 14.9　输入密码

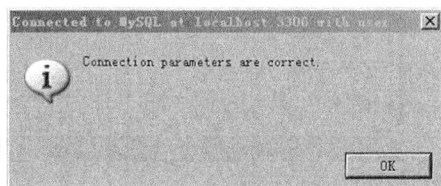

图 14.10　连接测试成功

（4）创建数据库连接。

当以上 3 个步骤完成后，则可以单击图 14.8 中的 OK 按钮，回到图 14.7 所示的界面中，此时新创建的连接已经存在，如图 14.11 所示的黑框标记部分。

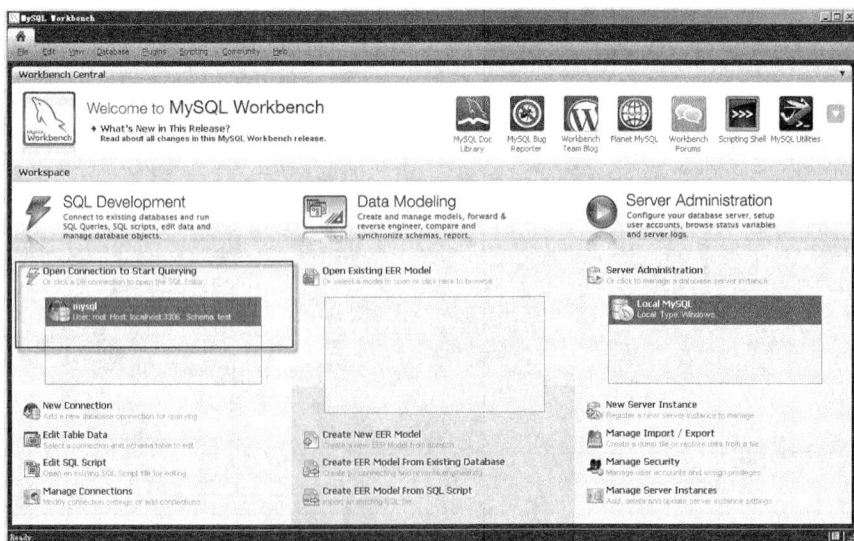

图 14.11　创建的连接已经存在

双击黑框中的连接，输入密码将可以访问数据库。

14.1.2　创建用户

MySQL 数据库允许自己创建用户来满足业务的需求，相比较来说，利用图形工具创建用户比在 CMD 环境下创建用户方便很多。本小节将对这两种创建用户的方式进行介绍。

下面给出了在 CMD 环境中创建用户的语法结构：

```
CREATE USER
'username'@'host' IDENTIFIED BY 'password';
```

其中：

- CREATE USER：关键词，用于创建用户。
- 'username'@'host'：username 是用户名，host 是 MySQL 数据库所在的计算机名或 IP 地址，如果是本机，将使用 localhost，而假如允许任何用户从远程主机登录服务器，那么这里可以使用通配符%。
- 'password'：表示用户的密码，而如果用户的密码为空，那么用户登录服务器时不需要密码。

【示例 5】　利用 root 登录数据库，并创建新用户 test_se，密码是 test_se。具体操作步骤如下：

利用 root 登录数据库，然后利用以下脚本进行创建用户操作：

```
CREATE USER
'test_se'@'localhost' IDENTIFIED BY 'test_se';
```

其中：

- CREATE USER：创建用户。
- 'test_se'@'localhost'：表示该用户只在本机登录。

具体的执行结果读者可以参考图 14.12。

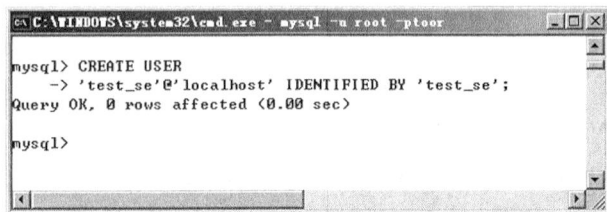

图 14.12　创建新的用户

当执行完以上脚本时，如果没有错误提示，说明该用户已经创建完成，而利用登录命令，可以使用该用户名登录数据库服务器。

注意：新创建的用户没有足够的权限来操作数据库，需要对其进行权限赋值操作。赋值权限方法将在下面的小节做介绍。

在命令行模式下创建用户对新手来说稍微复杂，由于平时更多的是使用图形工具来管理 MySQL 数据库，因此作者更建议读者使用图形化工具来完成创建用户等操作。下面的示例介绍了如何在 SQLyogEnt 工具中创建用户。

【示例 6】　在 SQLyogEnt 工具下创建用户，具体操作步骤如下：

（1）利用 SQLyogEnt 连接数据库。

启动 SQLyogEnt 工具，并使用 root 用户登录数据库，进入图 14.13 所示的界面。

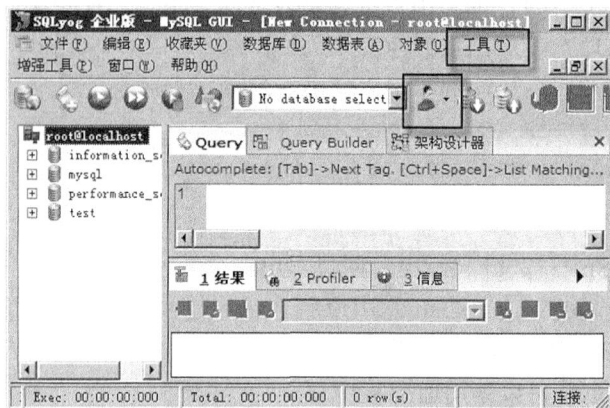

图 14.13　登录数据库

（2）进入用户编辑窗口。

在图 14.13 中，单击"工具"选项，出现图 14.14 所示的提示框，在该提示框中选择"用户管理器"选项，出现图 14.15 所示的提示框。

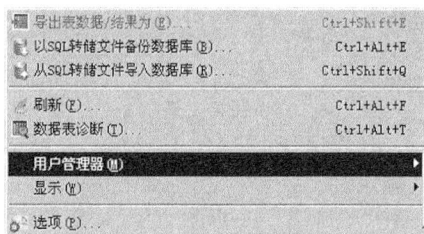

图 14.14　用户管理器

图 14.15　用户操作框

（3）增加用户。

单击图 14.15 中的"增加用户"选项，进入图 14.16 所示的界面。该窗口中，允许对新建用户设置权限，读者可以根据提示来对新用户的权限进行设置。

该新增用户名称为 test_th，并且允许任何主机登录，信息填写完成后单击 Create 按钮，提示创建成功。参考图 14.17 所示的提示框，单击该提示框中的"确定"按钮，新用户被创建完成。

14.1.3　用户权限

新用户创建后没有权限对数据表进行操作，因此需要对新用户赋予权限才能正常使用。赋予权限操作的语法结构如下：

```
GRANT privileges
```

```
ON databasename.tablename
TO 'username'@'host'
```

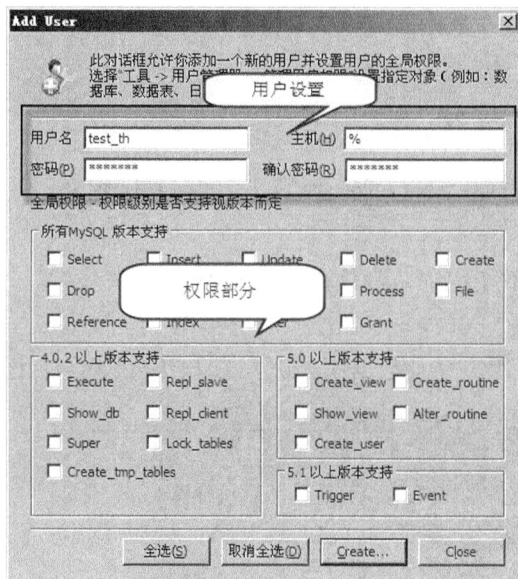

图 14.16　填写用户信息

图 14.17　提示用户创建完成

其中：

❑ GRANT：关键词。

❑ privileges：准备赋予的权限，如 SELECT、DELETE、UPDATE 等。

❑ databasename：数据库名称。

❑ tablename：表名。

❑ 'username'@'host'：用户名。

【示例 7】　对新创建的用户 test_se 赋予权限。具体操作步骤如下：

首先需要使用 root 用户登录，或者具有授予权限能力的账号。然后执行以下的脚本：

```
GRANT ALL
ON *.*
TO 'test_se'@'localhost' ;
```

其中：

❑ GRANT ALL：表示赋予所有权限。

❑ ON *.*：在所有的数据库以及表中。

❑ TO 'test_se'@'localhost'：给本地用户 test_se。

具体的执行结果读者可以参考图 14.18。

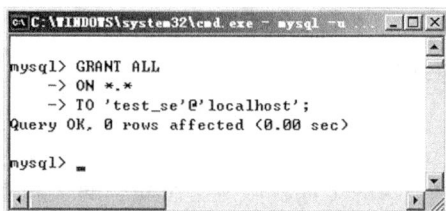

图 14.18　赋予用户权限

说明：利用该语法赋予权限的用户不能再给其他用户授权，如果想让该用户可以为其他用户授权，需要在 root 用户为其授权时加上 WITH GRANT OPTION 关键词，即使用以下语法：

```
GRANT ALL
ON *.*
TO 'test_se'@'localhost' WITH GRANT OPTION。
```

利用图形工具对用户赋予权限更加方便，下面的示例介绍了如何利用图形工具来完成这项操作。

【示例 8】　对新创建的用户 test_se 赋予权限。具体操作步骤如下：

（1）SQLyogEnt 连接数据库。

启动 SQLyogEnt 工具，并使用 root 用户登录数据库，进入图 14.19 所示的界面。

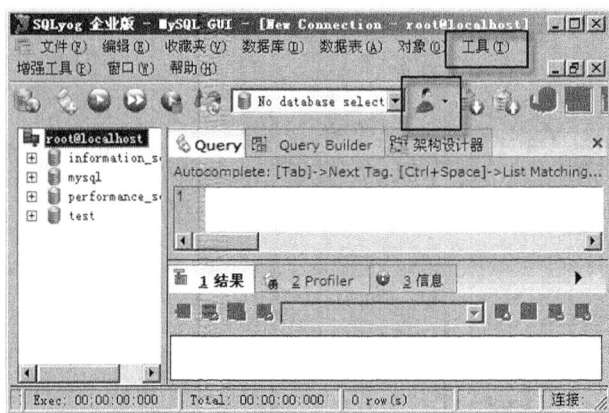

图 14.19　登录数据库

（2）进入用户编辑窗口。

在图 14.19 中，单击"工具"选项，出现图 14.20 所示的提示框，在该提示框中选择"用户管理器"选项，出现图 14.21 所示的提示框，单击"编辑用户"选项进入图 14.22 所示的界面。

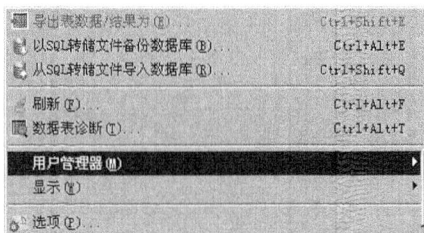

图 14.20　"用户管理器"选项

图 14.21　"编辑用户"选项

（3）权限编辑。

在图 14.22 中，可以对用户的全局权限进行编辑，对于新手来说，可以把各选项全部选上，方便使用。

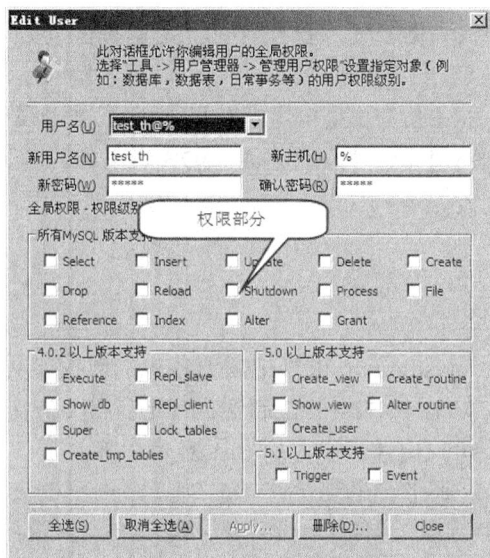

图 14.22　用户管理界面

如果开发人员想针对指定的数据库、表或者字段进行权限设置，可以在图 14.21 当中选择"管理用户权限"选项，进入指定权限设置窗口，见图 14.23。

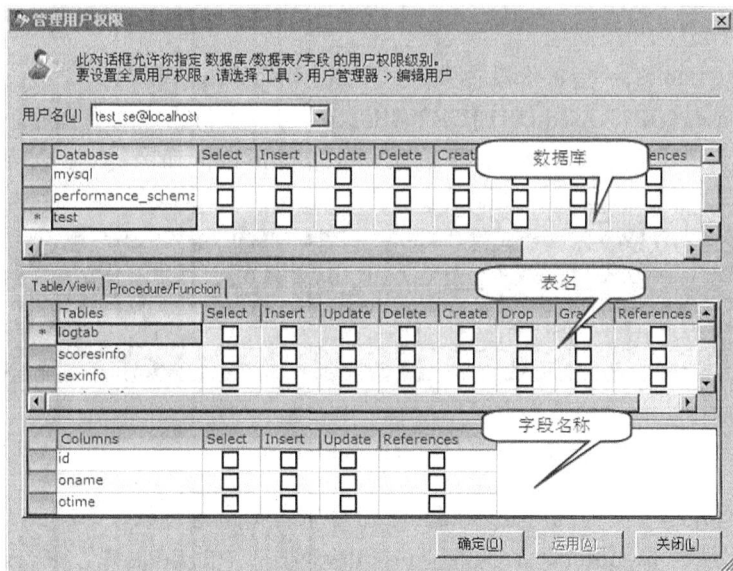

图 14.23　权限管理

在图 14.23 所示的窗口，用户可以根据实际的需求来有针对性地设置用户的权限。

14.2　数据的备份与恢复

数据库的主要作用就是对数据进行保存维护，因此数据非常重要，为了防止数据库意外崩溃或者硬件损伤而导致数据丢失，管理者可以定期备份数据，这样即使发生了意外，也会把损失降到最低。

MySQL 中提供了两种备份方式，即 mysqldump 工具以及 mysqlhotcopy 脚本，而 mysqlhotcopy 只适合 MyISAM 表，不能针对 InnoDB 表工作。本节将对 mysqldump 方式做详细介绍。

14.2.1　备份操作

针对 InnoDB 类型表，mysqldump 可以把需要备份的数据库文件备份到一个文件当中，由于备份的文件包含 CREATE 和 INSERT 命令，因此利用备份文件，可以重新恢复数据。

有关 mysqldump 命令可以有 3 种使用方式，具体如下：

```
01  mysqldump [OPTIONS] database [tables]
02  mysqldump [OPTIONS] --databases [OPTIONS] DB1 [DB2 DB3...]
03  mysqldump [OPTIONS] --all-databases [OPTIONS]
```

其中：

❑ mysqldump：备份工具命令，如果该命令已经进入环境变量，可在任何目录下调用；如果没有进入环境变量，则可以进入 MySQL 数据库 bin 目录进行调用。

❑ OPTIONS：相关操作，mysqldump 后的 OPTIONS 可以是 mysqldump-u user-h host -ppassword 命令。

❑ database [tables]：指备份具体数据库下的指定的表。

❑ --databases [OPTIONS] DB1 [DB2 DB3...]：可以备份指定的数据库。

以上 3 种使用方式可以在命令行下输入 mysqldump-help 命令提示，如图 14.24 所示。

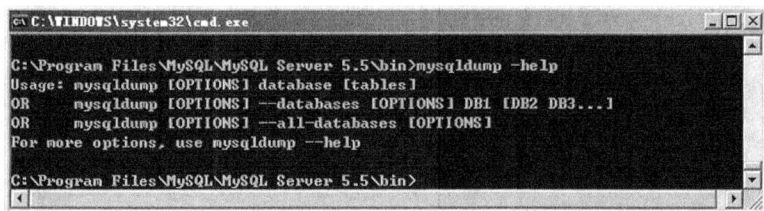

图 14.24　mysqldump 命令

下面的示例介绍了如何利用 mysqldump 命令来备份指定对象。

【示例 9】利用 mysqldump 命令备份 test_db 数据库中的 book 以及 users 表。具体操作脚本如下：

```
mysqldump -u root -pabc123 test_db book users>c:\tabbak.sql
```

其中：

❑ mysqldump：调用备份数据库工具。

❑ -u root -pabc123：登录数据库的用户名和密码。

❑ test_db book users：备份的数据库中指定的表，这里表示备份 test_db 数据库中的 book 表和 users 表。

❑ >c:\tabbak.sql：备份数据在 C 盘 tabbak.sql 文件中。

在 CMD 窗口下执行以上命令，操作如图 14.25 所示。

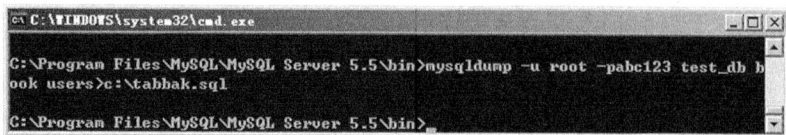

图 14.25 备份指定表

备份后的文件 tabbak.sql 打开后如下：

```
--
-- Table structure for table 'book'
--

DROP TABLE IF EXISTS 'book';
/*!40101 SET @saved_cs_client     = @@character_set_client */;
/*!40101 SET character_set_client = utf8 */;
CREATE TABLE 'book' (
 'id' int(11) NOT NULL,
 'name' varchar(50) NOT NULL,
  KEY 'idx' ('id')
) ENGINE=InnoDB DEFAULT CHARSET=latin1;
...... ......
LOCK TABLES 'users' WRITE;
INSERT INTO 'users' VALUES (1,'aaa'),(2,'bbb');
UNLOCK TABLES;
```

以上脚本完全由备份命令自动生成，其中有判断指定表是否存在，如果存在则删除，然后重新创建新的表，同时调用了 LOCK 关键词对操作的表进行锁定。

【示例 10】 利用 mysqldump 命令备份 test_db 和 test 数据库。具体操作脚本如下：

```
mysqldump -u root -pabc123 --databases test_db test>c:\dbbak.sql
```

其中：

❑ mysqldump：调用备份数据库工具。

❑ -u root -pabc123：登录数据库的用户名和密码。

❑ --databases test_db test：备份多个指定的数据库。

在 CMD 窗口下执行以上命令，操作如图 14.26 所示。

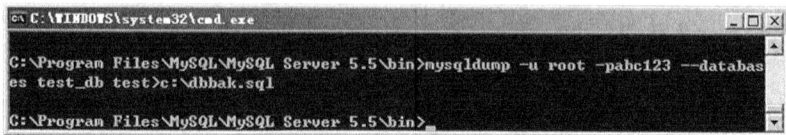

图 14.26 备份指定数据库

备份后的文件 dbbak.sql 打开后有效代码如下：

```
--
-- Current Database: 'test_db'
--

CREATE DATABASE 'test_db';

USE 'test_db';
```

```
--
-- Table structure for table 'book'
--

DROP TABLE IF EXISTS 'book';
/*!40101 SET @saved_cs_client     = @@character_set_client */;
/*!40101 SET character_set_client = utf8 */;
CREATE TABLE 'book' (
  'id' int(11) NOT NULL,
  'name' varchar(50) NOT NULL,
  KEY 'idx' ('id')
) ENGINE=InnoDB DEFAULT CHARSET=latin1;

UNLOCK TABLES;

--
-- Current Database: 'test'
--

CREATE DATABASE 'test' ;

USE 'test';
```

备份数据库除了备份结构和数据，也可以仅仅对数据库结构进行备份，下面的示例演示了如何备份数据库结构。

【示例 11】利用 mysqldump 命令备份服务器上所有数据库的结构。具体操作脚本如下：

```
mysqldump -u root -ptoor -A-D>c:\allbak.sql
```

这里，-A-D>：表示备份所有数据库的结构。

由于篇幅所限，这里不把备份脚本列出，读者只需了解该备份方法即可。

14.2.2　恢复操作

备份后的数据可以进行恢复操作，也可以转写到其他数据库当中，本小节将介绍如何对备份的数据进行恢复操作。

利用 mysql 命令可以还原出备份的数据。下面的示例演示了如何对备份的数据进行导入操作。

【示例 12】利用 mysql 命令恢复 test 库中 customerinfo 表的数据。具体操作脚本如下：

```
mysql -u root -ptoor test < c:\tabbak.sql
```

这段脚本表示利用 mysql 命令把指定的脚本文件 tabbak.sql 导入到指定的数据库中。执行过程读者可以参考图 14.27。

从执行过程中可以发现当数据导入完成后，再次进行查询会有数据出现，不过由于编码的问题这里出现了乱码，但数据导入操作是成功的。

如果已经进入 mysql，可以利用 source 命令来执行指定脚本进行数据导入的操作，下面的示例演示了如何利用 source 脚本来完成该过程。

【示例 13】利用 source 命令恢复 test 库中 customerinfo 表的数据。具体操作脚本如下：

```
source c:\tabbak.sql
```

source 命令需要登录 mysql 数据库才能调用，这点读者需要注意。

利用 source 命令进行导入数据的操作过程参考图 14.28。

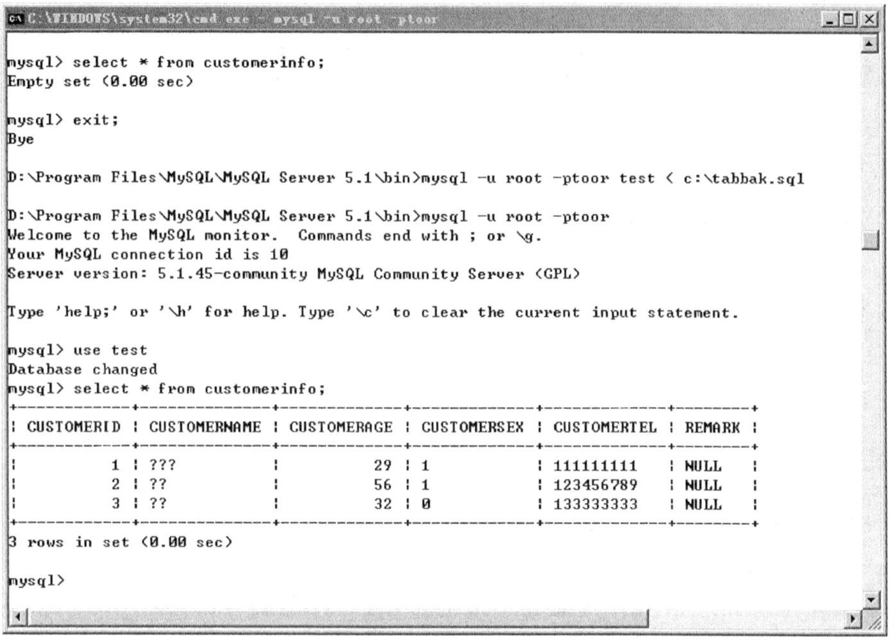

图 14.27　还原数据库

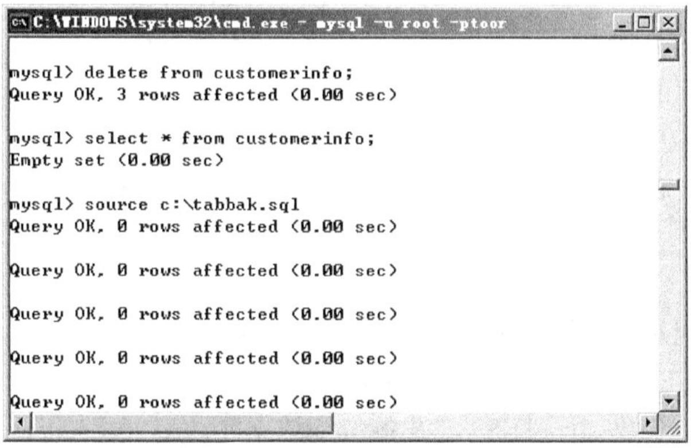

图 14.28　source 命令

由于篇幅所限，图 14.28 只是一部分执行过程，读者可以自行实验，该导入命令同样简单易用。

14.3　本 章 小 结

本章介绍了什么是数据库用户，用户的存在为给数据库增加了安全性。本章还介绍了如何创建用户，如何为 root 用户修改密码，如何设置用户操作权限。同时介绍了如何利用 mysqldump 工具来对数据库进行备份操作，利用它不仅可以备份单张表，也可以备份多个数据表和多个数据库，同时还可以利用 mysql 或者 source 命令对数据库进行还原。

14.4　本章习题

一、填空题

（1）修改 root 用户的密码的方法是_____。

（2）创建用户的语句是_____。

（3）给用户赋权限的语句是_____。

二、选择题

（1）假设要给数据库创建一个用户名为 abc，密码为 123 的用户，正确的创建语句是_____。

    A．CREATE USER　'abc'@'localhost' IDENTIFIED BY '123';

    B．CREATE USER　'123'@'localhost' IDENTIFIED BY 'abc';

    C．CREATE USERS　'abc'@'localhost' IDENTIFIED BY '123';

    D．以上都正确

（2）备份数据库的命令是_____。

    A．COPY   B．REPEATER

    C．MYSQLDUMP   D　以上都不对

（3）恢复数据库的命令是_____。

    A．REVERSE   B．REPEATER

    C．SOURCE   D．以上都不对

三、上机题

（1）为数据库创建一个用户名为 TESTUSER 的用户。

（2）为 TESTUSER 用户设置管理员权限。

（3）任意创建一个数据库 TEST，并备份该数据库。

（4）将备份的数据库进行还原操作。

第 4 篇　数据库应用实战

第 15 章　使用 C#连接 MySQL

数据库是用来管理和存放数据的，但是只用数据库存取数据是不能完全满足用户需求的。大部分人并不是学计算机专业的，也就不能够顺利地使用数据库来存取数据。另外，数据库的操作界面也过于单调乏味。因此，要利用其他编程语句来连接数据库，给用户呈现出容易操作并且美观的界面。在本章中将给读者讲解如何使用.NET 中的 Windows 应用程序，利用 C#语言来连接 MySQL 数据库。

本章的主要知识点如下：

❑ ADO.NET 概述；

❑ 使用 C#语言对 MySQL 数据库进行操作；

❑ 使用 Windows 应用程序实现学员管理系统。

15.1　ADO.NET 介绍

ADO.NET 是.NET 中连接数据库的重要组件，不管在.NET 中是使用 C#语言还是 VB.NET 语言都要使用它。在 ADO.NET 组件中主要提供了 5 个类来操作数据库，分别是 Connection、Command、DataSet、DataAdapter、DataReader。

15.1.1　详解 5 个重要的类

在使用 ADO.NET 连接数据库时，并不是上面提到的 5 个类都必须同时使用。下面将详细讲解这 5 个类的具体作用和使用方法。

1. 数据连接类Connection

数据连接类 Connection 是连接数据库操作中必不可少的一个类，它主要负责连接数据库、打开数据库连接以及关闭数据库连接的操作。在 C#中，连接不同数据库使用的命名空间不同，因此数据库连接也略有不同，比如，引用的命名空间是 System.Data.SqlClient，那么数据库连接类就是 SqlConnection；引用的命名空间是 System.Data.Odbc，那么数据库连接类就是 OdbcConnection。对于 MySQL 数据库，可以使用 OdbcConnetion，也可以从网上下载 MySQLDriver.dll，然后直接使用 MySQLConnection。以连接 MySQL 数据库为例讲解数据库连接类 Connection 的基本的使用方法。

（1）创建数据库的连接

```
OdbcConnection 对象名=new OdbcConnection(数据库连接串);
```

❑ 对象名：是任意的变量名就行。变量的定义要求是不要以数字开头，变量中可以
是任意的字母、数字以及下划线的组合。
❑ 数据库连接串：它的形式有两种，一种是本地数据库连接，一种是远程数据库连
接。本地数据库连接通常的写法是：Driver={MySQL ODBC **3.51** Driver};Server=
localhost;Database=数据库名; User=用户名;Password=密码;Option=3;远程数据库连
接串的写法是：Driver={MySQL ODBC 3.51 Driver};Server=远程计算机的 IP 地址
或者是计算机名;Database=数据库名; User=用户名;Password=密码;Option=3。

（2）打开数据库连接

```
数据库连接对象名.Open();
```

（3）判断数据库的连接状态

通常在关闭数据库之前，要判断一下数据库当前的连接状态，判断数据库的连接状态
通常是使用下面的语句来判断：

```
数据库连接对象名.State
```

该语句返回的是一个枚举类型的值，常用的取值有 Open（打开数据库连接）和 Close
（关闭数据库连接）。还有一些其他的值，读者如果想了解可以学习相关的.NET 方面的书
籍。如果该语句返回的状态是 Close 就不再关闭数据库连接，如果该语句返回的是 Open
就可以关闭数据库了。

（4）关闭数据库连接

```
数据库连接对象名.Close();
```

2．数据库命令类Command

数据库命令类主要是用来执行对数据库操作的 SQL 语句的类。可以通过数据库命令类
执行查询语句以及非查询语句。但是，执行不同类型的 SQL 语句使用的方法也不同。下面
就按照执行查询和非查询语句两种类型的语句来讲解数据库命令类的使用。这里连接的是
MySQL 数据库，因此使用的是 MySQLCommand 类。具体的使用方法如下。

（1）创建数据库的命令对象

```
MySQLCommand 命令对象名=new MySQLCommand(SQL 语句,数据库连接对象名);
```

这里，命令对象名是任意的名称，但是一定要以字母开头。数据库连接对象名是前面
创建 Connection 对象时的对象的名称。SQL 语句是要执行的 SQL 语句，并且用双引号括
起来。

（2）执行 SQL 语句

SQL 语句分为非查询和查询两类，因此执行时使用的方法也不同。首先来看一下执行
非查询时使用的方法，如下所示：

```
数据库命令对象名.ExecuteNonQuery();
```

执行上面的语句后，将返回一个整型的数。如果返回的是-1，代表执行失败，返回其
他非负整数，代表执行 SQL 语句后影响的表中行数。

然后再来看一下执行查询方法的语句，如下所示：

```
数据库命令对象名.ExecuteReader();
```

执行上面的语句后，将返回一个数据读取器类型的对象，即 DataReader 对象。如果使用的是 MySQL 数据库，那么 DataReader 对象可以写成 MySQLDataReader。

3．数据读取器类DataReader

在讲解 Command 对象时，已经知道了当 Command 对象执行的是查询语句时返回 DataReader 对象，那么 DataReader 对象中的值如何读取呢？以 MySQLDataReader 为例讲解其读取的方法，具体方法如下所示：

```
MySQLDataReader  dr = 数据库对象名.ExecuteReader();
if(dr.Read())
{
  string str =  dr["字段名"].toString();
  ......
}
或者
While(dr.Read())
{
  string str =  dr["字段名"].toString();
  ......
}
```

这里，如果要读取查询结果中的一条记录，可以使用 if 语句。如果要读取多条记录，要使用 while 语句来完成。

注意：DataReader 数据读取器对象只能在数据库处于连接状态时读取数据，当数据库关闭后就会出现异常。另外，使用 DataReader 数据读取器对象只能按顺序向下依次读取。

4．数据集类DataSet

DataSet 是用来存放数据的，也可以接收数据表中的查询结果。与 DataReader 不同的是，使用 DataSet 存放数据时，当数据库断开连接时，也依然可以使用 DataSet 中的数据。DataSet 要与下面我们要学习的数据适配器 DataAdapter 在一起使用。另外，在 DataSet 中存放的数据是可以任意读取不必按照顺序读取。因此，在大多数的程序中使用数据集来存储数据是比较方便的，也是最好的选择。

5．数据适配器类DataAdapter

数据适配器类在连接 MySQL 数据库时，使用的是 MySQLDataAdapter 类。数据适配器可以说是数据库与数据集的桥梁，通过数据适配器将数据从数据库查询出来存放到数据集中。数据适配器结合数据集的使用方法如下。

（1）创建数据集对象

```
DataSet 数据集对象名=new DataSet();
```

（2）创建数据适配器对象

```
MySQLDataAdapter 数据适配器对象名=new MySQLDataAdapter(SQL 语句,数据库连接对象
名);
```

这里，SQL 语句指的是查询语句，数据库连接对象名就是前面使用 Connection 类创建的对象名。

（3）使用数据适配器填充数据集

```
数据适配器对象名.Fill（数据集对象名）;
```

这里，数据适配器对象名就是（2）中创建的数据适配器对象名，数据集对象名就是（1）中创建的数据集对象名。

15.1.2　使用 C#语言对 MySQL 数据库进行操作

通过在 15.1.1 小节中讲解的 5 个 ADO.NET 中使用的类，就可以使用 C#语言来连接 MySQL 数据库了。目前使用比较多的 C#开发工具就是 Visual Studio，现在的最高版本是 Visual Studio 2012，本书以最流行的 2010 版本为例。相信读者已经迫不及待地想知道如何使用语句来访问数据库了。

在使用 C#语言访问数据库之前，一定要先下载 MySQL 的数据库驱动才可以。需要下载的驱动是 MySQLDriverCS-n-EasyQueryTools-4.0.1-DotNet2.0.exe。下载该文件后，只需要直接安装就可以了。然后，在需要的项目中引用 MySQLDriverCS.dll 文件即可。下面分别讲解使用 C#语言执行对数据表的非查询操作和查询操作。

（1）对数据表进行非查询操作

使用 C#语言对表进行非查询操作时，主要用到的是 ADO.NET 中的 Connection、Command 两个类。具体的语句如下所示：

```
01  MySQLConnection conn = new MySQLConnection(new MySQLConnectionString
    ("localhost","hotel", "root", "123456").AsString); //创建数据库的连接
02  conn.Open();                                        //打开数据库连接
03  string sql="";                                      //要对数据表操作的非查询语句
04  MySQLCommand cmd = new MySQLCommand (sql, conn); //创建数据库命令对象
05  cmd.ExecuteNonQuery();                             //执行 sql 语句
06  conn.Close();                                      //关闭数据库连接
```

其中：

❑ 第 01 行，是创建数据库连接，数据库连接串通过 new MySQLConnectionString ("localhost", "hotel", "root", "123456").AsString 语句来完成，这里的 localhost 代表的是本地数据库，如果连接其他数据库可以写上数据库服务器的计算机名或 IP 地址；hotel 是连接的数据库名；root 是连接数据库时使用的用户名；123456 是连接数据库时使用的密码。

❑ 第 03 行，是创建一个非查询的 SQL 语句，也就是对表进行增加、删除以及修改的操作。

其他的语法解释在前面的一小节中已经详细介绍了，这里就不再讲解了。

（2）对数据表进行查询操作

使用 C#语言对表进行查询操作时，主要用到的是 ADO.NET 中的 Connection、DataSet、DataAdapter3 个类来完成的。具体的语句如下所示：

```
01 MySQLConnection conn = new MySQLConnection(new MySQLConnectionString
   ("localhost","hotel", "root", "123456").AsString);
02 conn.Open();
03 MySQLDataAdapter adp = new MySQLDataAdapter("select * from 表名", conn);
04 DataSet ds = new DataSet();
05 adp.Fill(ds);
06 conn.Close();
```

在这段语句中基本都是前面讲解过的，这里主要注意的就是在创建 MySQLDataAdapter 对象时一定要用的是查询语句。

15.2　学员报名系统的实现

为了能够让读者更好地掌握使用 C#语言连接 MySQL 数据库，在本节中以学员报名系统为例，本系统主要是针对学员报名学习英语的情况来编写的。讲解了如何对学员信息的添加、修改、删除以及查询的操作。由于本书不是专门介绍 C#语言的书，因此，只做简单的 SQL 语句操作，不涉及过多的 C#语言内容。

15.2.1　学员报名的数据表设计

学员报名系统的功能很简单，主要就是对学员信息表的添加、修改、删除以及查询操作的单表维护。为了让程序简单易懂，在学员报名信息表中并没有提及考试科目，只有与报名相关的学员信息以及报名费用、报名时间的字段。这样也可以方便读者对程序的重用。学员报名信息表的表结构如表 15.1 所示。

表 15.1　学员报名信息表（orderinfo）

编号	字段名称	字段释义	数据类型
1	id	编号	int
2	name	姓名	varchar(20)
3	sex	性别	varchar(6)
4	cardid	身份证号码	varchar(20)
5	tel	联系方式	varchar(15)
6	address	家庭住址	varchar(50)
7	orderdate	报名时间	varchar(30)
8	payment	费用	decimal(6,2)

创建表 15.1 所示的学员信息表，语句如下所示：

```
create table orderinfo(
    id int NOT NULL auto_increment ,    // auto_increment 设置 id 是自增长的列
    name varchar(20) ,
    sex varchar(6) ,
```

```
    cardid varchar(20) ,
    tel varchar(15) ,
    address  varchar(50) ,
    orderdate varchar(30) ,
    payment  decimal(6,2) ,
  PRIMARY KEY (`id`)
);
```

创建后的表如图 15.1 所示。

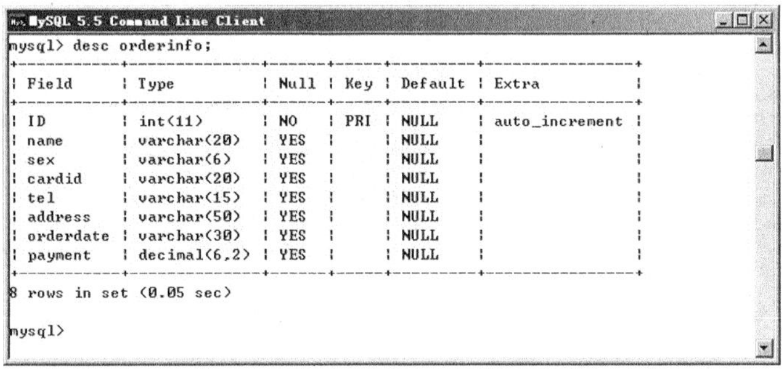

```
MySQL 5.5 Command Line Client
mysql> desc orderinfo;
+-----------+--------------+------+-----+---------+----------------+
| Field     | Type         | Null | Key | Default | Extra          |
+-----------+--------------+------+-----+---------+----------------+
| ID        | int(11)      | NO   | PRI | NULL    | auto_increment |
| name      | varchar(20)  | YES  |     | NULL    |                |
| sex       | varchar(6)   | YES  |     | NULL    |                |
| cardid    | varchar(20)  | YES  |     | NULL    |                |
| tel       | varchar(15)  | YES  |     | NULL    |                |
| address   | varchar(50)  | YES  |     | NULL    |                |
| orderdate | varchar(30)  | YES  |     | NULL    |                |
| payment   | decimal(6,2) | YES  |     | NULL    |                |
+-----------+--------------+------+-----+---------+----------------+
8 rows in set (0.05 sec)

mysql>
```

图 15.1　orderinfo 表

15.2.2　创建项目结构

学员管理系统要使用 Windows 应用程序来完成。所谓 Windows 应用程序就是类似于 Windows 操作系统中的窗体程序。它被称为 C/S 结构的程序，就是客户端服务器端程序，通常情况下，页面就是客户端，而数据库是服务器端，它们不在同一个计算机上。例如，最常见的 C/S 结构的程序就是腾讯的 QQ 程序，它的客户端就是我们下载安装的 QQ 软件，而服务器就是腾讯公司在网络上设置的服务器。如果没有服务器，那么 QQ 也就无法登录了。相对于 C/S 结构的程序而言，还有 B/S 结构的程序，B/S 结构的程序就是浏览器/服务器结构的程序。比如：新浪网站、网易等网站都是属于浏览器服务器端程序，只要有浏览器就可以访问这些网站。

为了让读者对整个项目的结构有一个了解，现创建项目名称为 Trainees 的 Windows 应用程序项目，并为其添加两个窗体：一个窗体用于添加学员信息，命名为 Add.cs；一个窗体用于管理学员信息，命名为 Manager。在管理学员信息的窗体界面中来完成查询学员信息、修改以及删除学员信息的操作。并在项目的引用中，添加 MySQL 数据库的引用。具体的项目目录如图 15.2 所示。

说明：在 Windows 应用程序中，只能指定一个运行的窗体。哪个窗体运行，需要在 Program 中指定，即 Application.Run(new 窗体的类名 ());如果要了解其他 Windows 应用程序的知识，可以参考关于 Windows 应用程序的书籍。

15.2.3　添加学员信息

添加学员信息的操作，实际上就是对学员信息表中的添加操作。那么，如何使用

Windows 应用程序完成它呢？首先来演示一下添加学员信息的界面（Add.cs），界面如图15.3 所示。

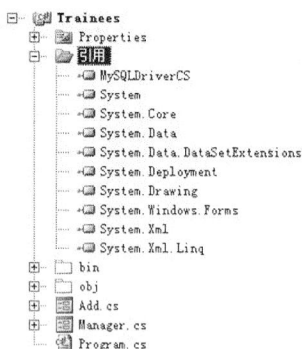

图 15.2　学员报名项目目录　　　　　图 15.3　添加学员信息的界面

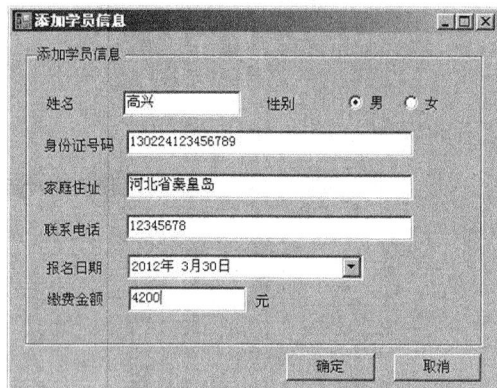

在图 15.3 中的界面设计里，主要用到的控件是标签、文本框、单选按钮以及按钮。标签用来显示文字，文本框用来输入内容，单选按钮用来选择性别，按钮用来执行添加或取消添加的操作。

然后，就让我们来学习一下单击"确定"按钮，是如何将学员信息添加到学员信息表中的。具体的添加代码如下：

```
///  <summary>
// 添加学员信息事件
///  </summary>
private void button1_Click(object sender, EventArgs e)
{
01   MySQLConnection conn = new MySQLConnection(new MySQLConnectionString
     ("localhost", "trainees", "root", "123456").AsString);
02
03   conn.Open();                                    //打开数据库连接
04   string sql = "INSERT INTO orderinfo(name,sex,cardid,tel,address,orderdate,
     payment)VALUES('{0}','{1}','{2}','{3}','{4}','{5}',{6})";//编写 SQL 语句
05   If(radioButton1.Checked)                        //如果 radioButton1 被选中
06   {
07   sql=string.Format(sql,textBox1.Text,radioButton1.Text,textBox3.Text,
     textBox4.Text,textBox2.Text,dateTimePicker1.Text,double.Parse
     (textBox5.Text));                               //填充 SQL 语句
08   }
09   else if(radioButton2.Checked)                   //如果 radioButton2 被选中
10   {
11   sql = string.Format(sql, textBox1.Text, radioButton1.Text, textBox3.
     Text, textBox4.Text, textBox2.Text, dateTimePicker1.Text, double.Parse
     (textBox5.Text)                                 //填充 SQL 语句
12   }
13   MySQLCommand commn = new MySQLCommand("set names gb2312", conn);
                                                     //创建命令对象
14   commn.ExecuteNonQuery();                        //执行设置字符集的语句
15   MySQLCommand cmd = new MySQLCommand(sql, conn);     //创建命令对象
16   If (cmd.ExecuteNonQuery() != -1)                //执行 SQL 语句
17   {
18       MessageBox.Show("添加成功！");              //弹出添加成功的窗口
```

```
19  }
20  else
21  {
22      MessageBox.Show("添加失败！");                    //弹出添加失败的窗口
23  }
24      conn.Close();                                    //关闭数据库连接
25  }
```

其中：

❑ 第 01 行，创建数据库连接字符串，trainees 是数据库名，root 是登录数据库的用户名，123456 是该用户的密码。

❑ 第 03 行，打开数据库连接。

❑ 第 04 行，编写添加学员信息的 SQL 语句，这里的{0}~{6}是占位符，是用来标明要填充数据位置的。

❑ 第 05 行，判断是否选中了"男"这个单选按钮。如果返回的是 TRUE 就是选中了，返回的是 FALSE 就是没选中。

❑ 第 07 行，将 05 行中的占位符填充上要填充的值。每个控件的 TEXT 属性都用于获取控件中显示的值。

❑ 第 09 行，判断是否选中了"女"这个按钮。

❑ 第 11 行，填充 05 行的 SQL 语句。

❑ 第 13 行，创建命令对象，设置中文字符集。

❑ 第 14 行，执行设置中文字符集的 SQL 语句。第 13~14 行执行的 SQL 语句，主要是为了能够在 MySQL 数据库中存放中文数据。

❑ 第 15 行，创建命令对象，用于添加学员信息，

❑ 第 16~22 行，执行添加学员信息的 SQL 语句，如果返回-1，代表执行失败，弹出失败的窗口；否则，代表执行成功，弹出成功的窗口。

❑ 第 24 行，关闭数据库连接。

15.2.4　管理学员信息

对学员信息进行管理，主要的功能包括：查询学员信息、删除学员信息以及修改学员信息。实际上，都是对学员信息表的查询、删除以及修改的操作。为了方便读者学习，本系统将这些功能全部放在了一个界面上，如图 15.4 所示。下面分别讲解查询、修改以及删除每一个功能的具体实现代码。

从图 15.4 所示的界面中，可以看出界面是由标签、文本框、按钮、单选按钮以及数据表格控件来组成的。其中，数据表格控件是 datagridview，主要用来显示数据库的数据。

（1）在显示窗体时显示学员的全部信息

如果要在窗体运行时显示学员信息表中的详细信息，应该在窗体的 Load（加载）事件中完成查询所有学员信息并将其结果绑定到数据表格控件（DataGridView）中。具体代码如下所示：

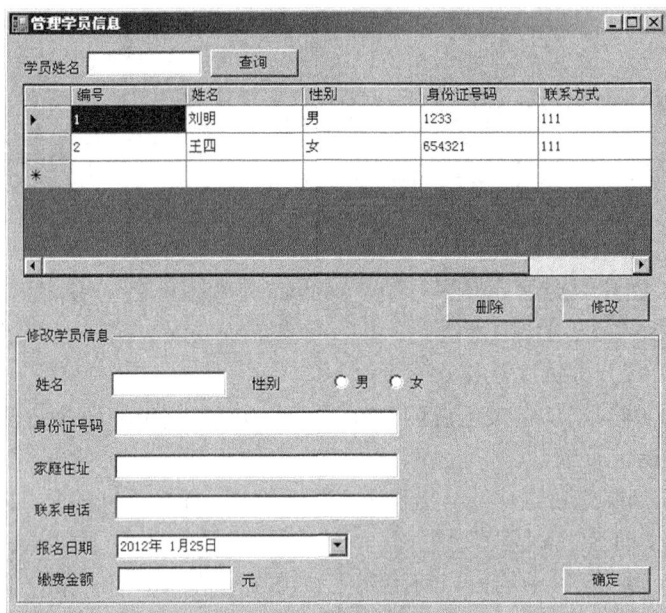

图 15.4　管理学员信息界面

```
//窗体的加载事件
private void Form1_Load(object sender, EventArgs e)
{
01  MySQLConnection conn = new MySQLConnection(new MySQLConnectionString
("localhost", "trainees", "root", "123456").AsString);
02  conn.Open();                                    //打开数据库连接
03  string sql = "select id as '编号',name as '姓名',sex as '性别',cardid as
'身份证号码',tel as '联系方式',address as '地址' from orderinfo";
                                                    //查询 orderinfo 表中数据
04  MySQLDataAdapter ada = new MySQLDataAdapter(sql,conn);
                                                    //创建数据适配器对象
05  DataSet ds = new DataSet();                     //创建数据集对象
06  ada.Fill(ds);                                   //填充数据集
07  dataGridView1.DataSource = ds.Tables[0];        //给 dataGridView1 设置数据源
08  conn.Close();                                   //关闭数据库连接
09  }
```

其中：

❑ 第 01 行，创建数据库连接字符串，trainees 是数据库名，root 是登录数据库的用户名，123456 是该用户的密码。

❑ 第 02 行，打开数据库连接。

❑ 第 03 行，编写查询学员信息表的 SQL 语句，并将其查询语句中的列名设置别名，这样就可以在 datagridview 数据表格中显示中文列名。

❑ 第 04 行，创建数据适配器对象。

❑ 第 05 行，创建数据集对象，用于接收数据适配器查询出的值。

❑ 第 06 行，将适配器中查询的结果填充到数据集中。

❑ 第 07 行，将数据集中的数据作为数据源设置给 datagridview（数据表格）。

❑ 第 08 行，关闭数据库连接。

（2）根据输入的学员姓名查询学员信息

根据输入的学员姓名查询，就是在查询学员全部信息的 SQL 语句后面加上 WHERE 条件。查询语句是通过"查询"按钮的单击事件来完成的。具体的代码如下所示：

```
/// <summary>
/// 按姓名查询学员信息
/// </summary>
private void button1_Click(object sender, EventArgs e)
{
01  MySQLConnection conn = new MySQLConnection(new MySQLConnectionString
    ("localhost","trainees", "root", "123456").AsString);
02  conn.Open();                                    //打开数据库连接
03  string sql = "select id as '编号',name as  '姓名',sex as '性别',cardid as
    '身份证号码',tel as '联系方式',address as '地址' from orderinfo where
    name='"+textBox1.Text+"'";
04  MySQLDataAdapter ada = new MySQLDataAdapter(sql, conn);//创建数据适配器对象
05  DataSet ds = new DataSet();                     //创建数据集对象
06  ada.Fill(ds);                                   //填充数据集
07  dataGridView1.DataSource = ds.Tables[0];        //给dataGridView1设置数据源
08  conn.Close();
}
```

其中，第 03 行，就是按学员姓名查询学员信息的 SQL 语句。查询效果如图 15.5 所示。

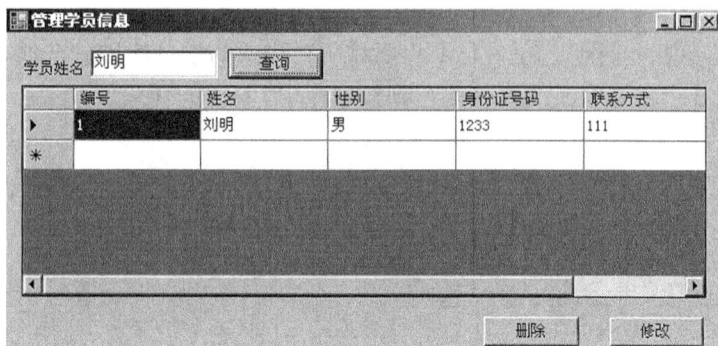

图 15.5　根据学员姓名查询学员信息的效果

从 15.5 中可以看出，在文本框中输入的是"刘明"，单击"查询"按钮后，即可查看出"刘明"的信息。

（3）删除学员信息

删除学员信息的操作，首先要选中一条要删除的学员信息，然后单击图 15.4 所示的"删除"按钮，即可删除该学员信息。具体代码如下所示：

```
/// <summary>
/// 删除学员信息
/// </summary>
private void button2_Click(object sender, EventArgs e)
{
01  int id = int.Parse(dataGridView1.SelectedRows[0].Cells[0].Value.
    ToString()); //获取学员编号
02  MySQLConnection conn = new MySQLConnection(new MySQLConnectionString
    ("localhost","trainees", "root", "abc123").AsString);
```

```
03  conn.Open();                                    //打开数据库连接
04  string sql="delete from orderinfo where id="+id;   //编写 SQL 语句
05  MySQLCommand cmd = new MySQLCommand(sql, conn);      //创建命令对象
06  if (cmd.ExecuteNonQuery() != -1)                 //执行 SQL 语句
07  {
08    MessageBox.Show("删除成功！");                  //弹出窗体
09  }
10  else
11  {
12    MessageBox.Show("删除失败！");
13  }
14  conn.Close();
15  }
```

其中：

❑ 第 01 行，从 datagridview 中获取选中的行的第一个单元格中的值，也就是学员编号，并将其转换成整数。

❑ 第 04 行，编写删除的 SQL 语句，并在 WHERE 子句后面加上要删除的编号。

其他的语句都与添加学员信息的语句类似，这里就不再讲解了。

注意：在获取 datagridview 中的选中行之前，首先要将 datagridview 的 SelectionMode 的属性设置成 FullRowSelect（整行选中）。这样就可以正确获取选中行的值了。

（4）修改学员信息

修改学员信息要分两步进行，第 1 步要将所要修改的学员信息显示到 datagridview 下面的区域中，第 2 步将要修改的内容保存到数据库中。具体的代码如下所示，效果如图 15.6 所示。

```
/// <summary>
/// 获取选中行的信息
/// </summary>
private void dataGridView1_CellDoubleClick(object sender, DataGridViewCell
EventArgs e)
{
01 textBox6.Text = dataGridView1.SelectedRows[0].Cells[1].Value.ToString();
                                                    //获取姓名值
02 textBox3.Text = dataGridView1.SelectedRows[0].Cells[3].Value.ToString();
                                                    //获取身份证号码
03 if (dataGridView1.SelectedRows[0].Cells[2].Value.ToString() == "男")
                                                    //获取性别值
04 {
05 radioButton1.Checked = true;
06 }
07 else if (dataGridView1.SelectedRows[0].Cells[2].Value.ToString() ==
   "女")
08 {
09 radioButton2.Checked = true;
10 }
11 textBox2.Text = dataGridView1.SelectedRows[0].Cells[5].Value.ToString();
                                                    //获取地址
12 textBox4.Text = dataGridView1.SelectedRows[0].Cells[4].Value.ToString();
                                                    //获取联系方式
```

```
13 dateTimePicker1.Text = dataGridView1.SelectedRows[0].Cells[6].Value.
   ToString();                                           //获取时间
14 textBox5.Text = dataGridView1.SelectedRows[0].Cells[7].Value.ToString();
                                                         //获取费用
15 }
/// <summary>
/// 修改报名信息
/// </summary>
private void button3_Click(object sender, EventArgs e)
{
16 int id = int.Parse(dataGridView1.SelectedRows[0].Cells[0].Value.ToString());
                                                         //获取编号
17 MySQLConnection conn = new MySQLConnection(new MySQLConnectionString
   ("localhost","trainees", "root", "abc123").AsString);
                                                         //创建数据库连接对象
18 conn.Open();
19 string sql ="update orderinfo set name='{0}',sex='{1}',cardid='{2},
   address='{3}',tel='{4}',orderdate='{5}',payment='{6}' where id=" + id;
                                                         //编写 SQL 语句
20 if (radioButton1.Checked)
21 {
22  sql = string.Format(sql, textBox6.Text, radioButton1.Text, textBox3.
   Text, textBox2.Text,textBox4.Text, dateTimePicker1.Text, double.
   Parse(textBox5.Text));                               //填充 SQL 语句
23 }
24 else if (radioButton2.Checked)
25 {
26   sql = string.Format(sql, textBox6.Text, radioButton2.Text, textBox3.
    Text, textBox2.Text,textBox4.Text, dateTimePicker1.Text, double.Parse
    (textBox5.Text));                                   //填充 SQL 语句
27 }
28 MySQLCommand cmd = new MySQLCommand(sql, conn); //创建数据库的命令对象
29 if (cmd.ExecuteNonQuery() != -1)                 //执行修改操作的语句
30 {
31  MessageBox.Show("修改成功！");                     //弹出修改成功的窗口
32 }
33 else
34 {
35 MessageBox.Show("修改失败！");                      //弹出修改失败的窗口
36 }
37 conn.Close();                                        //关闭数据库连接
38 }
```

其中：

❑ 第 01～15 行，完成的是双击选中行后将对应的值填入到文本框或单选按钮中。这里，只是 03～10 行在设置单选按钮选中时要注意，先要判断选中行的值是"男"还是"女"才，能设置哪个单选按钮被选中。

❑ 第 16～38 行，完成的是将修改的学员信息保存到数据库中。这里，只有 19 行是按照学员编号修改数据的 SQL 语句，其他的都与删除和添加学员的代码一样，这里就不再详细讲述了。

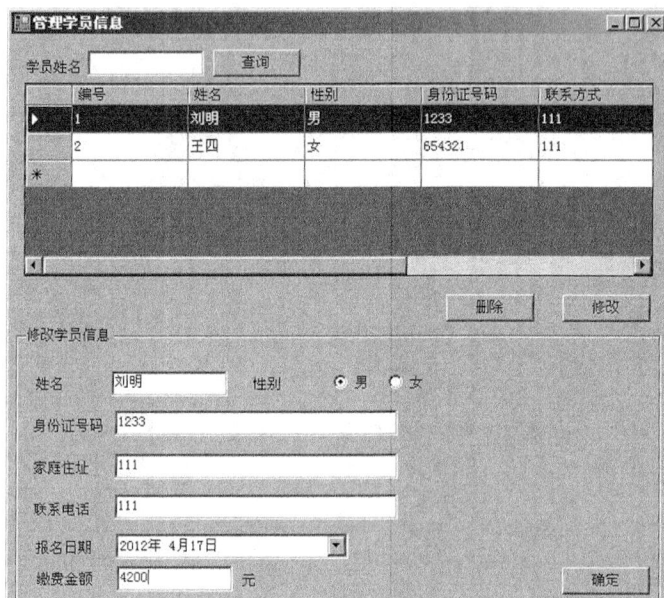

图 15.6　修改学员信息

从图 15.6 中可以看出，在文本框中显示的内容就是 datagridview 中选中行对应列的值。

15.3　本章小结

在本章中详细介绍了 ADO.NET 的用法以及如何使用 C#语言来连接 MySQL 数据库，并通过一个学员管理系统的实例来演示了如何使用 C#语言连接 MySQL 数据库。其中，着重讲解了学员管理系统中添加学员信息、修改学员信息、删除学员信息以及查询学员信息的操作。本章中所讲解的学员管理系统是一种比较简单的实现，目的在于让读者能够了解 C# 语言如何连接 MySQL 数据库。在实现学员管理系统中有很多的语句没有考虑安全性，如果读者有兴趣，可以参考其他关于 C# Windows 应用程序开发的书籍来改善该系统。

第 16 章　在 Java 中连接 MySQL

编程语言 Java 允许对数据库进行操作，利用 Java 访问 MySQL 数据库需要使用 JDBC 包，本章将介绍在 Java 语言中如何连接数据库。学习本章后，读者能够在 Java 语言环境下应用两种数据库的连接方式创建自己的连接 MySQL 数据库的程序。

本章的主要知识点如下：

❑　JDBC 与 ODBC；

❑　Thin 方式连接 MySQL；

❑　JDBC-ODBC 桥连接 MySQL。

16.1　JDBC 简介

JDBC 全称是 Java DataBase Connectivity（Java 数据库连接），是一套 Java 应用程序接口，用来执行数据库中的 SQL 语句，它包含在 Java 类库中。

JDBC 为不同类型的关系数据库提供统一访问，它独立于关系数据库，开发者编写一个访问数据库的程序后，就可以访问不同的数据库（如 MySQL、SQL Server、Oracle），不用为不同的数据库重新编写代码。

JDBC 由 Java 编写，因为 Java 程序运行在虚拟机中，所以编写的程序可以运行到任何支持 Java 平台的环境下。因此，开发者可以不用为不同的软硬件环境再编写不同的程序，这样就能做到"一次编写，随处运行"。这样的例子随处可见，用户升级基于 Java 的项目的时候可能把 MySQL 从 Windows 环境转入 Linux 环境下，甚至改用其他类型的数据库，但 JDBC 连接数据库部分只需做简单修改，而更多时候则不需要做任何修改。

JDBC 简单易用，但功能齐全。总的来说它能完成下面几个操作：

❑　建立与数据库或数据源的连接。

❑　向数据库发送要执行的 SQL 语句。

❑　处理返回的结果。

要操作数据库，需要有对应数据库的 JDBC Driver，通常情况下，JDBC Driver 一般由数据库厂商提供，这个驱动作为桥梁来连接 JDBC API 和数据库。依照 JDBC 的规范，它支持 4 种类型的驱动程序，具体描述如下所示。

（1）JDBC-ODBC 桥驱动

该类型驱动要求客户端电脑安装 ODBC 驱动程序，通过 JDBC 调用 ODBC，然后由 ODBC 连接数据库。它不适合基于网络的应用，并且执行效率较低。

（2）本地应用程序接口部分支持 Java 的驱动

此种类型和第一种类型驱动相似，它将 JDBC 调用转成某种特定数据库客户端的调用，也就是说这种情况需要本地机器安装特定数据库的客户端。这种类型同样不适合网络应用。

（3）数据库中间件的纯 Java 驱动

此类型驱动将把 JDBC 调用转成一个中间件需要的协议，然后由中间件服务转成数据库网络协议，由中间件负责连接不同的数据库。这种类型实际上是由三层构成的，它在中间件服务器上可以根据实际需求做一些调配，例如在中间件这层使用第二种类型的驱动。

（4）直接连到数据库的纯 Java 驱动程序

这种类型驱动完全由 Java 编写，用户不需要安装客户端软件。它将 JDBC 调用直接转成数据库使用的网络协议，允许客户端直接访问数据库管理系统服务器。该类型驱动通常被称为第四类型驱动，后面的示例将对其做详细介绍。

以上 4 种驱动类型，第 3 和第 4 种是推荐使用类型，也是最常用的类型；而前两种方式通常作为临时方案或测试方案。Java 应用程序、JDBC 驱动以及数据库的关系如图 16.1 所示。

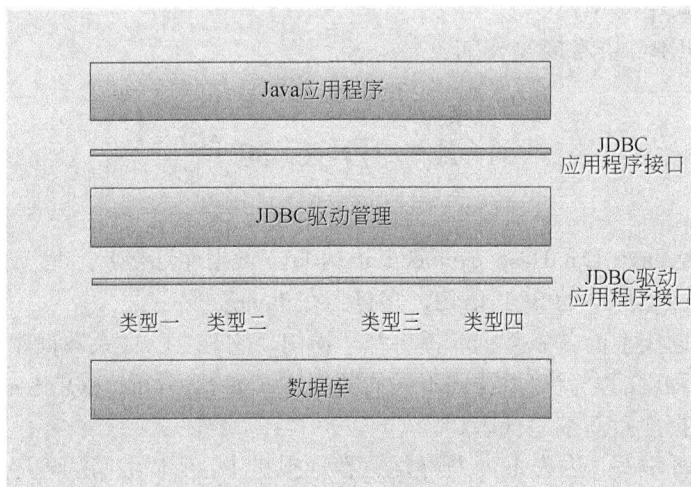

图 16.1　层次关系

16.2　使用 JDBC Driver 连接 MySQL

使用 JDBC 连接数据库需要有对应数据库的 JDBC Driver 支持，JDBC Driver 以 jar 文件的形式提供。

MySQL 数据库提供了 JDBC Driver，其他数据库如 Oracle、DB2 等，也会提供对应的 JDBC Driver，但不同类型的数据库驱动是不一样的，具体情况可以查看各数据库官方网站。

16.2.1　下载连接 MySQL 数据库的 JDBC Driver

MySQL 数据库的 JDBC Driver 读者可以到以下的网站进行下载：

```
http://dev.mysql.com/downloads/connector/j/5.0.html#downloads
```

借助该链接进入网址后可参考图 16.2。读者可以根据黑框标出部分进行下载。

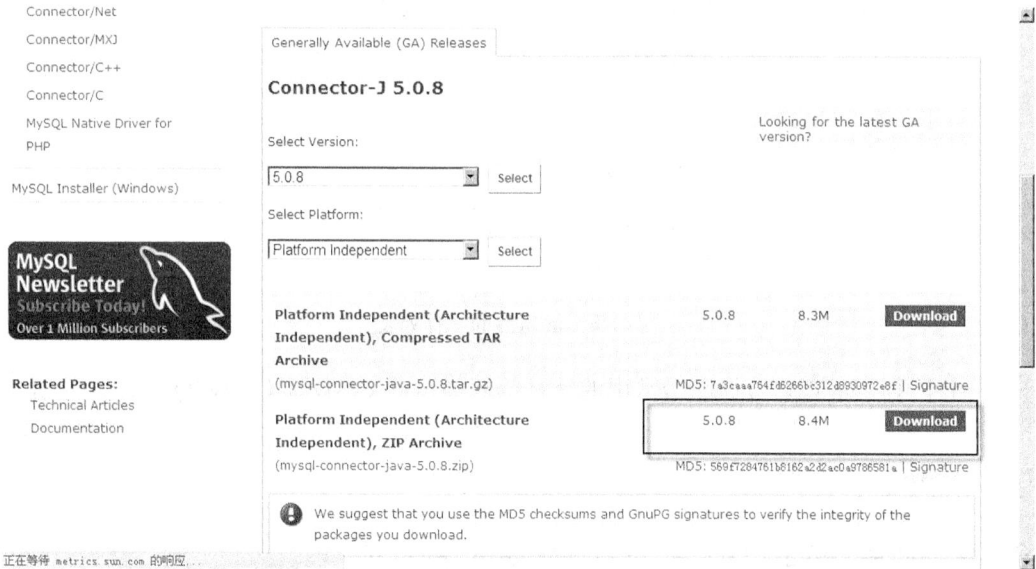

图 16.2　驱动列表页面

🔔注意：进入下载页面可能需要简单注册一个用户，读者可以自行解决，如果不在官方网站下载驱动，可以到各大 IT 网站下载。

单击图 16.2 中的 Download 按钮，进入图 16.3 所示的界面中，选择下载驱动的镜像网站，这里建议到台湾镜像网站下载，速度相对快些。

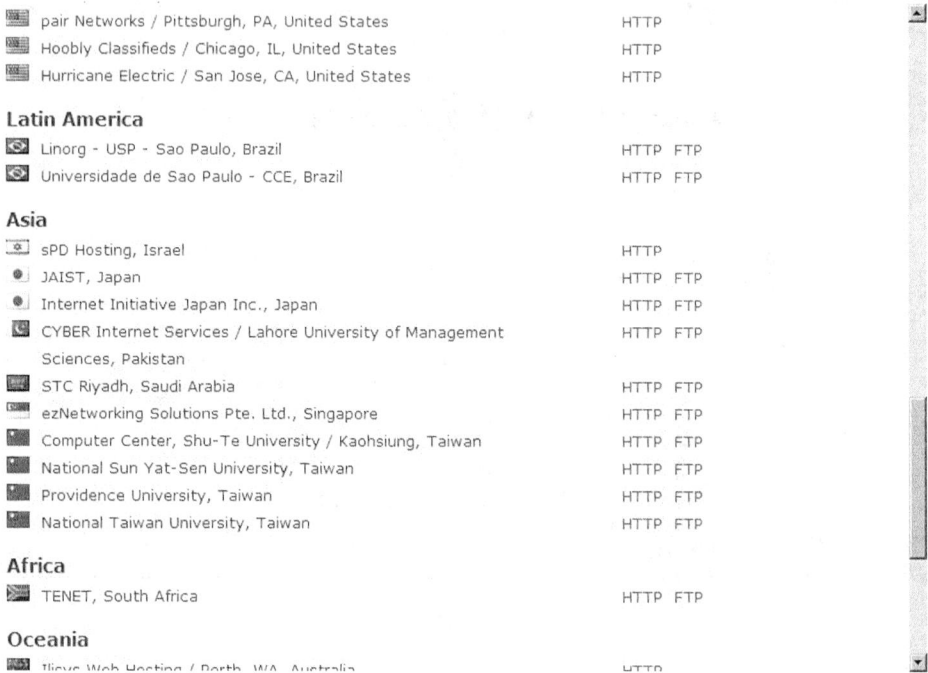

图 16.3　镜像页面

从该页面下载下来的文件名称为 mysql-connector-java-5.0.8.zip，读者需要对其进行解压操作，解压后的目录见图 16.4，其中标记的文件就是驱动文件。

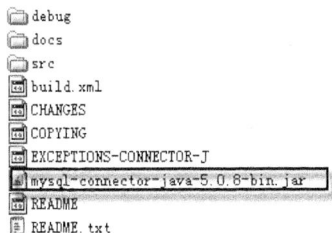

```
debug
docs
src
build.xml
CHANGES
COPYING
EXCEPTIONS-CONNECTOR-J
mysql-connector-java-5.0.8-bin.jar
README
README.txt
```

图 16.4　解压后的文件列表

在企业中 Java 操作数据库最常用的就是第四类驱动（不仅针对 MySQL），也叫 JDBC Thin 类型，它使用方便、效率高、低成本，开发者容易接受。接下来介绍使用 JDBC Thin 方式连接 MySQL 数据库。

16.2.2　利用 JDBC Driver 连接 MySQL 数据库

1．创建新的Java工程

双击打开 ECLIPSE 开发工具，在包浏览窗口右击，在弹出菜单中选择如图 16.5 所示的选项，创建一个新的 Java 工程。

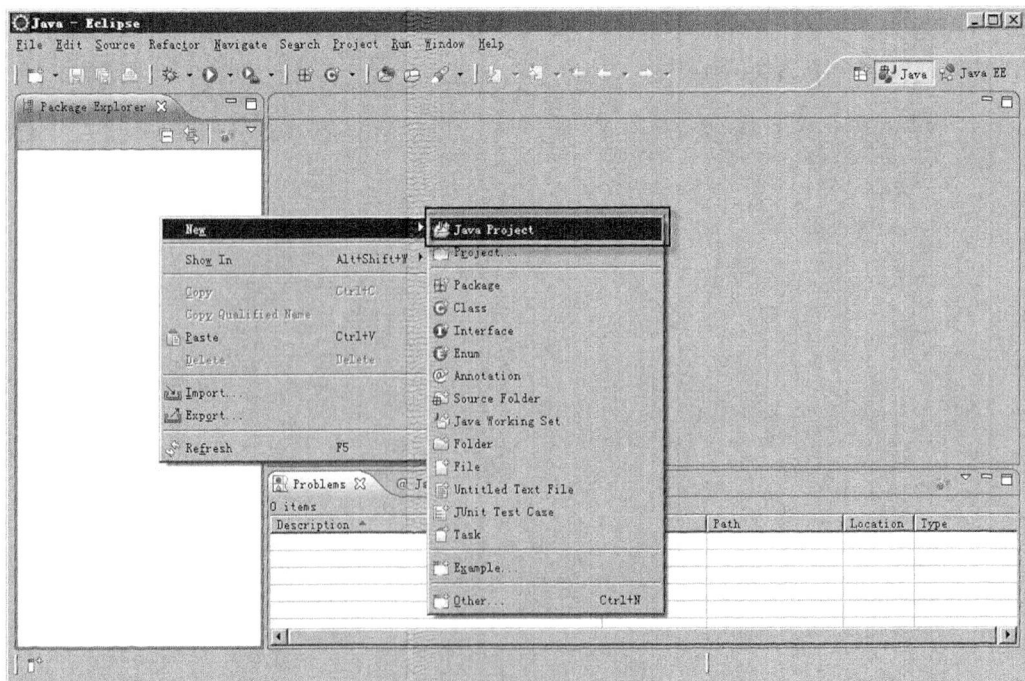

图 16.5　创建新的 Java 工程

创建的项目名称为 Test，创建完成后，文件列表参考图 16.6。

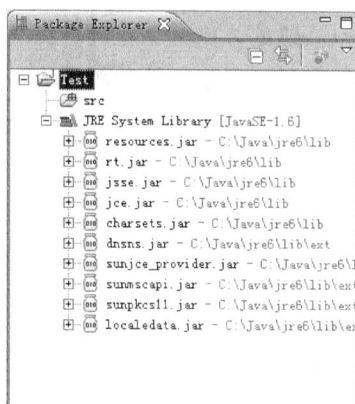

图 16.6　创建后的文件列表

2．为工程添加外部jar包

如果项目需要连接数据库，那么需要导入数据库驱动包，具体的操作方式是在 Eclipse 中引入外部 jar 包。在 Test 项目名称上单击右键，在弹出框中选择 Properties 选项，并单击 Java Build Path 选项，同时选择 Libraries 选项卡，进入图 16.7 所示的界面。

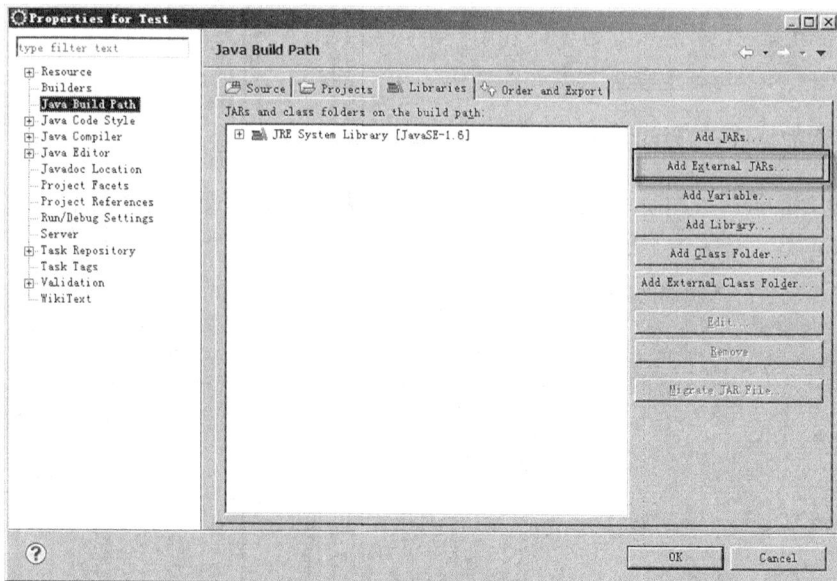

图 16.7　引入外部 jar 包

单击 Add External JARS 按钮，找到 mysql-connector-java-5.0.8-bin.jar 文件，选中后单击"打开"按钮，回到图 16.7，单击 OK 按钮，这样 MySQL 的 JDBC 驱动就加载到了我们的工程中。加入驱动后的文件列表参考图 16.8。

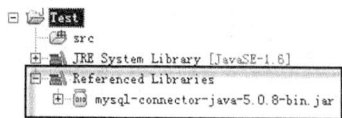

图 16.8　加入驱动后的文件列表

注意：如果该驱动文件没有加入到该工程，当连接数据库时，会提示错误信息。读者也
可以把该包文件直接复制到工程下，然后加载即可。

3. 创建数据库配置文件

在工程中的 src.prp 包下创建一个名字为 dbconfig.properties 文件，在该文件中存放
MySQL 的连接配置信息，同时，如果对象数据库发生了改变，只需要修改这个文件即可，
具体内容如下：

```
#MySQL
drivers=com.mysql.jdbc.Driver
url=jdbc:mysql://localhost:3306/test
user=test
pwd=test
```

各部分数据表示含义如下：
- com.mysql.jdbc.Driver：属于 MySQL 的连接驱动字符串。在 Java 程序中获取该字符串，用于加载 MySQL 数据驱动。
- jdbc:mysql://localhost:3306/test：数据库连接 URL。在这里指定了目标数据库。其中 localhost:3306 表示访问本机数据库的端口是 3306 端口。test 是数据库名称。
- user=test：test 是登录数据库的用户名。
- pwd=test：test 是登录数据库的密码。

4. 创建数据库连接读取类

对于创建的属性文件，需要做读取操作，在工程 src 目录下创建 init 包，在该包中创
建 DBConfig 类，有关该类的代码如下：

```
public class DBConfig {
    //声明变量
    private static String db_config = "dbconfig.properties";
    public static String DRIVERS = null;
    public static String URL = null;
    public static String USER = null;
    public static String PASSWORD = null;

    static {//静态代码块

        Properties props = new Properties();
        InputStream initStr= null;

        try {
            //读取属性文件
            initStr = ClassLoader.getSystemResourceAsStream(db_config);

            //读取属性列表
            props.load(initStr);
        } catch (IOException e) {
            // TODO Auto-generated catch block
            e.printStackTrace();
        }

        DRIVERS = props.getProperty("drivers");//获取数据库连接驱动字符串
```

```
        URL = props.getProperty("url");                //获取数据库连接 URL
        USER = props.getProperty("user");              //获取用户名
        PASSWORD = props.getProperty("pwd");           //获取密码
    }
}
```

利用 DBConfig 类，可以从 dbconfig.properties 属性文件中获取预定义对应的数据，用于进行数据库连接的初始化工作，同时为了调用方便，所有变量都声明成了静态变量。

5. 创建数据库连接类

当获取基本参数后，就可以创建对数据库的连接，数据库连接类的功能包括打开数据库连接、关闭连接，这里创建 DBConnection 类，具体代码如下：

```
//引入各种资源包
import java.sql.Connection;
import java.sql.DriverManager;
import java.sql.SQLException;
//类名为 DBConnection
public class DBConnection {
    //为变量赋值
    private static String drivers = DBConfig.DRIVERS;
    private static String url = DBConfig.URL;
    private static String user = DBConfig.USER;
    private static String password = DBConfig.PASSWORD;
    //获取数据库连接，返回 Connection 对象
    public static Connection GetConnection() {
        Connection conn = null;
        try {
            // Class.forName()方法创建驱动程序实例，同时将调用 DriverManager
               对其注册
            Class.forName(drivers).newInstance();
        } catch (InstantiationException e) {
            e.printStackTrace();
        } catch (IllegalAccessException e) {
            e.printStackTrace();
        } catch (ClassNotFoundException e) {
            e.printStackTrace();
        }

        try {
            // 通过 DriverManager 获取数据库连接
            System.out.println("url-----"+url);
            System.out.println("user-----"+user);
            System.out.println("password------"+password);
            // getConnection 方法里面的 3 个参数均来自 dbconfig.properties 文件
            conn = DriverManager.getConnection(url, user, password);
        } catch (SQLException e) {
            e.printStackTrace();
        }

        return conn;
    }
    //关闭连接
    public static void close(Connection conn) {
        try {
```

```
        //要先判断是否为 NULL 才能判断是否关闭
        if (conn != null && !conn.isClosed())
            conn.close();
    } catch (SQLException e) {
        e.printStackTrace();
    }
  }
}
```

这段代码中以 GetConnection()方法获取数据库连接，它利用了 Java 的反射机制，得到了 com.mysql.jdbc.Driver 的实例，并利用 DriverManager 类根据目标数据库的属性得到数据库连接。

整个实现过程如下：

（1）创建 com.mysql.jdbc.Driver 的实例。

（2）利用 DriverManager.registerDriver()对其自己创建的驱动实例进行注册。

（3）利用 DriverManager 的 getConnection 方法得到数据库连接。

6．查询数据测试

当获取数据库连接时，需要创建一个类来调用数据库连接，然后可以对数据库里的数据进行操作。

```
import java.sql.Connection;
import java.sql.PreparedStatement;
import java.sql.ResultSet;
import java.sql.SQLException;
import java.sql.Statement;

public class DBData{

    /**
     * 调用连接方法
     */
    public void GetDb() {
        Connection conn = null;            //声明 Connection 对象，赋值为 null
        //声明 PreparedStatement 对象，用来存储预编译语句
        PreparedStatement pstmt = null;
        ResultSet rs = null;                //声明 ResultSet 对象
        try {
            conn = DBConnection.GetConnection();        //得到连接
            pstmt = getStatement(conn, " SELECT ID,NAME FROM STUDENTINFO ");
            rs = executeQuery(pstmt);                    //执行查询
            while (rs.next()) {
                System.out.println(rs.getString("ID") + "------"
                        + rs.getString("NAME"));
            }

        } catch (SQLException e) {
            System.out.println(e.toString());
            e.printStackTrace();
        } finally {
            close(rs);                                  //关闭结果集
            close(pstmt);                               //关闭语句
            DBConnection.close(conn);                   //关闭连接
        }
```

```
    }

    //得到 PreparedStatement 对象
    public static PreparedStatement getStatement(Connection conn, String
    strsql) {
        if (strsql == null || "".equals(strsql)) {
            System.out.println("SQL 为空...");
            return null;
        }
        if (conn == null) {
            System.out.println("连接为空...");
            return null;
        }

        try {
            //预编译语句得到 PreparedStatement 对象
            return conn.prepareStatement(strsql,
                ResultSet.TYPE_SCROLL_INSENSITIVE,
                    ResultSet.CONCUR_UPDATABLE);
        } catch (SQLException e) {
            // TODO Auto-generated catch block
            e.printStackTrace();
        }
        return null;
    }

    //得到 ResultSet
    public static ResultSet executeQuery(PreparedStatement pstmt) {
        try {
            if (pstmt != null)
                return pstmt.executeQuery();                 //查询
        } catch (SQLException e) {
            // TODO Auto-generated catch block
            e.printStackTrace();
        }
        return null;
    }

    //关闭 Statement 对象
    public static void close(Statement stmt) {
        try {
            if (stmt != null) {
                stmt.close();
            }
        } catch (SQLException e) {
            e.printStackTrace();
        }
    }

    //关闭结果集
    public static void close(ResultSet rs) {
        try {
            if (rs != null) {
                rs.close();
            }
        } catch (SQLException e) {
            e.printStackTrace();
        }
    }
}
```

GetDb 方法执行过程如下：

❑ 创建连接对象，并获取数据库连接。

❑ 获取 PreparedStatement 对象。

❑ 查询后获取得到 ResultSet 对象。

❑ 对结果集进行输出，也就是使用 ResultSet 的 next()方法，迭代输出结果集。

❑ 最后依序关闭 ResultSet 对象、PreparedStatement 对象、Connection 对象。

❑ getStatement()方法的作用是根据数据库连接得到 PreparedStatement 对象，其核心语句是连接调用 prepareStatement 方法部分，其中两个参数是为了生成允许滚动和允许更新的 ResultSet 对象，如果没有该参数，则结果集不允许滚动。

❑ executeQuery()是查询方法，它执行查询语句，从数据库中得到数据，我们通常叫"结果集"，里面的数据可以迭代得到。

16.3　利用 JDBC-ODBC 桥接数据库

利用 ODBC 同样可以连接数据库进行操作，但这种方式需要客户端有对应数据库的 ODBC 驱动程序，由于效率问题，这种连接方式并不是很常用。本节将介绍如果使用 ODBC 驱动连接数据库。

16.3.1　配置 ODBC 数据源

使用 ODBC 桥连接数据库需要客户端装有 ODBC 数据源，具体的安装步骤如下所示。

（1）查找数据源选项

从计算机"开始"菜单进入"控制面板"界面，并进入到"管理工具"窗口，查看文件列表，找到"数据源（ODBC）"，如图 16.9 所示。

图 16.9　数据源选项

注意：数据源需要安装，没有安装的用户自行解决。

（2）对数据源进行配置

双击图 16.9 所示的黑框部分，弹出 ODBC 数据源管理界面，如图 16.10 所示。

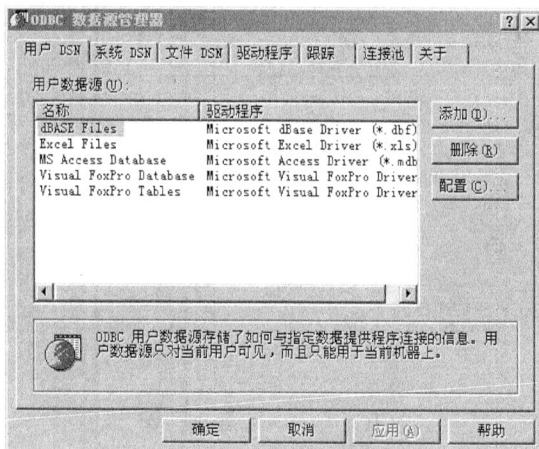

图 16.10　数据源管理界面

图 16.10 中的前 3 个选项卡都是有关 DSN 的，即数据源名称，它的作用就是帮助应用程序和 ODBC 连接，里面存有数据库名称、数据库的用户以及密码等。各个选项卡的作用说明如下：

- 用户 DSN：这里面的数据源针对用户，当前登录用户可以使用。其信息存储在 Windows 注册表 HKEY_CURRENT_USER\Software\Odbc\Odbc.ini\Odbc 下。
- 系统 DSN：这里面的数据源针对用户整个系统，只要有访问权限就可以使用这里面的 DSN。其信息存储在 Windows 注册表 HKEY_LOCAL_MACHINE\Software\Odbc\Odbc.ini\Odbc 下。
- 文件 DSN：是一个文件，不保存到注册表中，允许使用者连接数据提供者。默认位置 C:\Program Files\Common Files\ODBC\Data Sources 可以被任何本地安装了 ODBC 驱动程序的用户访问。
- 驱动程序：列出了本机所有已经存在的驱动程序。从该选项卡可以看到每个驱动程序的版本、所属公司、日期等。
- 跟踪：允许启用跟踪，使用者能够查看 ODBC 的调用日志。可以设置文件存储路径。
- 连接池：不用的连接返回到连接池中，等待下次调用，适合并发访问调用，节省重新连接服务器的时间。
- 关于：ODBC 核心组件。

如果电脑没有 MySQL 的 ODBC 桥接驱动，读者需要下载，下载地址如下：

```
http://dev.mysql.com/downloads/connector/odbc/5.1.html
```

根据链接进入图 16.11 所示的界面，这里列出了所有的 ODBC 驱动。

在图 16.11 中选择标记的驱动，单击 Download 按钮进入下载页面，选择镜像网站进行下载，如图 16.12 所示。

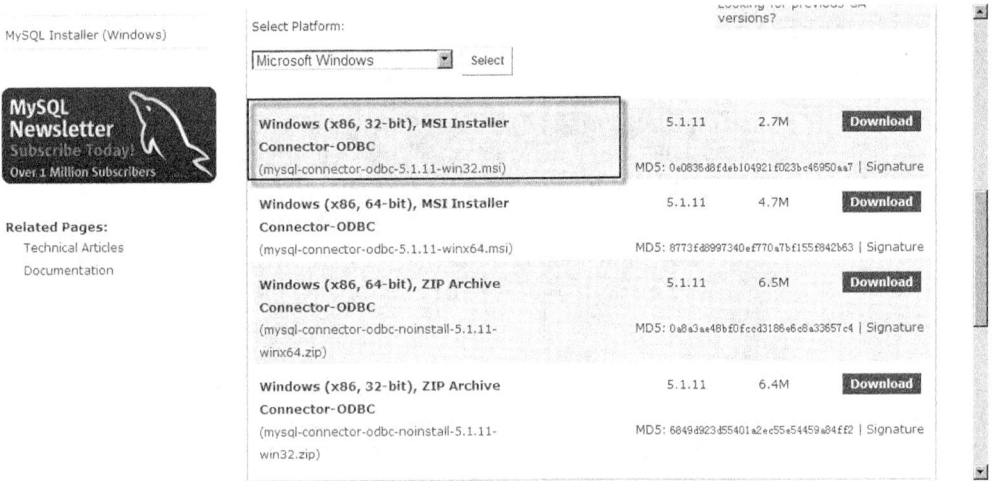

图 16.11　ODBC 驱动列表

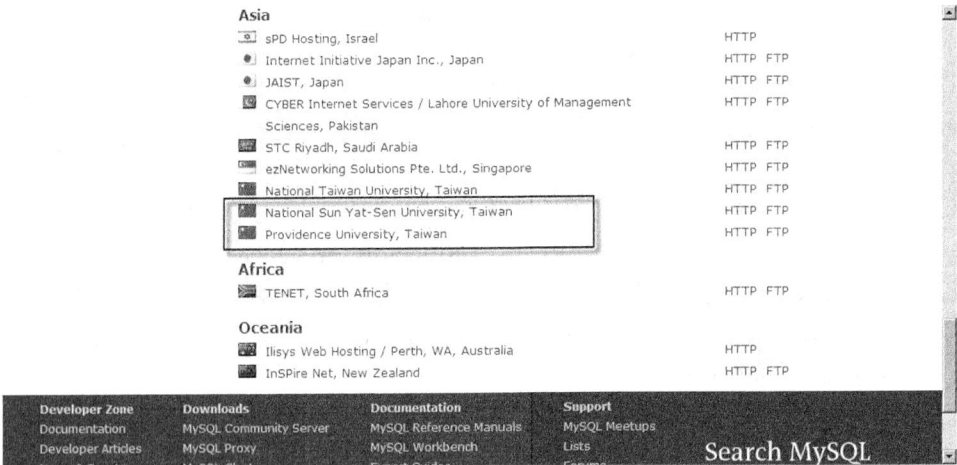

图 16.12　服务器列表

　　为了保证下载速度，读者可以从标记的服务器链接进行下载，并安装该驱动。安装完成后读者可以从"驱动程序"这个选项卡中看见它的存在，见图 16.13。

　　使用 ODBC 桥连接数据库需要创建 DSN，这里创建"系统 DSN"。选择图 16.13 的"系统 DSN"选项卡，单击"添加"按钮，在列出的驱动程序中选择 MySQL ODBC 5.1 Driver，如图 16.14 所示。

　　单击"完成"按钮，进入数据库连接配置界面，配置界面所填信息参考图 16.15。

　　有关各个选项的说明如下：

❑　Data Source Name：数据源名称，自行填写。

❑　Description：对数据源的描述。

❑　TCP/IP Server：数据库所在电脑 IP，这里由于是本机所以可以使用 localhost，端口为 3316。

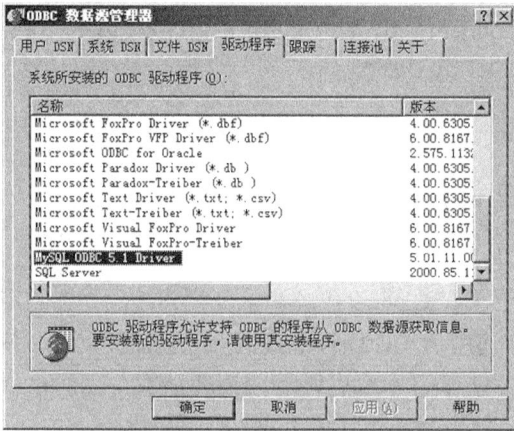

图 16.13 ODBC 数据源管理器

图 16.14 选择驱动程序

❑ User：用户名。

❑ Password：密码。

❑ Database：数据库名称。

填写完成后单击 Test 按钮进行测试。如果提示如图 16.16 所示则表示连接成功。

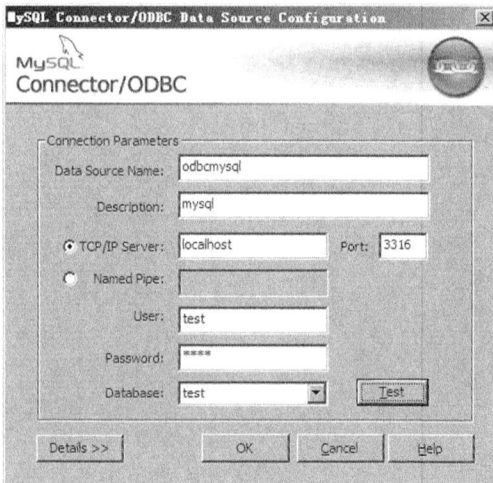

图 16.15 驱动配置信息

图 16.16 连接成功提示

16.3.2 使用 JDBC-ODBC 桥连接 MySQL

完成了 ODBC 数据源安装，就可以利用 JDBC-ODBC 桥连接 MySQL 数据库，这里不需要对 Java 代码进行修改，只需要修改前面的 dbconfig.properties 文件即可。修改dbconfig.properties 属性文件如下：

```
#MySQL
drivers=sun.jdbc.odbc.JdbcOdbcDriver
url=jdbc:odbc:odbcmysql
user=test
pwd=test
```

注意：url 对应的值 jdbc:odbc:odbcmysql 里的 odbcmysql，这个是我们配置数据源的名称。除了该属性文件外，其他程序代码部分不需要修改。

16.4 本 章 小 结

本章介绍了什么是 JDBC，同时也简单介绍了 ODBC，并讲解了使用 Java 语言利用 JDBC 驱动对数据库进行连接操作。重点讲解了使用 JDBC Driver 连接 MySQL 数据库、使用 JDBC-ODBC 桥的方式连接 MySQL 数据库。在学习本章后，希望读者能够分别尝试使用不同的连接方式来连接 MySQL 数据库。

第 17 章　PHP 访问 MySQL 数据库

现在最流行的动态网站开发的软件组合是 LAMP。LAMP 是 Linux、Apache、MySQL 和 PHP 的缩写。PHP 具有简单、易用、功能强大和开放性等特点，这使 PHP 已经成为了网络世界中最流行的编程语言之一。PHP 可以通过 mysql 接口或者 mysqli 接口来访问 MySQL 数据库。

本章的主要知识点如下：

- ❑ PHP 连接 MySQL 数据库；
- ❑ PHP 操纵 MySQL 数据库；
- ❑ PHP 备份 MySQL 数据库；
- ❑ PHP 还原 MySQL 数据库。

17.1　PHP 连接 MySQL 数据库

PHP 可以通过 mysql 接口或者 mysqli 接口来访问 MySQL 数据库。如果希望正常地使用 PHP，那么需要适当地配置 PHP 与 Apache 服务器。同时，PHP 中加入了 mysql 接口和 mysqli 接口后，才能够顺利地访问 MySQL 数据库。本节将为读者介绍 PHP 连接 MySQL 数据库的方法。

17.1.1　Windows 操作系统下配置 PHP

如果你还没有安装 PHP，你可以在 http://www.php.net/downloads.php 中下载 PHP。Windows 操作系统下推荐下载 PHP 5.2.11 zip package。

🔔说明：Windows 操作系统下，最好下载 zip 包的 PHP 软件。这种形式的 PHP 软件包解压后就可以使用，不需要进行安装。如果下载的是 PHP 5.2.11 installer，安装后需要使用 IIS 来做 Web 服务器。本章使用的是 Apache 作 Web 服务器，因此推荐使用 zip 包。

在 Windows 操作系统中，将 PHP 的软件包解压到 C:\php 目录下。需要在 Apache 服务器的配置文件 httpd.conf 中添加一些信息。Apache 服务器的默认路径为 C:\Program Files\Apache Software Foundation\Apache2.2。httpd.conf 文件在 Apache 服务器目录下的 conf 文件夹中。在 httpd.conf 中加入下面的信息：

```
LoadModule php5_module "C:/php/php5apache2_2.dll"
AddType application/x-httpd-php .php
```

　　然后将 C:\php 目录下的 php.ini-recommended 文件复制到 C:\Windows 目录下，并改名为 php.ini。在 php.ini 文件中添加下面的信息：

```
extension_dir="C:/php/ext"
extension=php_mysql.dll
extension=php_mysqli.dll
```

　　如果 php.ini 中有 extension=./，直接将等号后面的值修改为上面的路径。如果存在 extension=php_mysql.dll 和 extension=php_mysqli.dll，而且前面有分号（;），那么将分号去掉即可。因为，在 php.ini 中，分号用来表示后面的信息是注释。

　　然后将 C:\php\libmysql.dll 文件复制到 C:\Windows 文件夹下。这一切都准备好了以后，在 Apache 服务器的安装目录下的 htdocs 目录下新建 test.php 文件。在该文件中输入下面的信息：

```
<?php phpinfo(); ?>
```

　　单击“所有程序”|Apache HTTP Server 2.2|Control Apache Server|Restart 选项重启 Apache 服务器。在 Web 浏览器中输入 http://localhost/test.php，如果上面的配置都生效的话，会出现图 17.1 所示的页面。

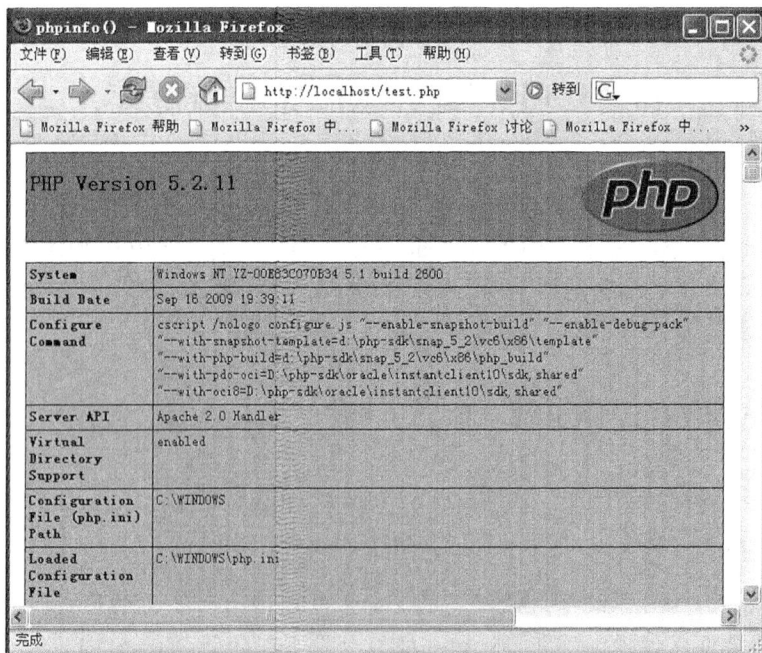

图 17.1　test.php 的页面信息

　　从图 17.1 中可以看到，当前的 PHP 版本（Version）是 5.2.11。除此之外，test.php 还显示 PHP 的很多信息。由此可以知道，phpinfo()函数的作用是获取 PHP 的信息。

　　🔍注意：图 17.1 中，Configuration File (php.ini) Path 的值为 C:\Windows，这表示配置文件 php.ini 的默认存放位置是 C:\Windows。Loaded Configuration File 的值为 C:\Windows\php.ini，这表示系统从 C:\Windows 目录下的 php.ini 文件中加载 PHP 的配置文件。

如果 mysql 接口和 mysqli 接口已经配置好了，在本页面的下面就有 mysql 接口和 mysqli 接口的信息，如图 17.2 和图 17.3 所示。

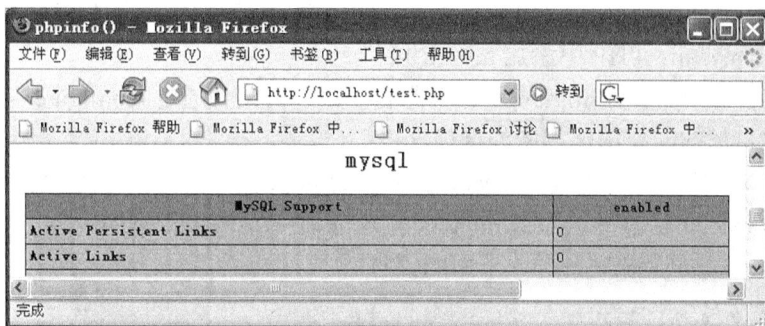

图 17.2　test.php 中 mysql 接口的信息

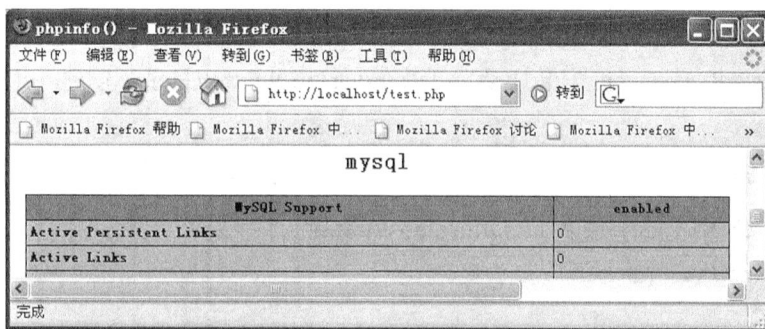

图 17.3　test.php 中 mysqli 接口的信息

17.1.2　Linux 操作系统下配置 PHP

Linux 操作系统下推荐下载 PHP 5.2.11（tar.gz），下载网址为 http://www.php.net/downloads .PHP。下载完成后将 php-5.2.11.tar.gz 复制到/usr/local/src 目录下，然后在该目录下解压和安装 PHP。假设新下载的 PHP 软件包存储在/home/hjh/download 目录下。使用下面的语句来安装 PHP：

```
shell> cp /home/hjh/download/php-5.2.11.tar.gz /usr/local/src/
                    //将 php-5.2.11.tar.gz 复制到/usr/local/src/目录下
shell> cd /usr/local/src/              //将目录切换到/usr/local/src/下
shell> tar -xzvf php-5.2.11            //解压 tar.gz 压缩包
shell> cd php-5.2.11                   //将目录切换到 php-5.2.11 下
//设置编译选项，通过--prefix、--with-mysql、--with-mysqli 等选项来进行设置
shell> ./configure --prefix=/usr/local/php --with-mysql=/usr/local --with-
mysqli=/usr/bin/mysql_config
shell> make                            //开始编译
shell> make install                    //进行安装
shell> make clean                      //清除编译结果
```

通过上述命令，PHP 就可以安装好了。其中，configure 命令后面的跟着--prefix、

--with_mysql、--with_mysqli 这几个参数，这几个参数的含义如下：

- □　--prefix：设置安装路径。此处设置 PHP 的安装路径为/usr/local/php 目录下。
- □　--with_mysql：PHP 中添加传统的 mysql 接口。其后面的值是 MySQL 的安装路径。
- □　--with_mysqli：PHP 中添加 mysqli 接口。

除了这些参数以外，configure 还有其他的参数，请读者通过./configure --help 来查看。读者可以根据自己的需要增加相应的选项。

PHP 安装完成后，开始配置 Apache 服务器的 httpd.conf 文件。假设 Apache 服务器安装在/usr/local/apache 目录下，那么 httpd.conf 就应该在/usr/local/apache/conf/目录下。使用 vi 工具打开 httpd.conf，在其中加入下面的信息：

```
LoadModule php5_module modules/libphp5.so
AddType application/x-httpd-php .php
```

然后重新启动 Apache 服务器，命令如下：

```
shell> /etc/init.d/httpd restart
```

为了测试 PHP 是否已经安装成功，可以在/var/www/html/目录下创建 test.php 文件，其内容如下：

```
<?php phpinfo(); ?>
```

然后在 Web 浏览器中输入 http://localhost/test.php。如果能够显示图 17.1 和图 17.2 的内容，则表示 PHP 已经安装成功。

17.1.3　连接 MySQL 数据库

PHP 可以通过 mysql 接口来连接 MySQL 数据库，也可以通过 mysqli 接口来连接 MySQL 数据库。下面对这两种方法都进行简单的介绍。

mysql 接口提供 mysql_connect()方法来连接 MySQL 数据库，mysql_connect()函数的使用方法如下：

```
$connection=mysql_connect("host/IP","username","password");
```

其中，host/IP 参数表示主机名或者 IP 地址；username 参数表示登录 MySQL 数据库的用户名；password 参数表示登录密码。mysql_connect()函数还可以指定登录到哪一个数据库，语句如下：

```
$connection=mysql_connect("host/IP","username","password","database");
```

其中，database 参数指定登录到哪一个数据库中。

mysqli 接口下有两个比较常用的类，分别是 mysqli 和 mysqli_result。mysqli 主要用于与 MySQL 数据库建立连接，其中的 query 方法用来执行 SQL 语句。mysqli_result 主要用于处理 SELECT 语句的查询结果。下面是使用 mysqli 接口来连接 MySQL 数据库的语句：

```
$connection=new mysqli("host/IP","username","password","database");
```

其中，host/IP 参数表示主机名或者 IP 地址；username 参数表示登录 MySQL 数据库的用户名；password 参数表示登录密码；database 参数指定连接到哪一个数据库。因为，mysqli

接口提供了更多的函数,而且功能比 mysql 接口强大,所以本章后面都是使用 mysqli 接口。

🔔技巧:mysqli 接口提供了一些获取出错信息的函数。mysqli_connect_errno()函数可以判断 PHP 连接 MySQL 数据库时是否出错。如果出错,该函数返回 TRUE。mysqli_connect_error()函数将返回出错信息。连接 MySQL 后,可以通过 select_db() 函数选择数据库,还可以通过 get_client_info()、get_server_info()等函数获取 MySQL 的信息。

【示例 1】连接本地计算机 MySQL 数据库,连接的数据库是 test。使用用户 root 来连接,root 用户的密码是 huang。连接 MySQL 的语句如下:

```php
<?php
$connection=new mysqli("localhost", "root", "huang", "test"); //创建连接
if (mysqli_connect_errno()) {                                    //判断是否连接成功
  echo "<p>连接失败: ",mysqli_connect_error(),"</p>\n"; //输出连接失败的信息
  exit();                                                        //退出程序
}
else{
  echo "<p>连接成功</p>\n";                                       //显示连接成功
}
?>
```

mysqli_connect_errno()函数用来判断连接 MySQL 的过程中是否发生错误。如果发生错误,则返回 true。如果没有发生错误,则返回 false。mysqli_connect_error()函数用来获取连接 MySQL 时出现的错误信息。

17.2 PHP 操作 MySQL 数据库

连接 MySQL 数据库之后,PHP 可以通过 query()函数对数据进行查询、插入、更新、删除等操作。但是 query()函数一次只能执行一条 SQL 语句。如果需要一次执行多个 SQL 语句,需要使用 multi_query()函数。PHP 通过 query()函数和 multi_query()函数可以方便的操作 MySQL 数据库。本节将为读者介绍 PHP 操作 MySQL 数据库的方法。

17.2.1 执行 SQL 语句

PHP 可以通过 query()函数来执行 SQL 语句。如果 SQL 语句是 INSERT 语句、UPDATE 语句、DELETE 语句等,语句执行成功 query()返回 true,否则返回 false。并且,可以通过 affected_rows()函数获取发生变化的记录数。

【示例 2】下面 PHP 通过 query()函数执行 INSERT 语句。执行成功后,返回执行成功的信息,并且返回插入的记录数。其部分代码如下:

```php
$result=$connection->query("INSERT INTO score VALUES(11,908,'法语',88)");
    //执行 INSERT 语句
if($result){
  echo "<p>INSERT 语句执行成功</p>";                    //输出 INSERT 语句执行成功
  echo "<p>插入的记录数: ",$connection->affected_rows,"</p>";//返回插入的记录数
```

```
}
else{
  echo "<p>INSERT 语句执行失败</p>";                    //输出 INSERT 语句执行失败
}
```

INSERT 语句执行成功后，会出现提示信息"INSERT 语句执行成功"，并且通过 affected_rows()函数可以获取插入的记录数。如果 INSERT 语句执行失败，则会出现 "INSERT 语句执行失败"。

PHP 也可以通过 query()函数来执行 SELECT 语句，执行成功后会返回一个 mysqli_result 对象。本章假设 mysql_result 对象为$result，$result 中存储的是 SELECT 语句的查询结果。通过$result->num_rows 可以获取查询的记录数，$result->field_count 可以获取查询结果中的字段数。

【示例 3】 下面 PHP 通过 query()函数执行 SELECT 语句。执行成功后，返回执行成功的信息，并且返回查询的记录数和字段数。其部分代码如下：

```
$result=$connection->query("SELECT * FROM score");      //执行 SELECT 语句
if($result){
  echo "<p>SELECT 语句执行成功</p>";
  echo "<p>查询的记录数: ",$result->num_rows,"</p>";       //输出查询的记录数
  echo "<p>查询的字段数: ",$result->field_count,"</p>";     //输出查询的字段数
}
else{
  echo "<p>SELECT 语句执行失败</p>";                  //输出 SELECT 语句执行失败的信息
}
```

如果$result 不为空时，结果输出"SELECT 语句执行成功"，并且显示记录数和字段数。如果$result 为空值，说明 SELECT 语句执行失败。

17.2.2　处理查询结果

query()函数成功地执行 SELECT 语句后，会返回一个 mysqli_result 对象$result。SELECT 语句的查询结果都存储在$result 中。mysqli 接口中提供了 4 种方法来读取数据，这 4 种方法的介绍如下：

❑ $rs=$result->fetch_row()：以普通数组的形式返回记录，通过$rs[$n]来获取字段的值。$rs[0]表示第一个字段，后面依次类推。

❑ $rs=$result->fetch_array()：以关联数组的形式返回记录，可以通过$rs[$n]或者 $rs["columnName"]来获取字段的值。例如，第一个字段的字段名为 id，可以通过 $rs[0]获取$rs["id"]来获取 id 字段的值。

❑ $rs=$result->fetch_assoc()：以关联数组的形式返回记录，但只能通过 $rs["columnName "]的方式来获取字段的值。

❑ $rs=$result->fetch_object()：以对象的形式返回记录，通过$rs->columnName 的方式来获取字段值。例如，通过$rs->id 来获取 id 字段的值。

【示例 4】 下面通过 fetch_row()函数来返回 SELECT 语句的查询结果，其部分代码如下：

```
$result=$connection->query("SELECT * FROM score");       //执行 SELECT 语句
//判断是否还有记录，如果有记录，通过 fetch_row()方法返回记录的值；如果没有记录，返回
```

```
FALSE
while($rs=$result->fetch_row()){
    echo "<p>",$rs[0],"\t",$rs[1],"\t",$rs[2],"\t",$rs[3],"</p>";
                                                    //输出 rs 中的值
}
```

本示例中，$rs 的值只能通过$rs[$n]的形式来获取。

【示例 5】　下面通过 fetch_array()函数来返回 SELECT 语句的查询结果，其部分代码如下：

```
$result=$connection->query("SELECT * FROM score");    //执行 SELECT 语句
//判断是否还有记录，如果有记录，通过 fetch_array ()方法返回记录的值；如果没有记录，
返回 FALSE
while($rs=$result->fetch_array){
    echo "<p>",$rs["id"],"\t",$rs["stu_id"],"\t",$rs[2],"\t",$rs[3],"
    </p>";//输出 rs 的值
}
```

fetch_array()函数的记录可以通过 $rs[$n] 的形式来获取字段的值，也可以通过$rs["columnName "]的形式来获取字段的值。当然，这两种形式也是可以混用的，本示例中就将两者混用。

【示例 6】　下面通过 fetch_object()函数来返回 SELECT 语句的查询结果，其部分代码如下：

```
$result=$connection->query("SELECT * FROM score");    //执行 SELECT 语句
//判断是否还有记录，如果有记录，通过 fetch_object()方法返回记录的值；如果没有记录，
返回 FALSE
while($rs=$result->fetch_object){
    echo "<p>",$rs->id,"\t",$rs->stu_id,"\t",$rs->c_name,"\t",$rs->
    grade,"</p>";                                    //输出 rs 的值
}
```

本示例中使用 fetch_object()函数来返回查询结果。通过$rs->id 获取 id 字段的值，通过$rs->stu_id 获取 stu_id 字段的值。

技巧：上面的 4 种方法都是按照从前到后的顺序读取记录。而且，调用一次返回一条记录。记录读取完毕后，将返回 FALSE。如果希望改变读取记录的顺序，可以使用 data_seek()函数。还可以通过 htmlspecialchars()函数将数据库中的特殊字符按 HTML 标准进行转换。

17.2.3　获取查询结果的字段名

通过 fetch_fields()函数可以获取查询结果的详细信息，这个函数返回对象数组。通过这个对象数组可以获取字段名、表名等信息。例如，$info=$result->fetch_fields()可以产生一个对象数组$info，然后通过$info[$n]->name 获取字段名，通过$info[$n]->table 获取表名。

【示例 7】　下面通过 fetch_fields()函数获取查询结果的字段名和所在的表的名称，其部分代码如下：

```
$result=$connection->query("SELECT * FROM score");    //执行 SELECT 语句
$num=$result->field_count;                            //计算查询的字段数
```

```
$info=$result->fetch_fields();                    //获取记录的字段名、表名等信息
echo "<p>table:",$info[0]->table,"</p>";          //输出表的名称
for($i=0;$i<$num;$i++){
   echo $info[$i]->name,"\t";                      //输出字段的名称
}
```

本示例中使用 field_count 函数获取字段数。通过 fetch_fields()获取查询结果的详细信息，并存储到对象数组$info 中。通过$info[0]->table 获取表的名称，通过$info[$i]->name 获取字段名。

17.2.4　一次执行多个 SQL 语句

query()函数一次只能执行一条 SQL 语句，而 multi_query()函数可以一次执行多个 SQL 语句。如果第一个 SQL 语句正确执行，那么 multi_query()函数返回 true；否则，返回 false。PHP 中使用 store_result()函数获取 multi_query()函数执行查询的记录，一次只能获取一个 SQL 语句的执行结果。可以使用 next_result()函数来判断下一个 SQL 语句的结果是否存在，如果存在，next_result()函数返回 true；否则，返回 false。

【示例 8】　下面使用 multi_query()函数一次性执行两个 SELECT 语句，其部分代码如下：

```
$sql="SELECT * FROM score;SELECT * FROM student";
                                //定义字符串变量，其值是两个 SELECT 语句
$rs=$connection->multi_query($sql);//使用 multi_query()方法执行 SELECT 语句
if($rs){
        $result=$connection->store_result();//将查询结果赋值给$result
        while($row=$result->fetch_object()){
                                //通过 fetch_object()函数取出每条记录的值
            echo "<p>",$row->id,"\t",$row->stu_id,"\t",$row->c_name,"\
            t",$row->grade,"</p>";
        }
        if($connection->next_result()){//判断是否还有下一个 SELECT 语句的查询结果
            $result=$connection->store_result();//将查询结果赋值给$result
                while($row=$result->fetch_object()){
                    echo "<p>",$row->id,"\t",$row->name,"\t",$row->
                    sex,"\t",$row->birth,"</p>";
                }
        }
}
```

$rs 的值为 true 时，表示 SELECT * FROM score 语句执行成功。然后可以通过 store_result()函数获取查询结果，并且使用 fetch_object()函数将记录读取出来。第一个 SELECT 语句的记录都读取完毕后，使用 next_result()函数判断是否还有其他 SQL 语句的执行结果。返回值为 true 时，表示还有其他结果，可以再次使用 store_result()函数来读取下一个 SQL 语句的执行结果。

🔔 说明：store_result()函数一次读取一个 SQL 语句的所有执行结果，并且将这些结果全部返回到客户端。除了 store_result()函数以外，还可以使用 use_result()函数来读取

执行结果。use_result()函数将读取的结果存储在服务器端，每次只向客户端送一条记录。因此 use_result()函数的效率比 store_result()函数低。

17.2.5　处理带参数的 SQL 语句

PHP 中可以执行带参数的 SQL 语句。带参数的 SQL 语句中可以不指定某个字段的值，而使用问号（?）代替，然后在后面的语句中指定值来替换掉问号。通过 prepare()函数将带参数的 SQL 语句进行处理，其语句如下：

```
$stmt=$mysqli->prepare("INSERT INTO table(name1, name2) VALUES(?, ?)");
```

上面的 INSERT 语句没有指定 name1 字段和 name2 字段的值，而是用问号代替，然后可以在后面的语句为这两个字段设置值。prepare()函数返回一个 mysqli_stmt 对象，也就是说上面语句中的$stmt 是一个 mysqli_stmt 对象。mysqli_stmt 对象通过 bind_param()方法为每个变量设置数据类型，bind_param()方法中使用不同的字母来表示数据类型，这些字母介绍如下：

❑ i 表示整数，其中包括 INT、TINYINT、BIGINT 等。
❑ d 表示浮点数，其中包括 FLOAT、DOUBLE、DECIMAL 等。
❑ s 表示字符串，其中包括 CHAR、varchar、TEXT 等。
❑ b 表示二进制数据，其中包括 BLOB 等。

bind_param()函数中将数据类型与相应的变量对应，其语句形式如下：

```
$stmt->bind_param('idsb', $var1, $var2, $var3, $var4);
```

上面语句中，变量$var1 对应字母 i，这表示$var 是整数类型；变量$var2 对应字母 d，这表示$var2 是浮点数类型；变量$var3 和$var4 分别为字符串类型和二进制类型。

上面的两个语句可以将带参数的 SQL 语句设置好，然后就可以为这些参数赋值。赋值完毕后，可以通过 execute()方法执行 SQL 语句，其语句的基本形式如下：

```
$stmt->execute();
```

【示例 9】向 score 表中插入两条记录，其部分代码如下：

```
//通过 prepare()方法执行 INSERT 语句，INSERT 语句用问号（?）代替具体的值
$stmt=$mysqli->prepare("INSERT INTO score(id, stu_id, c_name, grade)
VALUES(?, ?,?,?)");
$stmt->bind_param('iisi', $id, $stu_id, $c_name, $grade);//给变量设置数据类型
$id=15;                                          //给每个变量赋值
$stu_id=908;
$c_name="数学";
$grade=85;
$stmt->execute();                                //执行 INSERT 语句
$id=16;                                          //给每个变量赋值
$stu_id=909;
$c_name="数学";
$grade=88;
$stmt->execute();                                //执行 INSERT 语句
```

本示例将 id 为 15 和 16 的两条记录插入到 score 表中。如果条件需要，可以通过上面

的形式插入更多的记录。由上面的例子可以看出，带参数的 SQL 语句使用起来非常灵活。这种方法不仅可以执行 INSERT 语句，而且还可以执行 UPDATE 语句、DELETE 语句。语句执行完成后，可以通过$stmt->affect_rows 属性返回影响的记录数。

17.2.6　关闭创建的对象

对 MySQL 数据库的访问完成后，必须关闭创建的对象。连接 MySQL 数据库时创建了$connection 对象，处理 SQL 语句的执行结果时创建了$result 对象。操作完成后，这些对象都必须使用 close()方法来关闭。其基本形式为：

```
$result->close();
$connection->close();
```

当不再需要$result 中的结果时，就可以关闭$result 对象。当对 MySQL 数据库的所有操作都完成后，需要断开与 MySQL 数据库的连接时，可以关闭$connection 对象。

如果 PHP 代码中使用了 prepare()函数，那么一定会返回 mysqli_stmt 对象。execute()方法执行完毕后，也可以通过 close()方法关闭 mysqli_stmt 对象。假设 mysqli_stmt 对象为$stmt，关闭该对象的语句如下：

```
$stmt->close();
```

在 PHP 中，代码编写完成后，最好多考虑一下创建了哪些对象、哪些对象需要关闭。如果后面不需要再使用这些对象，那么最好将对象关闭。

17.3　PHP 备份与还原 MySQL 数据库

PHP 语言中可以执行 mysqldump 命令来备份 MySQL 数据库，也可以执行 mysql 命令来还原 MySQL 数据库。PHP 中使用 system()函数或者 exec()函数来调用 mysqldump 命令和 mysql 命令。本节将为读者介绍 PHP 备份与还原 MySQL 数据库的方法。

17.3.1　PHP 备份 MySQL 数据库

PHP 可以通过 system()函数或者 exec()函数来调用 mysqldump 命令。system()函数的形式如下：

```
system("mysqldump -h hostname -u user -pPassword database [table] >
dir/backup.sql");
```

exec()函数的使用方法与 system()函数是一样的。这里直接将 mysqldump 命令当作系统命令来调用，这需要将 MySQL 的应用程序的路径添加到系统变量的 Path 变量中。如果不想把 MySQL 的应用程序的路径添加到 Path 变量中，可以使用 mysqldump 命令的完整路径。假设 mysqldump 在 C:\mysql\bin\目录下，system()函数的形式如下：

```
system("C:/mysql/bin/mysqldump -h hostname -u user -pPassword database
[table] > dir/backup.sql");
```

【示例 10】将 test 数据库备份到 C:\目录下的 test.sql 文件中，其部分代码如下：

```
<?php
//调用 system() 函数执行 mysqldump 命令
system(C:/mysql/bin/mysqldump -h localhost -u root -phuang test > C:/test.sql);
?>
```

system()函数会调用 C:\mysql\bin\目录下的 mysqldump 命令，通过 mysqldump 命令将 test 数据库备份到 C:\目录下的 test.sql 文件中。Linux 操作系统下的使用情况也是一样的，但是在 Linux 操作系统下一定要注意权限问题，只有拥有 root 权限或者 mysql 权限的用户才能够正确地执行这段代码。

17.3.2　PHP 还原 MySQL 数据库

PHP 可以通过 system()函数或者 exec()函数来调用 mysql 命令。system()函数的形式如下：

```
system("mysql -h hostname -u user -pPassword database [table] < dir/backup.sql");
```

exec()函数的使用方法与 system()函数是一样的。mysql 命令和 mysqldump 命令一样，只有 MySQL 的应用程序的路径添加到系统变量的 Path 变量中，才可以直接调用 mysql 命令。否则，需要加上 mysql 命令的完整路径。假设 mysql 在 C:\mysql\bin\目录下，system()函数的形式如下：

```
system("C:/mysql/bin/mysql -h hostname -u user -pPassword database [table]
< dir/backup.sql");
```

【示例 11】将 C:\目录下的 test.sql 文件还原到 test 数据库中，其部分代码如下：

```
<?php
//调用 system() 函数执行 mysql 命令
system(C:/mysql/bin/mysql -h localhost -u root -phuang test < C:/test.sql);
?>
```

system()函数会调用 C:\mysql\bin\目录下的 mysql 命令，通过 mysql 命令将 test.sql 文件中的数据还原到 test 数据库中。

17.4　本 章 小 结

本章介绍了 PHP 访问 MySQL 数据库的方法。使用 PHP 语言连接 MySQL 数据库和操作 MySQL 数据库是本章的重点内容，这部分重点讲解了 PHP 使用 mysqli 接口连接 MySQL 数据库，还讲解了 PHP 中执行 SELECT 语句、INSERT 语句、UPDATE 语句、DELETE 语句的方法。本章的难点是在 PHP 中一次执行多个 SELECT 语句，执行多个 SELECT 语句需要使用 multi_query()函数。PHP 备份和还原 MySQL 数据库也是一大难点，希望读者能够认真学习 PHP 调用外部命令的方法。

第 18 章　学员管理系统

MySQL 数据库的使用非常广泛,很多的网站和管理系统都使用 MySQL 数据库存储数据。本章将向读者介绍学员管理系统的开发过程。该管理系统使用 Java 语言开发,数据库使用 MySQL 数据库,Web 服务器使用 Tomcat。

本章的主要知识点如下:

- ❑ 系统概述;
- ❑ 系统功能;
- ❑ 数据库设计;
- ❑ 系统实现。

18.1　系　统　概　述

由于计算机技术的飞速发展,数据库技术作为数据管理的一个有效的手段,在各行各业中得到越来越广泛的应用。驾校学员管理系统主要用于管理驾校的各种数据。本节将介绍驾校学员管理系统的基本信息。

随着驾校学员的增加,就会增加大量的数据。这些数据的增加,给驾校学员管理的管理员在资料的整理、资料的查询、数据的处理上带来很大的不便。建立本系统的基本目标是为了减少管理员的工作强度,使得对学员信息的查询和数据处理的速度得到很大程度的提高,从而提高管理员的工作效率。

本系统主要用于管理学员的学籍信息、体检信息、成绩信息、驾驶证的领取信息等。这些信息的录入、查询、修改、删除等操作都是该系统重点解决的问题。

本系统分为如下 5 个管理部分:用户管理、学籍信息管理、体检信息管理、成绩信息管理、领证信息管理。

本驾校学员管理系统的开发语言为 Java 语言,使用的开发环境是 Eclipse 和 MyEclipse,选择的数据库是 MySQL。本系统是 B/S 架构的系统,需要使用 Web 服务器 Tomcat。

18.2　系　统　功　能

驾校学员管理系统的主要功能是管理驾校学员的基本信息。通过本管理系统,可以提高驾校的管理者的工作效率。本节将详细地介绍本系统的功能。

本驾校学员管理系统分为如下 5 个管理部分:用户管理、学籍信息管理、体检信息管理、成绩信息管理、领证信息管理。本系统的功能模块如图 18.1 所示。

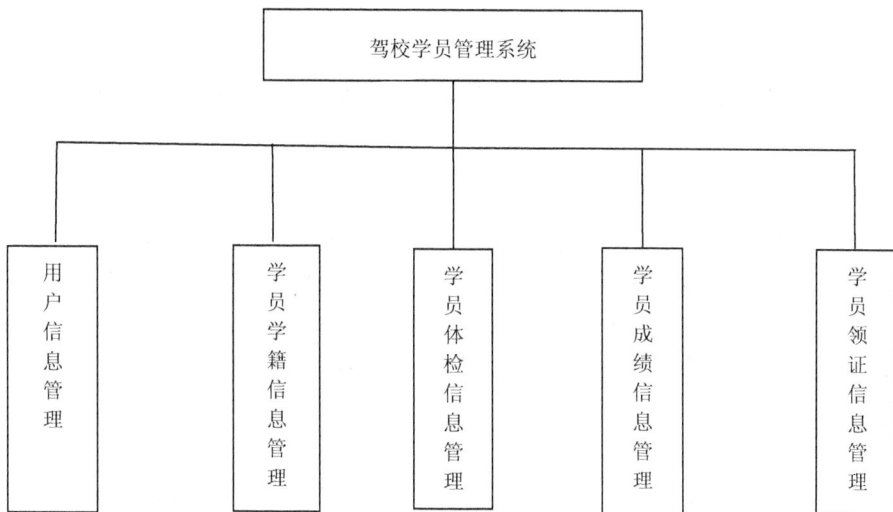

18.1 系统功能模块图

这 5 个部分的详细介绍如下。

❑ 用户信息管理：主要是对管理员的登录进行管理。管理员登录成功后，系统会进入到系统管理界面。而且，管理员可以修改自己的密码。

❑ 学籍信息管理：主要是处理学籍信息的插入、查询、修改和删除。查询学员的学籍信息时，可以通过学号、姓名、报考的车型和学员的状态进行查询。通过这 4 个方面的处理，使学籍信息的管理更加方便。

❑ 体检信息管理：主要对学员体检后的体检信息进行插入、查询、修改和删除。

❑ 成绩信息管理：对学员的学籍信息进行插入、查询、修改和删除等操作，以便有效地管理学员的成绩信息。

❑ 领证信息管理：对学员的驾驶证的领取进行管理。这部分主要进行领证信息的插入、查询、修改和删除等操作。这样可以保证学员驾驶证被领取后，领取驾驶证时的信息能够被有效地管理。

通过本节的介绍，读者对这个驾校学员管理系统的主要功能有了一定的了解。下一节会向读者介绍本系统所需要的数据库和表。

18.3 数据库设计

数据库设计是开发管理系统的一个重要步骤，如果数据库设计不合理，会给后续的系统开发带来很大的麻烦。本节为读者介绍驾校管理系统的数据库的设计过程。

数据库设计时要确定创建哪些表、表中有哪些字段、字段的数据类型和长度。本章介绍的驾校学员管理系统选择 MySQL 数据库。因为本书主要是介绍 MySQL 数据库的知识，所以在设计数据库时会尽量用到书中介绍过的 MySQL 数据库的知识点，这样可以让读者对 MySQL 数据库有一个全面的认识。

18.3.1　设计表

本系统所有的表都放在 drivingschool 数据库下，创建 drivingschool 数据库的 SQL 代码如下：

```
CREATE DATABASE drivingschool;
```

在这个数据库下一共存放6张表，分别是 user 表、studentInfo 表、healthInfo 表、courseInfo 表、gradeInfo 表和 licenseInfo 表。其中，user 表存储管理员的用户名和密码；studentInfo 表存储学员的学籍信息；healthInfo 表存储学员的体检信息；courseInfo 表存储学员的课程信息；gradeInfo 表存储学员各科考试信息；licenseInfo 表存储领取驾驶证的信息。

1．user表

user 表中存储用户名和密码，所以将 user 表设计为只有两个字段：username 字段表示用户名，password 字段表示密码。因为用户名和密码都是字符串，所以这两个字段都使用 varchar 类型，而且将这两个字段的长度都设置为 20，而且用户名必须唯一。user 表的每个字段的信息见表 18.1。

表 18.1　user表的内容

字段名	字段描述	数据类型	主键	外键	非空	唯一	默认值	自增
username	用户名	varchar(20)	是	否	是	是	无	否
password	密码	varchar (20)	否	否	是	否	无	否

根据表 18.1 的内容创建 user 表，创建 user 表的 SQL 语句如下：

```
CREATE TABLE user(
     username VARCHAR(20) PRIMARY KEY UNIQUE NOT NULL ,
     password VARCHAR(20) NOT NULL
     );
```

创建完成后，可以使用 DESC 语句或者 SHOW CREATE TABLE 语句查看 user 表的结构。

2．studentInfo表

studentInfo 表中主要存储学员的学籍信息，包括学号、姓名、性别、年龄、身份证号码等信息。用 sno 字段表示学号，因为学号是 studentInfo 表的主键，所以 sno 字段是不能为空值的，而且值必须是唯一的；identify 字段表示学员的身份证号，而每个学员的身份证号必须是唯一的。因为有些身份证号以字母 x 结束，所以 identify 字段设计为 varchar 类型。

sex 字段表示学员的性别，该字段只有"男"和"女"这两个取值，因此 sex 字段使用 ENUM 类型；scondition 字段表示学员的学业状态，每个学员只有 3 种状态，分别是"学习"、"结业"和"退学"，因此，scondition 字段也使用 ENUM 类型；入学时间和毕业时间都是日期，因此选择 DATE 类型；s_text 字段用于存储备注信息，所以选择 TEXT 类型比较合适。studentInfo 表的每个字段的信息见表 18.2。

表 18.2　studentInfo表的内容

字段名	字段描述	数据类型	主键	外键	非空	唯一	默认值	自增
sno	学号	int(8)	是	否	是	是	无	否
sname	姓名	varchar (20)	否	否	是	否	无	否
sex	性别	enum	否	否	是	否	无	否
age	年龄	int(3)	否	否	否	否	无	否
identify	身份证号	varchar (18)	否	否	是	是	无	否
tel	电话	varchar (15)	否	否	否	否	无	否
car_type	报考车型	varchar (4)	否	否	否	否	无	否
enroll_time	入学时间	date	否	否	是	否	无	否
leave_time	毕业时间	date	否	否	否	否	无	否
scondition	学业状态	enum	否	否	是	否	无	否
s_text	备注	text	否	否	否	否	无	否

创建 studentInfo 表的 SQL 代码如下：

```
CREATE TABLE studentInfo(
    sno INT(8) PRIMARY KEY UNIQUE NOT NULL,
    sname VARCHAR(20) NOT NULL,
    sex ENUM('男', '女') NOT NULL,
    age INT(3),
    identify VARCHAR(18) UNIQUE NOT NULL,
    tel VARCHAR(15),
    car_type VARCHAR(4) NOT NULL,
    enroll_time DATE NOT NULL,
    leave_time DATE,
    scondition ENUM('学习', '结业', '退学') NOT NULL,
    s_text TEXT
);
```

studentInfo 表创建成功后，读者可以通过 DESC 语句查看 studentInfo 表的基本结构，也可以通过 SHOW CREATE TABLE 语句查看 studentInfo 表的详细信息。

3. healthInfo表

因为驾校体检主要检查身高、体重、视力、听力、辨色能力、腿长和血压信息。所以 healthInfo 表中必须包含这些信息。身高、体重、左眼视力和右眼视力分用 height 字段、weight 字段、left_sight 字段和 right_sight 字段表示。因为这些字段的值有小数，所以这些字段都定义成 FLOAT 类型；辨色能力、左耳听力、右耳听力、腿长和血压分别用 differentiate 字段、left_ear 字段、right_ear 字段、legs 字段和 pressure 字段表示。这些字段的取值都是在特定的几个取值中取一个，因此定义成 ENUM 类型。

id 字段是记录的编号，而且该字段为自增类型。每插入一条新纪录，id 字段的值会自动加 1；healthInfo 表中需要一个字段与 studentInfo 表建立连接关系，这就可以设计 sno 字段是外键，其依赖于 studentInfo 表的 sno 字段；healthInfo 表中设计一个学员姓名的字段，用 sname 字段表示。特别值得注意的是 sname 字段与 studentInfo 表中 sname 字段的值是一样的。这个字段使 healthInfo 表不能满足三范式的要求。但是，查询 healthInfo 表时需要使用这个字段。为了提高查询速度，特意在 healthInfo 表中增加了 sname 字段。healthInfo 表的每个字段的信息见表 18.3。

表 18.3　healthInfo表的内容

字段名	字段描述	数据类型	主键	外键	非空	唯一	默认值	自增
id	编号	int(8)	是	否	是	是	无	是
sno	学号	int(8)	否	是	是	是	无	否
sname	姓名	varchar (20)	否	否	是	否	无	否
height	身高	float	否	否	否	否	无	否
weight	体重	float	否	否	否	否	无	否
differentiate	辨色	enum	否	否	否	否	无	否
left_sight	左眼视力	float	否	否	否	否	无	否
right_sight	右眼视力	float	否	否	否	否	无	否
left_ear	左耳听力	enum	否	否	否	否	无	否
right_ear	右耳听力	enum	否	否	否	否	无	否
legs	腿长是否相等	enum	否	否	否	否	无	否
pressure	血压	enum	否	否	否	否	无	否
history	病史	varchar (50)	否	否	否	否	无	否
h_text	备注	text	否	否	否	否	无	否

创建 healthInfo 表的 SQL 语句如下：

```
CREATE TABLE healthInfo(
        id INT(8) PRIMARY KEY UNIQUE NOT NULL AUTO_INCREMENT,
        sno INT(8) UNIQUE NOT NULL,
        sname VARCHAR(20) NOT NULL,
        height FLOAT,
        weight FLOAT,
        differentiate ENUM('正常', '色弱', '色盲'),
        left_sight FLOAT,
        right_sight FLOAT,
        left_ear ENUM('正常', '偏弱'),
        right_ear ENUM('正常', '偏弱'),
        legs ENUM('正常', '不相等'),
        pressure ENUM('正常', '偏高', '偏低'),
        history VARCHAR(50),
        h_text TEXT,
        CONSTRAINT health_fk  FOREIGN KEY (sno)
        REFERENCES  studentInfo(sno)
        );
```

创建 healthInfo 表时将 sno 字段设置为外键，而且外键的别名为 health_fk。而且，id 字段加上了 AUTO_INCREMENT 属性，这样就可以将 id 字段设置为自增字段。healthInfo 表创建完成后，读者可以使用 DESC 语句或者 SHOW CREATE TABLE 语句查看 healthInfo 表的结构。

4．courseInfo表

courseInfo 表用于存储考试科目的信息，每个科目都必须有科目号、科目名称。有些科目必须在某个科目考试完成之后才能学习，因此，每个科目都要有个先行考试科目。这个表只需要 3 个字段就可以了：cno 字段表示科目号，cname 字段表示科目名称，before_cour 字段表示先行考试科目的科目号。每条记录中，只有 before_cour 字段中存储的科目考试通过后，学员才可以报考 cno 表示的科目。由于第一个科目没有先行考试科目，因此，第一个科目的先行考试科目号的默认值为 0。courseInfo 表的每个字段的信息见表 18.4。

表 18.4　courseInfo表的内容

字段名	字段描述	数据类型	主键	外键	非空	唯一	默认值	自增
cno	科目号	int(4)	是	否	是	是	无	否
cname	科目名程	varchar (20)	否	否	是	是	无	否
before_cour	先行考试科目	int(4)	否	否	是	否	0	否

创建 courseInfo 表的 SQL 代码如下：

```
CREATE TABLE courseInfo(
    cno INT(4) PRIMARY KEY NOT NULL UNIQUE,
    cname VARCHAR(20) NOT NULL UNIQUE,
    before_cour INT(4) NOT NULL DEFAULT 0
    );
```

从上面的 SQL 代码可以看到，使用 DEFAULT 关键字为 before_cour 字段设置默认值。courseInfo 表创建完成后，读者可以使用 DESC 语句或者 SHOW CREATE TABLE 语句查看 courseInfo 表的结构。

5. gradeInfo表

gradeInfo 表用于存储学员的成绩信息。这个表必须与 studentInfo 表和 course 表建立联系，因此设计 sno 字段和 cno 字段。sno 字段和 cno 字段作为外键。sno 字段依赖于 studentInfo 表的 sno 字段，cno 字段依赖于 courseInfo 表的 cno 字段。这里一个学员可能需要参加多个科目，而且同一个科目可能需要考多次。因此，sno 字段和 cno 字段都不是唯一字段，表中可以出现重复的值。而且，需要记录每科考试的时间和考试的次数。这里用 last_time 字段表示考试时间，times 字段表示某一个科目的考试次数。默认情况下是第一次参加考试，因此 times 字段的默认值为 1。分数用 grade 字段表示，默认分数为 0 分。gradeInfo 表的每个字段的信息见表 18.5。

表 18.5　gradeInfo表的内容

字段名	字段描述	数据类型	主键	外键	非空	唯一	默认值	自增
id	编号	int(8)	是	否	是	是	无	是
sno	学号	int(8)	否	是	是	否	无	否
cno	科目号	int(4)	否	是	是	否	无	否
last_time	考试时间	date	否	否	否	否	无	否
times	考试次数	int(4)	否	否	否	否	1	否
grade	成绩	float	否	否	否	否	0	否

创建 gradeInfo 表的 SQL 代码如下：

```
CREATE TABLE gradeInfo(
    id INT(8) PRIMARY KEY UNIQUE NOT NULL AUTO_INCREMENT,
    sno INT(8) NOT NULL,
```

```
cno INT(4) NOT NULL,
last_time DATE,
times INT(4) DEFAULT 1,
grade FLOAT DEFAULT 0,
CONSTRAINT  grade_sno_fk  FOREIGN KEY (sno)
REFERENCES  studentInfo(sno),
CONSTRAINT  grade_cno_fk  FOREIGN KEY (cno)
REFERENCES  courseInfo(cno)
);
```

代码执行完成后，sno 字段被设置成外键，该外键的别名为 grade_sno_fk。同时，cno 字段也被设置成外键，该外键的别名为 grade_cno_fk。gradeInfo 表创建完成后，读者可以使用 DESC 语句或者 SHOW CREATE TABLE 语句查看 gradeInfo 表的结构。

6. licenseInfo表

licenseInfo 表用于存储学员领取驾驶证的信息。这个表中需要记录学员的学号、姓名、驾驶证号码、领取时间、领取人等信息。而且 licenseInfo 表需要与 studentInfo 表建立联系，这可以通过学号来完成。在该表中设计 sno 字段为外键，其依赖于 studentInfo 表的 sno 字段。姓名用 sname 字段表示，sname 字段是冗余字段，设置这个字段是为了提高查询速度。

驾驶证号码用 lno 字段表示，每个人的驾驶证号都是唯一的；领取时间用 receive_time 字段表示，该字段设置为 DATE 类型；领取人的姓名用 receive_name 字段表示；表中需要一个字段来存储备注信息，这里设计 l_text 字段来存储备注信息，而且其应该为 TEXT 类型；licenseInfo 表的每个字段的信息见表 18.6。

表 18.6　licenseInfo表的内容

字段名	字段描述	数据类型	主键	外键	非空	唯一	默认值	自增
id	编号	int(8)	是	否	是	是	无	是
sno	学号	int(8)	否	是	是	是	无	否
sname	姓名	varchar (20)	否	否	是	否	无	否
lno	驾驶证号	varchar (18)	否	否	是	是	无	否
receive_time	领证时间	date	否	否	否	否	无	否
receive_name	领证人	varchar (20)	否	否	否	否	无	否
l_text	备注	text	否	否	否	否	无	否

创建 licenseInfo 表的 SQL 代码如下：

```
CREATE TABLE licenseInfo(
    id INT(8) PRIMARY KEY UNIQUE NOT NULL AUTO_INCREMENT,
    sno INT(8) UNIQUE NOT NULL,
    sname VARCHAR(20) NOT NULL,
    lno VARCHAR(18) UNIQUE NOT NULL,
    receive_time DATE,
    receive_name VARCHAR(20),
    l_text TEXT,
    CONSTRAINT  license_fk  FOREIGN KEY (sno)
    REFERENCES  studentInfo(sno)
    );
```

sno 字段被设置成外键，该外键的别名为 license_fk。licenseInfo 表创建完成后，读者可以使用 DESC 语句或者 SHOW CREATE TABLE 语句查看 licenseInfo 表的结构。

18.3.2 设计索引

索引是创建在表上的，是对数据库表中一列或多列的值进行排序的一种结构。索引可以提高查询的速度。驾校学员管理系统需要查询学员的信息，这就需要在某些特定字段上建立索引，以便提高查询速度。

1. 在studentInfo表上建立索引

驾校学员管理系统中需要按照 sname 字段、car_type 字段、scondition 字段查询学籍信息，因此，需要在这 3 个字段上创建索引。本小节将使用 CREATE INDEX 语句和 ALTER TABLE 语句创建索引。

下面使用 CREATE INDEX 语句在 sname 字段上创建名为 index_stu_name 的索引，SQL 语句如下：

```
CREATE INDEX index_stu_name ON studentInfo(sname);
```

然后，再使用 CREATE INDEX 语句在 car_type 字段上创建名为 index_car 的索引，SQL 语句如下：

```
CREATE INDEX index_car ON studentInfo(car_type);
```

最后，使用 ALTER TABLE 语句在 scondition 字段上创建名为 index_con 的索引，SQL 语句如下：

```
ALTER TABLE studentInfo ADD INDEX index_con(scondition);
```

代码执行完毕后，读者可以使用 SHOW CREATE TABLE 语句查看 studentInfo 表的结构。查看结果中如果显示了 index_stu_name、index_car 和 index_con 这 3 个索引，这表示索引创建成功。

2. 在healthInfo表上建立索引

管理系统中需要通过 sname 字段查询 healthInfo 表中的记录，因此需要在这些字段上创建索引。创建索引的语句如下：

```
CREATE INDEX index_h_name ON healthInfo(sname);
                    //在 sname 字段上创建名为 index_h_name 的索引
```

代码执行完毕后，读者可以使用 SHOW CREATE TABLE 语句查看 healthInfo 表的结构。

3. 在licenseInfo表上建立索引

管理系统需要通过 sname 字段和 receive_name 字段查询 licenseInfo 表中的信息，因此可以在这两个字段上创建索引。创建索引的语句如下：

```
ALTER TABLE licenseInfo ADD INDEX index_license_name(sname);
ALTER TABLE licenseInfo ADD INDEX index_receive_name(receive_name);
```

上面的代码都是使用 ALTER TABLE 语句来创建索引。第一个语句在 sname 字段上创建名为 index_license_name 的索引，第二个语句在 receive_name 字段上创建名为 index_license_name 的索引，代码执行完毕后，读者可以使用 SHOW CREATE TABLE 语句查看 licenseInfo 表的结构。

18.3.3 设计视图

视图是由数据库中的一个表或多个表导出的虚拟表。其作用是方便用户对数据的操作。在这个管理系统中，也设计了一个视图改善查询操作。

在驾校学员管理系统中，如果直接查询 gradeInfo 表，显示信息时会显示学员的学号和考试的科目号。这种显示并不直观，为了以后查询方便，可以创建一个视图 grade_view。这个视图显示编号、学号、姓名、课程名、last_time 字段、times 字段、grade 字段。创建视图 grade_view 的 SQL 代码如下：

```
CREATE VIEW grade_view
    AS SELECT g.id,g.sno,s.sname,c.cname,last_time,times,grade
    FROM studentInfo s,courseInfo c,gradeInfo g
    WHERE g.sno=s.sno AND g.cno=c.cno;
```

上述 SQL 语句中给每个表都取了一个别名，studentInfo 表的别名为 s；courseInfo 表的别名为 c；gradeInfo 表的别名为 g。这个视图从这 3 个表中取出了相应的字段。视图创建完成后，可以使用 SHOW CREATE VIEW 语句查看视图。如果想了解更多关于视图的内容，请参考第 9 章。

18.3.4 设计触发器

触发器是由 INSERT、UPDATE 和 DELETE 等事件来触发某种特定操作。满足触发器的触发条件时，数据库系统就会执行触发器中定义的程序语句，这样做可以保证某些操作之间的一致性。为了使驾校学员管理系统的数据更新更加快速、合理，可以在数据库中设计几个触发器。

1. 设计INSERT触发器

如果向 licenseInfo 表中插入记录，说明这个学员已经结业。那么 studentInfo 表中的 scondition 字段的值应该更新为"结业"。这可以通过触发器来完成。在 licenseInfo 表上创建名为 license_stu 的触发器，其 SQL 语句如下：

```
DELIMITER &&
CREATE TRIGGER license_stu AFTER INSERT
    ON licenseInfo FOR EACH ROW
    BEGIN
        UPDATE studentInfo SET leave_time=NEW.receive_time,
        scondition='结业'
        WHERE sno=NEW.sno;
    END
    &&
DELIMITER ;
```

如果向 licenseInfo 表中执行 INSERT 操作，那么系统会自动将学员的离校时间（leave_time）设置为领证时间。NEW.receive_time 表示新插入的记录的 receive_time 字段的值。同时，该触发器会将 scondition 字段的值更新为"结业"。

2．设计UPDATE触发器

在设计表的时候，healthInfo 表和 licenseInfo 表中的 sname 字段的值与 studentInfo 表中 sname 字段的值是一样的。如果 studentInfo 表中 sname 字段的值更新了，那么 healthInfo 表和 licenseInfo 表中的 sname 字段的值也必须同时更新。这可以通过一个 UPDATE 触发器来实现。创建 UPDATE 触发器 update_sname 的 SQL 代码如下：

```
DELIMITER &&
CREATE  TRIGGER update_sname AFTER  UPDATE
        ON  studentInfo  FOR  EACH  ROW
        BEGIN
            UPDATE healthInfo SET sname=NEW.sname WHERE sno=NEW.sno;
            UPDATE licenseInfo SET sname=NEW.sname WHERE sno=NEW.sno;
        END
        &&
DELIMITER ;
```

其中，NEW.sno 表示 studentInfo 表中更新的记录的 sno 值。如果 studentInfo 表中的一个学员的姓名改变了，healthInfo 表和 licenseInfo 表中 sno 值相同的记录也会同时更新 sname 字段的值。

3．设计DELETE触发器

如果从 studentInfo 表中删除一个学员的学籍信息，那么这个学员在 healthInfo 表、gradeInfo 表和 licenseInfo 表中的信息也必须同时删除。这也可以通过触发器来实现。在 studentInfo 表上创建 delete_stu 触发器，只要执行 DELETE 操作，那么就删除 healthInfo 表、gradeInfo 表和 licenseInfo 表中相应的记录。创建 delete_stu 触发器的 SQL 语句如下：

```
DELIMITER &&
CREATE  TRIGGER delete_stu AFTER  DELETE
        ON  studentInfo  FOR  EACH  ROW
        BEGIN
            DELETE FROM gradeInfo WHERE sno=OLD.sno;
            DELETE FROM healthInfo WHERE sno=OLD.sno;
            DELETE FROM licenseInfo WHERE sno=OLD.sno;
        END
        &&
DELIMITER ;
```

其中，OLD.sno 表示新删除的记录的 sno 值。如果一次性删除 studentInfo 表中的所有记录时，这个触发器只能获取第一条记录的 sno 值。但是在管理系统中都是一次删除一条信息，因此这个触发器可以达到预期效果。

18.4　系 统 实 现

本驾校学员管理系统使用 Java 语言开发，系统开发环境为 Eclipse 和 MyEclipse。本节将向读者介绍本系统的编码实现。

18.4.1　构建工程

首先，在 MyEclipse 创建一个 Web 工程，并将这个 Web 工程取名为 DrivingSchool。将 JDBC 驱动添加到工程中，然后在工程中的 src 文件下创建两个包（Package），分别取名为 db 和 servlet。db 包下存放连接和处理 MySQL 数据库的 Java 类，servlet 包下存放着所有的 servlet 文件。本工程的所有 JSP 页面都放在 WebRoot 文件夹下。

18.4.2　访问和操作 MySQL 数据库的代码

在 db 包下创建 DB.java 类，这个 Java 类中封装了 5 个方法，这些方法分别是 connectMySQL() 方法、query() 方法、update() 方法、execute() 方法和 closeDB() 方法。connectMySQL() 方法主要用于连接 MySQL 数据库；query() 方法用于执行 SELECT 语句；update() 方法用于执行 INSERT 语句、UPDATE 语句、DELETE 语句；execute() 方法可以执行所有的 SQL 语句；closeDB() 方法用于关闭数据库对象。下面分别介绍这几个方法的代码。

1. connectMySQL() 方法

connectMySQL() 方法的作用是连接 MySQL 数据库。方法中使用 Class.forName() 声明驱动，使用 getConnection() 方法创建 Connection 对象，使用 createStatement() 方法创建 Statement 对象。connectMySQL() 方法的主要代码如下：

```
public void connectMySQL() {
        String url="jdbc:mysql://59.65.226.15:3306/drivingschool";
                            //获取 JDBC 协议和 MySQL 端口
        String user="root";                      //获取数据库的用户名
        String passwd="huanghuajin";             //获取密码
        try {                                    //使用 try...catch 语句捕获异常
            Class.forName("com.mysql.jdbc.Driver");        //指定 JDBC 驱动
            conn = DriverManager.getConnection(url, user, passwd);
                            //实例化 Connection 对象
            System.out.print("连接数据库服务器成功"); //输出连接成功的信息
            stat=conn.createStatement();              //实例化 Statement 对象
        } catch (Exception e) {                     //捕获异常
            e.printStackTrace();                    //输出异常信息
        }
}
```

因为连接 MySQL 数据库需要 JDBC 驱动，所以使用 Class.forName () 方法指定 com.mysql.jdbc.Driver 驱动程序。因为本机器的 IP 地址为 59.65.226.15，所以在 url 中设置为这个 IP 地址。MySQL 的端口号为 3306。连接 MySQL 后直接登录到 drivingschool 数据库中，因为驾校学员管理系统的数据都存储在这个数据库下。这个 MySQL 数据库的 root 用户的密码是"huanghuajin"。

2. query() 方法

query() 方法用于执行 SELECT 语句。query() 方法中是通过调用 executeQuery() 方法来

执行 SELECT 语句的。执行完 SELECT 语句后，executeQuery()方法会返回 ResultSet 对象。查询结果都存储在 ResultSet 对象中，因此，query()函数的类型为 ResultSet。query()方法的代码如下：

```
public ResultSet query(String sql) throws SQLException{
    if(sql==null||sql.equals("")){          //判断是否有 SELECT 语句
        return null;                        //如果没有 SELECT 语句就返回 null
    }
    rs=stat.executeQuery(sql);              //执行 SELECT 语句
    return rs;                              //返回查询结果 rs
}
```

executeQuery()方法是 Statement 类中的方法，需要 Statement 对象来调用。上述代码中，stat 为 Statement 对象，因此，stat 可以调用 executeQuery()方法执行 SELECT 语句。

3．update()方法

update()方法用于执行 INSERT 语句、UPDATE 语句和 DELETE 语句。update()方法中是通过调用 executeUpdate()方法来执行这些 SQL 语句的。执行完 SQL 语句后，executeUpdate()方法会返回更新的记录数。因此，update()方法的类型为 int 类型。executeUpdate()方法的代码如下：

```
public int update(String sql) throws SQLException{
    int i;                                  //变量 i 用于存储更新的记录数
    if(sql==null||sql.equals("")){          //判断是否有更新语句
        return 0;                           //没有更新语句时返回 0
    }
    i=stat.executeUpdate(sql);              //执行更新语句
    return i;                               //返回更新的记录数
}
```

executeUpdate()方法也是 Statement 类中的方法，也需要 Statement 对象来调用。因此，上述代码中也使用 stat 来调用 executeUpdate()方法。

4．excuteSQL()方法

excuteSQL()方法既可以执行 SELECT 语句，也可以执行更新数据的 SQL 语句。excuteSQL()方法调用 Statement 类中的 excute()方法来执行 SQL 语句。excute()方法执行 SELECT 语句时返回 TRUE，执行其他 SQL 语句时返回 FALSE。

执行 SELECT 语句后，可以通过 getResultSet()方法获取查询结果。因为查询结果存储在 ResultSet 对象中，所以 excuteSQL()方法的类型为 ResultSet。excuteSQL()方法的代码如下：

```
public ResultSet excute(String sql) throws SQLException{
    boolean t;                              //定义布尔型变量 t
    if(sql==null||sql.equals("")){          //判断是否有 SELECT 语句
        return null;
    }
    t=stat.execute(sql);                    //将 execute()方法的返回值赋给 t
    //如果 t 的值为 TRUE，则 execute()方法中执行了 SELECT 语句
    if(t==true){
```

```
            rs=stat.getResultSet();           //将查询结果赋值给 rs
            return rs;                         //返回 rs
    }
    //如果 t 的值不是 TRUE, 则 execute()方法执行了 INSERT 语句、UPDATE 语句或者
    DELETE 语句
    else{
            int i=stat.getUpdateCount();       //获取更新的记录数
            System.out.println("更新的记录数是: "+i); //输出更新的记录数
            return null;                       //返回空值
    }
}
```

如果执行 SELECT 语句,该函数会通过 ResultSet 对象返回查询结果。如果执行 INSERT 语句、UPDATE 语句和 DELETE 语句,那么 excuteSQL()方法返回 null。

5. closeDB()方法

closeDB()方法用于关闭与 MySQL 数据库有关的对象,这个方法中调用 close()方法关闭打开的对象。一般情况下,操作数据库后一定要将打开的对象关闭。closeDB()方法的代码如下:

```
public void closeDB() throws SQLException{
    if(rs!=null){                          //判断 ResultSet 对象是否为空
            rs.close();                    //关闭 ResultSet 对象
            rs=null;
    }
    if(stat!=null){                        //判断 Statement 对象是否为空
            stat.close();                  //关闭 Statement 对象
            stat=null;
    }
    if(conn!=null){                        //判断 Connection 对象是否为空
            conn.close();                  //关闭 Connection 对象
            conn=null;
    }
}
```

closeDB()方法中调用 close()方法关闭了 ResultSet 对象、Statement 对象和 Connection 对象,并且将它们的值赋为 null。

18.5　用户管理模块

用户管理模块包括两个功能,分别是用户登录功能和修改密码功能。用户登录功能是管理员进入管理系统的入口,只有输入正确的用户名和密码才能够登录成功。修改密码功能能够保证管理员账号的安全。本节将为读者介绍用户登录功能和修改密码功能的内容。

18.5.1　用户登录功能

用户通过 login.jsp 页面输入用户名和密码。单击"登录"按钮就可以提交用户名和密码。login.jsp 文件有个<form>表单,在<form>表单中通过 post 方法将用户名和密码提交给

servlet 文件夹下的 userLogin.java 文件。userLogin.java 中调用 DB.java 类中的 query()方法
判断用户名和密码是否正确。如果用户名和密码都正确，系统会跳转到 LoginOK.html 页面。
如果不正确，则跳转到 LoginError.html 页面。userLogin.java 文件是一个 Servlet 文件，其
部分代码如下：

```java
//doGet 方法有两个参数，分别是 HttpServletRequest 和 HttpServletResponse 类型的参数
public void doGet(HttpServletRequest request, HttpServletResponse response)
        throws ServletException, IOException {  //抛出异常
    request.setCharacterEncoding("gbk");                    //设置字符编码为 GBK
    String sql=null;                          //定义字符串 sql，用于存储 SQL 语句
    String username=null;                     //定义字符串 username
    String password=null;                     //定义字符串 password
    username=request.getParameter("username");//从页面获取 username 变量的值
    password=request.getParameter("password");//从页面获取 password 变量的值
    //如果用户名和密码都不为空，那么就可以组合 SELECT 语句，并且执行这个 SELECT 语句
    if(username!=null&&!username.equals("")&&password!=null&&!password.
    equals("")){
        //将字符串变量 username 和 password 生成 SELECT 语句
        sql="SELECT * FROM user WHERE username='"
            +username+"' AND password='"+password+"'";
        DB db = new DB();                     //新建 DB 对象
        db.connectMySQL();                    //调用 connectMySQL()连接 MySQL
        try{                                  //使用 try…catch 语句捕获异常
            ResultSet rs=db.query(sql);//调用 query()方法执行 SELECT 语句
            if(rs.next()){                    //判断结果集 rs 中是否有记录
                //创建一个 session，并且将用户名存储在 session 中
                request.getSession().setAttribute("username",
                username);
                response.sendRedirect("../LoginOK.html");
                                              //页面跳转到 LoginOK.html
            }
            else{
                response.sendRedirect("../LoginError.html");
                                    //如果 rs 中没有记录就表示登录失败
            }
            db.closeDB();                     //调用 closeDB()方法关闭数据库对象
        }catch(SQLException e){               //捕获异常信息
            e.printStackTrace();              //显示异常信息
        }
    }
    else{
        response.sendRedirect("../LoginError.html");
                                    //没有输入用户名和密码时登录失败
    }
}
//因为<form>表单中使用 post 方法，因此必须调用 doPost()方法中的程序
//但是这些程序写在 doGet()方法中，所以只能用 doPost()方法重载 doGet()方法
public void doPost(HttpServletRequest request, HttpServletResponse
response)
        throws ServletException, IOException {     //抛出异常
    doGet(request, response);                      //重载 doGet()方法
}
```

userLogin.java 文件中调用 connectMySQL()方法连接 MySQL 数据库。然后调用 query()

方法执行 SELECT 语句，从 user 表中查询相应的记录。查询结果存储在 ResultSet 对象 rs
中。如果 rs.next()不为空，这说明从表中查询出来记录，输入的用户名和密码都正确。这
样就可以登录成功了。

18.5.2　修改密码

用户登录成功后，可以在 modifyPasswd.jsp 页面修改用户密码，然后将修改后的密码
提交给 modifyPasswd.java。modifyPasswd.java 将新密码更新到 user 表中。

这里的用户名是登录用户的名称，用户名是不能修改的。页面需要输入旧密码，并且
输入两次新密码。如果旧密码不正确或者两次输入的新密码不相同，那么系统会跳转到错
误页面。如果输入都正确后，旧密码和新密码被提交到 modifyPasswd.java 文件中。
modifyPasswd.java 文件的部分代码如下：

```
//判断从页面传递过来的新密码是否为空，并且判断两次输入的新密码是否相同
if(newPassword1!=null&&!newPassword1.equals("")&&newPassword1.equals
(newPassword2)){
    sql = "SELECT * FROM user WHERE username='"+username+
        "' AND password='"+oldPassword+"'";              //生成 SELECT 语句
    int i;                                            //定义变量 i
    DB db = new DB();                                 //新建 DB 对象
    db.connectMySQL();                               //连接 MySQL 数据库
    try{                                             //使用 try…catch 语句捕获异常
        ResultSet rs=db.query(sql);                  //执行 SELECT 语句
        //如果从 user 表中查询出数据，说明这个用户已经存在，可以修改这个用户的密码
        if(rs.next()){
                sql = "UPDATE user SET password='"+newPassword1+
                "' WHERE username='"+username+"'";//生成 UPDATE 语句
                i=db.update(sql);          //执行 UPDATE 语句
                if(i>0){                   //i>0 表示有记录被更新
                    System.out.println("密码修改成功");
                }
                }else{                     //如果 i=0 表示没有记录改变
                    System.out.println("旧密码错误");
                }
        db.closeDB();                                //调用 close()方法关闭数据库
    }catch(SQLException e){                           //捕获异常信息
        e.printStackTrace();                         //显示异常信息
    }
}else{
    System.out.println("2 次输入的新密码不一致或者新密码为空");
                                                //输出新密码不能通过的信息
}
response.sendRedirect("../modifyPasswd.jsp");//页面跳转到 modifyPasswd.jsp
```

新密码被提交到 modifyPasswd.java 文件后，调用 update()方法执行 UPDATE 语句。如
果旧密码正确，而且两次输入的新密码相同，那么将新密码更新到 user 表中。这样，用户
密码就修改成功了。

18.6　学籍管理模块

学籍管理模块主要管理学员的学籍信息。该模块包括 4 个功能，分别是添加学员的学籍信息、查询学员的学籍信息、修改学员的学籍信息和删除学员的学籍信息。本节将为读者介绍这 4 个功能的内容。

18.6.1　添加学员的学籍信息

管理员进入 insertStudent.jsp 页面，在该页面中添加学员的学籍信息。添加完成后，管理系统会将学籍信息传递给 insertStudent.java 文件。insertStudent.java 文件中调用 update() 方法，通过该方法将新纪录插入到 studentInfo 表中。insertStudent.java 文件的部分代码如下：

```
DB db = new DB();                               //新建 DB 对象
db.connectMySQL();                              //连接 MySQL 数据库
if(sno!=null&&!sno.equals("")){                 //判断用户名是否为空
    sql="SELECT * FROM studentInfo WHERE sno="+sno;  //生成 SELECT 语句
    try {                                       //使用 try…catch 语句捕获异常
        ResultSet rs=db.query(sql);             //执行 SELECT 语句
        if(rs.next()){                          //判断 rs 中是否有记录
            System.out.println("该记录已经存在! ");//输出记录存在的提示信息
            response.sendRedirect("../InsertError.html");
                                                //调转到 InsertError.html 页面
        }
        else{
            sql="INSERT INTO studentInfo VALUES("+sno+",'"+sname+"',
            '"+sex+"',"+age+",'"+identify+"','"+tel+"','"+car_type+
            "','"+enroll_time+"','"+leave_time+"','"+scondition+"',
            '"+s_text+"')";                     //生成 INSERT 语句
            i=db.update(sql);                   //执行 INSERT 语句
            if(i>0){
                System.out.println("记录插入成功! ");//输出插入成功的信息
                request.getSession().setAttribute("flag", "OK");
                                                //获取 session，并设置 flag 的值
                response.sendRedirect("../queryStudent.jsp");
                                                //跳转到查询学籍信息的页面
            }else{
                System.out.println("记录插入失败!");//输出插入失败的信息
        response.sendRedirect("../InsertError.html");
                                                //跳转到 InsertError.html 页面
            }
        }
        db.closeDB();                           //使用 close()方法关闭数据库对象
    } catch (SQLException e) {                   //捕获异常信息
        e.printStackTrace();                    //显示异常信息
         response.sendRedirect("../InsertError.html");
                                                //跳转到 InsertError.html 页面
    }
}
```

如果插入的记录已经存在，那么就不能再插入了。如果记录不存在，可以通过 update()
方法执行 INSERT 语句，将新纪录插入 studentInfo 表中。

18.6.2　查询学员的学籍信息

管理员进入 queryStudent.jsp 页面查询学籍信息，该页面会将查询条件传递给
queryStudent.java 文件。在 queryStudent.java 中会根据传递过来的查询条件组合成不同的
SELECT 语句，然后调用 query()方法执行 SELECT 语句，从 studentInfo 表中查询出满足条
件的记录。

由于这部分的代码比较多，下面只列出 queryStudent.java 中生成 SELECT 语句的代码。

```
if(!sno.equals("")){
        //生成只使用学号查询的 SELECT 语句
        sql="SELECT * FROM studentInfo WHERE sno="+sno;
}else{
    if(!sname.equals("")){
        if(carType.equals("all")){
            if(scondition.equals("all")){
                //生成只使用 sname 字段查询的 SELECT 语句
                sql="SELECT * FROM studentInfo WHERE sname LIKE
                '%"+sname+"%'";
            }else{
                //生成使用 sname 字段和 scondition 字段查询的 SELECT 语句
                sql="SELECT * FROM studentInfo WHERE sname LIKE '%"
                    +sname+"%' AND scondition='"+scondition+"'";
            }
        }else{
            if(scondition.equals("all")){
                //生成使用 sname 字段和 car_type 字段查询的 SELECT 语句
                sql="SELECT * FROM studentInfo WHERE sname LIKE '%"
                    +sname+"%' AND car_type='"+carType+"'";
            }else{
                //生成使用 sname 字段、scondition 字段和 car_type 字段
                查询的 SELECT 语句
                sql="SELECT * FROM studentInfo WHERE sname LIKE '%"
                    +sname+"%' AND scondition='"+scondition+"'
                    AND car_type='"+carType+"'";
            }
        }
    }else{
        if(carType.equals("all")){
            if(scondition.equals("all")){
                //生成查询 studentInfo 表的所有记录的 SELECT 语句
                sql="SELECT * FROM studentInfo";
            }else{
                //生成使用 scondition 字段查询的 SELECT 语句
                sql="SELECT * FROM studentInfo WHERE scondition='"
                +scondition+"'";
            }
        }else{
            if(scondition.equals("all")){
                //生成使用 car_type 字段查询的 SELECT 语句
                sql="SELECT * FROM studentInfo WHERE car_type=
                '"+carType+"'";
```

```
                    }else{
                        //生成使用 scondition 字段和 car_type 字段查询的 SELECT 语句
                        sql="SELECT * FROM studentInfo WHERE scondition='"
                            +scondition+"' AND car_type='"+carType+"'";
                    }
                }
            }
}
```

modifyStudent.java 文件中将获取来的参数值组合成 SELECT 语句。然后通过 query()
方法执行 SELECT 语句，并且将查询结果存储到 ResultSet 对象中。

18.6.3　修改学员的学籍信息

管理员进入 modifyStudent.jsp 页面后，可以修改学员的学籍信息。修改完成后，单击
"确定"按钮，修改后的信息就可以提交给 modifyStudent.java 文件。这个文件调用 DB.java
中的 update()方法将修改的数据写入 studentInfo 表。modifyStudent.java 文件生成 UPDATE
语句的代码如下：

```
//生成 UPDATE 语句
sql="UPDATE studentInfo SET sname='"+sname+"',sex='"+sex+"',age="+age+",
    identify='"+identify+"',tel='"+tel+"',car_type='"+car_type+"',
    enroll_time='"+enroll_time+"',leave_time='"+leave_time+"',
    scondition='"+scondition+"',s_text='"+s_text+"' WHERE sno="+sno;
```

modifyStudent.java 文件中将获取来的参数值组合成 UPDATE 语句，UPDATE 语句存
储在字符串变量 sql 中，然后调用 update()方法执行 UPDATE 语句。如果 update()方法返回
值大于 0，说明有记录被更新，这表示更新成功。

18.6.4　删除学员的学籍信息

管理员在 queryStudent.jsp 页面查询信息后，可以在每个信息的后面看到"删除"链接。
单击"删除"链接后，程序会将学员的学号（sno）值传递给 deleteStudent.java 文件，
deleteStudent.java 文件获取 sno 值后，会生成 DELETE 文件，然后调用 update()方法执行
DELETE 语句。deleteStudent.java 文件中生产 DELETE 语句的代码如下：

```
sql="DELETE FROM studentInfo WHERE sno="+sno;
```

deleteStudent.java 文件调用 update()方法执行 DELETE 语句。执行完成后，update()方
法会返回一个数值。如果返回值大于 0，表示有记录被删除。

18.7　体检管理模块

体检管理模块主要管理学员的体检信息。该模块包括 4 个功能，分别是添加学员的体
检信息、查询学员的体检信息、修改学员的体检信息和删除学员的体检信息。本节将为读
者介绍这 4 个功能的内容。

1．添加学员的体检信息

管理员进入 insertHealth.jsp 页面后可以添加体检信息。输入的信息从文本框提交给 insertHealth.java 文件。insertHealth.java 文件中将页面传递过来的参数生成 INSERT 语句。insertHealth.java 文件中生成 INSERT 语句的代码如下：

```
sql="INSERT INTO healthInfo VALUES(NULL,"+sno+",'"+sname+"',"+height+",
    "+weight+",'"+differentiate+"',"+left_sight+","+right_sight+",'"+
    left_ear+"','"+right_ear+"','"+legs+"','"+pressure+"','"+history+"','
    "+h_text+"')";
```

其中，sname 变量的值是从 studentInfo 表中取出来的。生成 INSERT 语句后，调用 update()方法执行 INSERT 语句。

2．查询学员的体检信息

体检信息通过学号或者姓名来查询。输入学号或者姓名后，输入的信息会传递给 queryHealth.java 文件。queryHealth.java 获取参数后生成 SELECT 语句，生成 SELECT 语句的代码如下：

```
if(sno.equals("")&&sname.equals(""))
        sql="SELECT * FROM healthInfo";               //查询所有记录
else{
        if(!sno.equals(""))
                sql="SELECT * FROM healthInfo WHERE sno="+sno;
                                                     //通过 sno 字段查询
        else {
                sql="SELECT * FROM healthInfo WHERE sname LIKE'%"+sname+"%'";
                                                     //通过 sname 字段查询
        }
}
```

生成 SELECT 语句后，调用 query()函数执行 SELECT 语句，并将结果返回给 ResultSet 对象。

3．修改学员的体检信息

管理员进入修改体检信息的页面后修改体检信息，然后单击"确定"按钮提交修改后的信息。modifyHealth.java 获取这些信息后生成 UPDATE 语句，生成 UPDATE 语句的代码如下：

```
sql="UPDATE healthInfo SET height="+height+",weight="+weight+",differentiate=
    '"+differentiate+"',left_sight="+left_sight+",right_sight="+right_
    sight+",left_ear='"+left_ear+"',right_ear='"+right_ear+"',legs=
    '"+legs+"',pressure='"+pressure+"',history='"+history+"',h_text=
    '"+h_text+"'WHERE sno="+sno;
```

然后调用 update()方法执行 UPDATE 语句。执行成功后，结果返回更新的记录数。

4．删除学员的体检信息

管理员进入 queryHealth.jsp 页面后，单击记录后面的"删除"链接，系统会将该记录的 sno 值传递给 deleteHealth.java 文件。这个文件获取 sno 值，然后生成 DELECT 语句。
生成 DELETE 语句的代码如下：

```
sql="DELETE FROM healthInfo WHERE sno="+sno;
```

deleteHealth.java 文件调用 update()方法执行 DELETE 语句。

18.8　成绩管理模块

成绩管理模块主要管理学员的成绩信息。该模块包括 4 个功能，分别是添加学员的成
绩信息、查询学员的成绩信息、修改学员的成绩信息和删除学员的成绩信息。本节将为读
者介绍这 4 个功能的内容。

1．添加学员的成绩信息

管理员进入 insertGrade.jsp 页面后可以添加成绩信息。输入的信息提交给 insertGrade.java
文件，insertGrade.java 文件中将页面传递过来的参数生成 INSERT 语句。insertGrade.java
文件中生成 INSERT 语句的代码如下：

```
sql="INSERT INTO gradeInfo VALUES(NULL,"+sno+","+cno+",'"+last_time+"',
"+times+","+grade+")";
```

其中，sname 变量的值是从 studentInfo 表中取出来的。生成 INSERT 语句后，调用 update()
方法执行 INSERT 语句。

2．查询学员的成绩信息

成绩信息通过学号、姓名、科目名来查询。输入查询条件后，输入的信息会传递给
queryGrade.java 文件。queryGrade.java 获取参数后生成 SELECT 语句，这个 SELECT 语句
是从视图 grade_view 中查询记录。生成 SELECT 语句的代码如下：

```
if(!sno.equals("")){
     sql="SELECT * FROM grade_view WHERE sno="+sno;  //使用 sno 字段查询
}else{
     if(!sname.equals("")&&!cname.equals("")){
         //使用 sname 字段和 cname 字段查询
         sql="SELECT * FROM grade_view sname='%"+sname+"%' AND cname='
         %"+cname+"%'";
     }else if(sname.equals("")&&!cname.equals("")){
         sql="SELECT * FROM grade_view cname='%"+cname+"%'";
                                                    //使用 cname 字段查询
     }else if(!sname.equals("")&&cname.equals("")){
         sql="SELECT * FROM grade_view sname='%"+sname+"%'";
                                                    //使用 sname 字段查询
     }else{
         sql="SELECT * FROM grade_view";            //查询所有记录
     }
}
```

queryGrade.java 中调用 query()方法执行 SELECT 语句，并且将查询结果存储到

ResultSet 对象中。

3．修改学员的成绩信息

管理员进入修改成绩信息的页面后修改成绩信息，然后单击"确定"按钮提交修改后的信息。modifyGrade.java 获取这些信息后生成 UPDATE 语句，生成 UPDATE 语句的代码如下：

```
sql="UPDATE gradeInfo SET sno="+sno+",cno="+cno+
    ",last_time='"+last_time+"',times="+times+",grade="+grade+" WHERE
    id="+id;
```

然后调用 update()方法执行 UPDATE 语句。执行成功后，结果返回更新的记录数。

4．删除学员的成绩信息

管理员进入 queryGrade.jsp 页面后，单击记录后面的"删除"链接，系统会将该记录的 id 值传递给 deleteGrade.java 文件。这个文件获取 id 值，然后生成 DELECT 语句。DELETE 语句从 gradeInfo 表中删除指定 id 的记录。生成 DELETE 语句的代码如下：

```
sql="DELETE FROM gradeInfo WHERE id="+id;
```

deleteGrade.java 文件调用 update()方法执行 DELETE 语句。

18.9　证书管理模块

证书管理模块主要管理学员的领证信息。该模块包括 4 个功能，分别是添加领证信息、查询领证信息、修改领证信息和删除领证信息。本节将为读者介绍这 4 个功能的内容。

1．添加领证信息

管理员进入 insertLicense.jsp 页面后可以添加领证信息。输入的信息提交给 insertLicense.java 文件，insertLicense.java 文件中将页面传递过来的参数生成 INSERT 语句。insertLIcense.java 文件中生成 INSERT 语句的代码如下：

```
sql="INSERT INTO licenseInfo VALUES(NULL,"+sno+",'"+sname+"','"+
    lno+"','"+receive_time+"','"+receive_name+"','"+l_text+"')";
```

其中，sname 变量的值是从 studentInfo 表中取出来的。生成 INSERT 语句后，调用 update()方法执行 INSERT 语句。

2．查询领证信息

领证信息通过学号、姓名、驾驶证号码和领取人来查询。输入查询条件后，输入的信息会传递给 queryLicense.java 文件。queryLicense.java 获取参数后生成 SELECT 语句，生成 SELECT 语句的代码如下：

```
if(!sno.equals("")){
    sql="SELECT * FROM licenseInfo WHERE sno="+sno;    //使用 sno 字段查询
```

```
}else{
    if(!lno.equals("")){
        sql="SELECT * FROM licenseInfo WHERE lno="+lno;
                                          //使用 lno 字段查询
    }else{
        if(!sname.equals("")&&!receive_name.equals("")){
                                          //使用 sname 和 receive_name 查询
            sql="SELECT * FROM licenseInfo WHERE sname LIKE '%"+sname+
                "%' AND receive_name LIKE '%"+receive_name+"%'";
        }else if(sname.equals("")&&!receive_name.equals("")){
                                          //使用 receive_name 字段查询
            sql="SELECT * FROM licenseInfo WHERE receive_name LIKE
                '%"+receive_name+"%'";
        }else if(!sname.equals("")&&receive_name.equals("")){
                                          //使用 sname 字段查询
            sql="SELECT * FROM licenseInfo WHERE sname LIKE '%
                "+sname+"%'";
        }else{
            sql="SELECT * FROM licenseInfo";        //查询所有记录
        }
    }
}
```

queryLicense.java 调用 query()方法查询 SELECT 语句，并将查询结果存储在 ResultSet 对象中。

3．修改领证信息

管理员进入修改领证信息的页面后修改领证信息，然后单击"确定"按钮提交修改后的信息。modifyLicense.java 获取这些信息后生成 UPDATE 语句，生成 UPDATE 语句的代码如下：

```
sql="UPDATE licenseInfo SET lno='"+lno+"',receive_time='"+receive_time+
    "',receive_name='"+receive_name+"',l_text='"+l_text+"' WHERE
    sno="+sno;
```

然后调用 update()方法执行 UPDATE 语句。系统会根据 sno 的值从 studentInfo 表中取 sname 的值，并将 sname 字段的值更新到 licenseInfo 表中。执行成功后，结果返回更新的记录数。

4．删除领证信息

管理员进入 queryLicense.jsp 页面后，单击记录后面的"删除"链接，系统会将该记录的 id 值传递给 deleteLicense.java 文件。这个文件获取 id 值，然后生成 DELECT 语句。DELETE 语句从 licenseInfo 表中删除指定 id 的记录。生成 DELETE 语句的代码如下：

```
sql="DELETE FROM licenseInfo WHERE id="+id;
```

deleteLicense.java 文件调用 update()方法执行 DELETE 语句。

18.10　本章小结

本章介绍了开发驾校学员管理系统的方法。本章的重点内容是数据库设计部分。因为本书主要是介绍 MySQL 数据库的使用，所以数据库设计部分结合了本书前面介绍的知识点。在数据库设计部分，不仅涉及了表和字段的设计，还涉及了索引、视图、触发器等内容。其中，为了提高表的查询速度，有意识地在表中增加了冗余字段，这是数据库的性能优化的内容。系统实现部分是本章的难点，需要读者对 Java 语言和 J2EE 有相应的了解。通过本章的学习，希望读者对项目开发中如何使用 MySQL 数据库有一个全新的认识。

第 5 篇　拓展技术

第 19 章　MySQL 日志

MySQL 日志是记录 MySQL 数据库的日常操作和错误信息的文件。MySQL 中，日志可以分为二进制日志、错误日志、通用查询日志和慢查询日志。分析这些日志文件，可以了解 MySQL 数据库的运行情况、日常操作、错误信息和哪些地方需要进行优化。

本章的主要知识点如下：
- ❑ 日志定义、作用和优缺点；
- ❑ 二进制日志；
- ❑ 错误日志；
- ❑ 通用查询日志；
- ❑ 慢查询日志；
- ❑ 日志管理。

19.1　日 志 简 介

日志是 MySQL 数据库的重要组成部分，日志文件中记录着 MySQL 数据库运行期间发生的变化。当数据库遭到意外的损害时，可以通过日志文件来查询出错原因，并且可以通过日志文件进行数据恢复。本节将为读者介绍 MySQL 日志的含义、作用和优缺点。

MySQL 日志是用来记录 MySQL 数据库的客户端连接情况、SQL 语句的执行情况、错误信息等。例如，一个名为 huang 的用户登录到 MySQL 服务器，日志中就会记录这个用户的登录时间、执行的操作等。再例如，MySQL 服务在某个时间出现异常，异常信息会被记录到日志文件中。

MySQL 日志可以分为 4 种，分别是二进制日志、错误日志、通用查询日志和慢查询日志。下面分别简单地介绍这 4 种日志文件的作用：
- ❑ 二进制日志：以二进制文件的形式记录了数据库中的操作，但不记录查询语句。
- ❑ 错误日志：记录 MySQL 服务器的启动、关闭、运行错误等信息。
- ❑ 通用查询日志：记录用户登录和记录查询的信息。
- ❑ 慢查询日志：记录执行时间超过指定时间的操作。

除二进制日志外，其他日志都是文本文件。日志文件通常存储在 MySQL 数据库的数据目录下。默认情况下，只启动了错误日志的功能。其他 3 类日志都需要数据库管理员进行设置。

⚲说明：如果 MySQL 数据库系统意外停止服务，可以通过错误日志查看出现错误的原因。
　　　　并且，可以通过二进制日志文件来查看用户执行了哪些操作、对数据库文件做了
　　　　哪些修改。然后，可以根据二进制日志中的记录来修复数据库。

但是，启动日志功能会降低 MySQL 数据库的执行速度。例如，一个查询操作比较频繁的 MySQL 中，记录通用查询日志和慢查询日志要花费很多的时间。并且，日志文件会占用大量的硬盘空间。对于用户量非常大、操作非常频繁的数据库，日志文件需要的存储空间甚至比数据库文件需要的存储空间还要大。

19.2　二进制日志

二进制日志也叫作变更日志（update log），主要用于记录数据库的变化情况。通过二进制日志可以查询 MySQL 数据库中进行了哪些改变。本节将为读者介绍二进制日志的内容。

19.2.1　启动和设置二进制日志

默认情况下，二进制日志功能是关闭的。通过 my.cnf 或者 my.ini 文件的 log-bin 选项可以开启二进制日志。将 log-bin 选项加入到 my.cnf 或者 my.ini 文件的[mysqld]组中，形式如下：

```
# my.cnf（Linux 操作系统下）或者 my.ini（Windows 操作系统下）
[mysqld]
log-bin [=DIR \ [filename] ]
```

其中，DIR 参数指定二进制文件的存储路径；filename 参数指定二进制文件的文件名，其形式为 filename.number，number 的形式为 000001、000002 等。每次重启 MySQL 服务后，都会生成一个新的二进制日志文件，这些日志文件的 number 会不断递增。除了生成上述文件外，还会生出一个名为 filename.index 的文件，这个文件中存储所有二进制日志文件的清单。

⚐技巧：二进制日志与数据库的数据文件最好不要放在同一块硬盘上，即使数据文件所在的硬盘被破坏，也可以使用另一块硬盘上的二进制日志来恢复数据库文件。两块硬盘同时坏了的可能性要小得多，这样可以保证数据库中数据的安全。

如果没有 DIR 参数和 filename 参数，二进制日志将默认存储在数据库的数据目录下。默认的文件名为 hostname-bin.number，其中 hostname 表示主机名。

【示例 1】　在 my.ini 文件的[mysqld]组中添加下面的语句：

```
log-bin
```

重启 MySQL 服务器后，可以在 MySQL 数据库的数据目录下看到 hjh-bin.000001 这个文件，同时还生成了 hjh-bin.index 文件。此处，MySQL 服务器的主机名为 hjh。然后，在 my.ini 文件的[mysqld]组中进行如下修改，语句如下：

```
log-bin=C:\log\mylog
```

重启 MySQL 服务后，可以在 C:\log 文件夹下看到 mylog.000001 文件和 mylog.index

文件。

19.2.2　查看二进制日志

使用二进制格式可以存储更多的信息，并且可以使写入二进制日志的效率更高。但是，不能直接打开并查看二进制日志。如果需要查看二进制日志，必须使用 mysqlbinlog 命令。mysqlbinlog 命令的语法形式如下：

```
mysqlbinlog filename.number
```

mysqlbinlog 命令将在当前文件夹下查找指定的二进制日志。因此需要在二进制日志 filename.number 所在的目录下运行该命令，否则将会找不到指定的二进制日志文件。

【示例 2】使用 mysqlbinlog 命令来查看 C:\log 目录下的 mylog.000001 文件，代码执行如下：

```
C:\log>mysqlbinlog mylog.000001
/*!40019 SET @@session.max_insert_delayed_threads=0*/;
/*!50003 SET @OLD_COMPLETION_TYPE=@@COMPLETION_TYPE,COMPLETION_TYPE=0*/;
######省略部分内容#######
# at 288
#091122 16:31:41 server id 1   end_log_pos 380    Query      thread_id=1
exec_time=0    error_code=0
SET TIMESTAMP=1258878701/*!*/;
DELETE FROM score WHERE id=10
/*!*/;
# at 380
#091122 16:32:41 server id 1  end_log_pos 408    Intvar
SET INSERT_ID=11/*!*/;
# at 408
#091122 16:32:41 server id 1   end_log_pos 515    Query      thread_id=1
exec_time=0    error_code=0
SET TIMESTAMP=1258878761/*!*/;
INSERT INTO score VALUES(NULL,905,'英语',84)
/*!*/;
DELIMITER ;
# End of log file
ROLLBACK /* added by mysqlbinlog */;
/*!50003 SET COMPLETION_TYPE=@OLD_COMPLETION_TYPE*/;
```

上面是 mylog.000001 中的部分内容。上述内容中记录了从 score 表中删除 id 为 10 的记录和插入一条新纪录的信息。使用 mysqlbinlog 命令时，可以指定二进制文件的存储路径。这样可以确保 mysqlbinlog 命令可以找到二进制日志文件，上面例子中的命令可以变为如下形式：

```
mysqlbinlog C:\log\mylog.000001
```

这样，mysqlbinlog 命令就会到 C:\log 目录下去查找 mylog.000001 文件。如果不指定路径，mysqlbinlog 命令将在当前目录下查找 mylog.000001 文件。

19.2.3　删除二进制日志

二进制日记会记录大量的信息，如果很长时间不清理二进制日志，将会浪费很多的磁盘空间。删除二进制日志的方法很多，本小节将为读者详细介绍如何删除二进制日志。

1．删除所有二进制日志

使用 RESET MASTER 语句可以删除所有二进制日志。该语句的形式如下：

```
RESET MASTER ;
```

登录 MySQL 数据库后，可以执行该语句来删除所有二进制日志。删除所有二进制日志后，MySQL 将会重新创建新的二进制日志。新二进制日志的编号从 000001 开始，如 mylog.000001。

2．根据编号来删除二进制日志

每个二进制日志文件后面有一个六位数的编号，如 000001。使用 PURGE MASTER LOGS TO 语句可以删除指定二进制日志的编号之前的日志。该语句的基本语法形式如下：

```
PURGE MASTER LOGS TO 'filename.number' ;
```

该语句将删除编号小于这个二进制日志的所有二进制日志。

【示例 3】　删除 mylog.000004 之前的二进制日志，代码如下：

```
PURGE MASTER LOGS TO ' mylog.000004' ;
```

代码执行完成后，编号为 000001、000002 和 000003 的二进制日志将被删除。

3．根据创建时间来删除二进制日志

使用 PURGE MASTER LOGS TO 语句可以删除指定时间之前创建的二进制日志。该语句的基本语法形式如下：

```
PURGE MASTER LOGS TO 'yyyy-mm-dd hh:MM;ss' ;
```

其中，hh 表示二十四表示制的小时。该语句将删除在指定时间之前创建的所有二进制日志。

【示例 4】　删除 2009-12-20 15:00:00 之前创建的二进制日志，代码如下：

```
PURGE MASTER LOGS TO '2009-12-20 15:00:00' ;
```

代码执行完成后，2009-12-20 15:00:00 之前创建的所有二进制日志将被删除。

19.2.4　使用二进制日志还原数据库

二进制日志记录了用户对数据库中数据的改变，如 INSERT 语句、UPDATE 语句、CREATE 语句等都会记录到二进制日志中。一旦数据库遭到破坏，可以使用二进制日志来还原数据库。本小节将为读者详细介绍使用二进制日志还原数据库的方法。

如果数据库遭到意外损坏，首先应该使用最近的备份文件来还原数据库。备份之后，数据库可能进行了一些更新，这可以使用二进制日志来还原。因为二进制日志中存储了更新数据库的语句，如 UPDATE 语句、INSERT 语句等。二进制日志还原数据库的命令如下：

```
mysqlbinlog filename.number | mysql -u root -p
```

这个命令可以这样理解：使用 mysqlbinlog 命令来读取 filename.number 中的内容，然后使用 mysql 命令将这些内容还原到数据库中。

🔖技巧：二进制日志虽然可以用来还原 MySQL 数据库，但是其占用的磁盘空间也是非常大的。因此，在备份 MySQL 数据库之后，应该删除备份之前的二进制日志。如果备份之后发生异常，造成数据库的数据丢失，可以通过备份之后的二进制日志进行还原。

使用 mysqlbinlog 命令进行还原操作时，必须是编号（number）小的先还原。例如，mylog.000001 必须在 mylog.000002 之前还原。

【示例 5】　使用二进制日志来还原数据库，代码如下：

```
mysqlbinlog mylog.000001 | mysql -u root -p
mysqlbinlog mylog.000002 | mysql -u root -p
mysqlbinlog mylog.000003 | mysql -u root -p
mysqlbinlog mylog.000004 | mysql -u root -p
```

19.2.5　暂时停止二进制日志功能

在配置文件中设置了 log-bin 选项以后，MySQL 服务器将会一直开启二进制日志功能。删除该选项后就可以停止二进制日志功能。如果需要再次启动这个功能，又需要重新添加 log-bin 选项。MySQL 中提供了暂时停止二进制日志功能的语句。本小节将为读者介绍暂时停止二进制日志功能的方法。

如果用户不希望自己执行的某些 SQL 语句记录在二进制日志中，那么需要在执行这些 SQL 语句之前暂停二进制日志功能。用户可以使用 SET 语句来暂停二进制日志功能，SET 语句的代码如下：

```
SET SQL_LOG_BIN=0 ;
```

执行该语句后，MySQL 服务器会暂停二进制日志功能。但是，只有拥有 SUPER 权限的用户才可以执行该语句。如果用户希望重新开启二进制日志功能，可以使用下面的 SET 语句：

```
SET SQL_LOG_BIN=1 ;
```

19.3　错　误　日　志

错误日志是 MySQL 数据库中最常用的一种日志。错误日志主要用来记录 MySQL 服务的开启、关闭和错误信息。本节将为读者介绍错误日志的内容。

19.3.1　启动和设置错误日志

在 MySQL 数据库中，错误日志功能是默认开启的。而且，错误日志无法被禁止。默认情况下，错误日志存储在 MySQL 数据库的数据文件夹下。错误日志文件通常的名称为 hostname.err。其中，hostname 表示 MySQL 服务器的主机名。错误日志的存储位置可以通过 log-error 选项来设置。将 log-error 选项加入到 my.ini 或者 my.cnf 文件的[mysqld]组中，形式如下：

```
# my.cnf（Linux 操作系统下）或者my.ini（Windows 操作系统下）
[mysqld]
log-error=DIR / [filename]
```

其中，DIR 参数指定错误日志的路径，filename 参数是错误日志的名称，没有该参数时默认为主机名。重启 MySQL 服务后，这个参数开始生效。可以在指定路径下看到 filename.err 文件。如果没有指定 filename，那么错误日志将直接默认为 hostname.err。

19.3.2　查看错误日志

错误日志中记录着开启和关闭 MySQL 服务的时间，以及服务运行过程中出现哪些异常等信息。如果 MySQL 服务出现异常，可以到错误日志中查找原因。本小节将为读者介绍查看错误日志的方法。

错误日志是以文本文件的形式存储的，可以直接使用普通文本工具就可以查看。Windows 操作系统下可以使用文本文件查看器查看。Linux 操作系统下，可以使用 vi 工具或者使用 gedit 工具来查看。

【示例 6】　下面是笔者 MySQL 服务器的错误日志的部分内容。

```
091117 16:01:15 [Note] Plugin 'FEDERATED' is disabled.
InnoDB: The first specified data file .\ibdata1 did not exist:
InnoDB: a new database to be created!
091117 16:01:16  InnoDB: Setting file .\ibdata1 size to 10 MB
InnoDB: Database physically writes the file full: wait...
091117 16:01:16  InnoDB: Log file .\ib_logfile0 did not exist: new to be
created
InnoDB: Setting log file .\ib_logfile0 size to 5 MB
InnoDB: Database physically writes the file full: wait...
091117 16:01:16  InnoDB: Log file .\ib_logfile1 did not exist: new to be
created
InnoDB: Setting log file .\ib_logfile1 size to 5 MB
InnoDB: Database physically writes the file full: wait...
InnoDB: Doublewrite buffer not found: creating new
InnoDB: Doublewrite buffer created
InnoDB: Creating foreign key constraint system tables
InnoDB: Foreign key constraint system tables created
091117 16:01:17  InnoDB: Started; log sequence number 0 0
091117 16:01:17 [Note] Event Scheduler: Loaded 0 events
091117 16:01:17 [Note] MySQL: ready for connections.
Version: '5.1.40-community'  socket: ''  port: 3306  MySQL Community Server
(GPL)
091117 16:19:23 [Note] MySQL: Normal shutdown
```

这些错误日志的日期是 2009 年 11 月 17 日。这里记载了 FEDERATED 这个功能被禁用，ib_logfile0 这个文件不存在等错误信息。同时还包括了 MySQL: Normal shutdown 等关闭 MySQL 服务的信息。

19.3.3 删除错误日志

数据库管理员可以删除很长时间之前的错误日志，以保证 MySQL 服务器上的硬盘空间。MySQL 数据库中，可以使用 mysqladmin 命令来开启新的错误日志。mysqladmin 命令的语法如下：

```
mysqladmin -u root -p flush-logs
```

执行该命令后，数据库系统会自动创建一个新的错误日志。旧的错误日志仍然保留着，只是已经更名为 filename.err-old。

除了 mysqladmin 命令外，也可以使用 FLUSH LOGS 语句来开启新的错误日志。使用该语句之前必须先登录到 MySQL 数据库中。创建好新的错误日志之后，数据库管理员可以将旧的错误日志备份到其它的硬盘上。如果数据库管理员觉得 filename.err-old 已经没有存在的必要，可以直接删除。

🔲说明：通常情况下，管理员不需要查看错误日志。但是，MySQL 服务器发生异常时，管理员可以从错误日志中找到发生异常的时间、原因，然后根据这些信息来解决异常。对于很久以前的错误日志，管理员查看这些错误日志的可能性不大，可以将这些错误日志删除。

19.4 通用查询日志

通用查询日志用来记录用户的所有操作，包括启动和关闭 MySQL 服务、更新语句、查询语句等。本节将为读者介绍通用查询日志的内容。

19.4.1 启动和设置通用查询日志

默认情况下，通用查询日志功能是关闭的。通过 my.cnf 或者 my.ini 文件的 log 选项可以开启通用查询日志。将 log 选项加入到 my.cnf 或者 my.ini 文件的[mysqld]组中，形式如下：

```
# my.cnf（Linux 操作系统下）或者 my.ini（Windows 操作系统下）
[mysqld]
log [=DIR \ [filename] ]
```

其中，DIR 参数指定通用查询日志的存储路径；filename 参数指定日志的文件名。如果不指定存储路径，通用查询日志将默认存储到 MySQL 数据库的数据文件夹下。如果不指定文件名，默认文件名为 hostname.log，hostname 是 MySQL 服务器的主机名。

19.4.2 查看通用查询日志

用户的所有操作都会记录到通用查询日志中。如果希望了解某个用户最近的操作，可以查看通用查询日志，通用查询日志是以文本文件的形式存储的。Windows 操作系统下可以使用文本文件查看器查看。Linux 操作系统下，可以使用 vi 工具或者使用 gedit 工具来查看。

【示例 7】　下面是笔者 MySQL 服务器的通用查询日志的部分内容：

```
MySQL, Version: 5.1.40-community-log (MySQL Community Server (GPL)). started
with:
TCP Port: 3306, Named Pipe: /tmp/mysql.sock
Time                 Id Command    Argument
091122 16:30:48       1 Connect     root@localhost on
                      1 Query  select @@version_comment limit 1
091122 16:30:53       1 Query  SELECT DATABASE()
                      1 Init DB    test
091122 16:31:16       1 Query  DELTE FROM score WHERE id=8
091122 16:31:32       1 Query  DELETE FROM score WHERE id=8
091122 16:31:37       1 Query  DELETE FROM score WHERE id=9
091122 16:31:41       1 Query  DELETE FROM score WHERE id=10
091122 16:31:46       1 Query  DESC score
091122 16:32:41       1 Query  INSERT INTO score VALUES(NULL,905,'英语',84)
091122 16:32:44       1 Quit
091122 17:30:36       2 Connect     root@localhost on
                      2 Query  select @@version_comment limit 1
091122 17:30:40       2 Query  SELECT DATABASE()
                      2 Init DB    test
091122 17:30:46       2 Query  SELECT * FROM score
091122 17:31:00       2 Query  DELETE FROM score WHERE id=11
091122 18:30:27       2 Quit
```

19.4.3　删除通用查询日志

通用查询日志会记录用户的所有操作。如果数据库的使用非常频繁，那么通用查询日志将会占用非常大的磁盘空间。数据库管理员可以删除很长时间之前的通用查询日志，以保证 MySQL 服务器上的硬盘空间。本小节将介绍删除通用查询日志的方法。

MySQL 数据库中，也可以使用 mysqladmin 命令来开启新的通用查询日志。新的通用查询日志会直接覆盖旧的查询日志，不需要再手动删除了。mysqladmin 命令的语法如下：

```
mysqladmin -u root -p flush-logs
```

如果希望备份旧的通用查询日志，那么就必须先将旧的日志文件复制出来或者改名，然后再执行上面的 mysqladmin 命令。

除了上述方法以外，可以手工删除通用查询日志。删除之后需要重新启动 MySQL 服务，重启之后就会生成新的通用查询日志。如果希望备份旧的日志文件，可以将旧的日志文件改名，然后重启 MySQL 服务。

19.5　慢查询日志

慢查询日志用来记录执行时间超过指定时间的查询语句。通过慢查询日志，可以查找出哪些查询语句的执行效率很低，以便进行优化。本节将为读者介绍慢查询日志的内容。

19.5.1　启动和设置慢查询日志

默认情况下,慢查询日志功能是关闭的。通过 my.cnf 或者 my.ini 文件的 log-slow-queries 选项可以开启慢查询日志。通过 long_query_time 选项来设置时间值,时间以秒为单位。如果查询时间超过了这个时间值,这个查询语句将被记录到慢查询日志。将 log-slow-queries 选项和 long_query_time 选项加入到 my.cnf 或者 my.ini 文件的[mysqld]组中,形式如下:

```
# my.cnf（Linux 操作系统下）或者 my.ini（Windows 操作系统下）
[mysqld]
log-slow-queries [=DIR \ [filename] ]
long_query_time=n
```

其中,DIR 参数指定慢查询日志的存储路径;filename 参数指定日志的文件名,生成日志文件的完整名称为 filename-slow.log。如果不指定存储路径,慢查询日志将默认存储到 MySQL 数据库的数据文件夹下。如果不指定文件名,默认文件名为 hostname-slow.log,hostname 是 MySQL 服务器的主机名。n 参数是设定的时间值,该值的单位是秒。如果不设置 long_query_time 选项,默认时间为 10 秒。

19.5.2　查看慢查询日志

执行时间超过指定时间的查询语句会被记录到慢查询日志中。如果用户希望查询哪些查询语句的执行效率低,可以从慢查询日志中获得想要的信息。慢查询日志也是以文本文件的形式存储的。可以使用普通的文本文件查看工具来查看。

【示例 8】　下面是笔者 MySQL 服务器的慢查询日志的部分内容:

```
MySQL, Version: 5.1.40-community-log (MySQL Community Server (GPL)).started
with:
TCP Port: 3306, Named Pipe: /tmp/mysql.sock
Time                Id Command    Argument
# Time: 091122 17:30:46
# User@Host: root[root] @ localhost [127.0.0.1]
# Query_time: 0.000000  Lock_time: 0.000000 Rows_sent: 8  Rows_examined: 8
use test;
SET timestamp=1258882246;
SELECT * FROM score;
# Time: 091124 11:05:03
# User@Host: root[root] @ localhost [127.0.0.1]
# Query_time: 6.218750  Lock_time: 0.000000 Rows_sent: 1  Rows_examined: 0
SET timestamp=1259031903;
SELECT BENCHMARK(200000000,1*2);
```

BENCHMARK(count,expr)函数可以测试执行 count 次 expr 操作需要的时间。现在 long_query_time 的值设置为 5 秒,而执行 BENCHMARK(200000000,1*2)需要 6 秒多。因此,这个语句被记录到慢查询日志中。

19.5.3　删除慢查询日志

慢查询日志的删除方法与通用查询日志的删除方法是一样的,可以使用 mysqladmin

命令来删除，也可以使用手工方式来删除。mysqladmin 命令的语法如下：

```
mysqladmin -u root -p flush-logs
```

执行该命令后，命令行会提示输入密码。输入正确密码后，将执行删除操作。新的慢查询日志会直接覆盖旧的查询日志，不需要再手动删除了。数据库管理员也可以手工删除慢查询日志。删除之后需要重新启动 MySQL 服务，重启之后就会生成新的慢查询日志，如果希望备份旧的慢查询日志文件，可以将旧的日志文件改名，然后重启 MySQL 服务。

🔔注意：删除通用查询日志和慢查询日志都是使用这个命令，使用时一定要注意，一旦执行这个命令，通用查询日志和慢查询日志都只存在新的日志文件。如果希望备份旧的慢查询日志，必须先将旧的日志文件复制出来或者改名，然后再执行上面的 mysqladmin 命令。

19.6　本 章 实 例

本节将对二进制日志进行实际的操作。本节要求的操作如下：

（1）启动二进制日志功能，并且将二进制日志存储到 C:\目录下。二进制日志文件命名为 binlog。

（2）启动服务后，查看二进制日志。

（3）然后向 test 数据库下的 score 表中插入两条记录。

（4）暂停二进制日志功能，然后再删除 score 表中的所有记录。

（5）重新开启二进制日志功能。

（6）使用二进制日志来恢复 score 表。

（7）删除二进制日志。

本实例的执行步骤如下：

1. 启动并设置二进制日志功能

将 log-bin 选项加入到 my.cnf 或者 my.ini 配置文件中。在配置文件的[mysqld]组中加入下面的代码：

```
# my.cnf（Linux 操作系统下）或者 my.ini（Windows 操作系统下）
#添加到[mysqld]后
log-bin = C:\binlog
```

配置完成后，二进制文件将存储在 C:\目录下，而且第一个二进制文件的完整名称将是 binlog.000001。

2. 查看二进制日志文件

启动 MySQL 服务，在 C:\目录下可以找到 binlog.000001，然后可以使用 mysqlbinlog 命令来查看二进制日志。先切换到 C:\目录下，然后再执行 mysqlbinlog 命令，语句如下：

```
C:\mysql>cd C:\
```

```
C:\>mysqlbinlog binlog.000001
/*!40019 SET @@session.max_insert_delayed_threads=0*/;
/*!50003 SET @OLD_COMPLETION_TYPE=@@COMPLETION_TYPE,COMPLETION_TYPE=0*/;
DELIMITER /*!*/;
# at 4
#091122 21:46:42 server id 1  end_log_pos 106   Start: binlog v 4, server
v 5.1.40-community-log created 091122 21:46:42
 at startup
# Warning: this binlog is either in use or was not closed properly.
ROLLBACK/*!*/;
BINLOG '
wkAJSw8BAAAAZgAAAGoAAAABAAQANS4xLjQwLWNvbW11bml0eS1sb2cAAAAAAAAAAAAAAAAA
AAAAA
AAAAAAAAAAAAAAAAADCQAlLEzgNAAgAEgAEBAQEEgAAUwAEGggAAAAICAgC
'/*!*/;
DELIMITER ;
# End of log file
ROLLBACK /* added by mysqlbinlog */;
/*!50003 SET COMPLETION_TYPE=@OLD_COMPLETION_TYPE*/;
```

mysqlbinlog 命令默认在当面目录下查找 binlog.000001。因此，如果不切换到 binlog.000001 所在的目录，mysqlbinlog 命令将找不到 binlog.000001 文件。也可以使用下面的语句：

```
C:\mysql>mysqlbinlog C:\binlog.000001
```

mysqlbinlog 命令会根据后面的详细路径来查找 binlog.000001 文件。

3. 向test数据库中的score表中插入两条记录

先查询 score 表中的所有记录，查询结果如下：

```
mysql> SELECT * FROM score;
Empty set (0.08 sec)
```

结果显示，score 表中没有任何记录。然后插入两条记录，INSERT 语句执行如下：

```
mysql> INSERT INTO score VALUES(NULL,901, '计算机',98);
Query OK, 1 row affected (0.08 sec)
mysql> INSERT INTO score VALUES(NULL,901, '英语', 80);
Query OK, 1 row affected (0.00 sec)
```

然后查询 score 表，SELECT 语句执行结果如下：

```
mysql> SELECT * FROM score;
+------+--------+--------+--------+
| id   | stu_id | c_name | grade  |
+------+--------+--------+--------+
| 12   |   901  | 计算机 |   98   |
| 13   |   901  | 英语   |   80   |
+------+--------+--------+--------+
2 rows in set (0.00 sec)
```

这两条记录已经插入成功。执行 EXIT 退出 MySQL 数据库，然后使用 mysqlbinlog 语句来查看二进制日志文件，mysqlbinlog 命令如下：

```
C:\>mysqlbinlog binlog.000001
```

二进制日志文件中出现如下内容：

```
SET @@session.collation_database=DEFAULT/*!*/;
INSERT INTO score VALUES(NULL,901,'计算机',98)
/*!*/;
# at 244
#091122 21:57:27 server id 1  end_log_pos 272   Intvar
SET INSERT_ID=13/*!*/;
# at 272
#091122 21:57:27 server id 1  end_log_pos 381   Query   thread_id=1
exec_time=0     error_code=0
SET TIMESTAMP=1258898247/*!*/;
INSERT INTO score VALUES(NULL,901,'英语', 80)
/*!*/;
DELIMITER ;
```

这些内容记录了前面执行的两个 INSERT 语句。

4．暂停二进制日志功能

后面需要删除 score 表中的所有记录，而此时不希望这个删除语句被记录到二进制日志中。因此使用 SET 语句来暂停二进制日志功能，SET 语句的代码如下：

```
SET SQL_LOG_BIN=0 ;
```

将 SQL_LOG_BIN 参数设置为 0，那么二进制日志功能就会暂时停止。下面是 SET 语句、DELETE 语句和 SELECT 语句查询结果：

```
mysql> SET SQL_LOG_BIN=0;
Query OK, 0 rows affected (0.00 sec)
mysql> DELETE FROM score;
Query OK, 2 rows affected (0.00 sec)
mysql> SELECT * FROM score;
Empty set (0.00 sec)
```

执行完成后，score 表中已经不存在任何记录了。

5．重新开启二进制日志功能

可以使用 SET 语句来重新开启二进制日志功能，SET 语句如下：

```
SET SQL_LOG_BIN=1 ;
```

执行该语句之后，二进制日志功能将可以继续使用。

6．使用二进制日志来恢复score表

使用 EXIT 退出 MySQL 数据库，然后执行下面的语句：

```
mysqlbinlog binlog.000001 | mysql -u root -p
```

执行该语句之后，再次登录到 MySQL 数据库中。然后查询 score 表中的记录，查询结果如下：

```
mysql> SELECT * FROM score;
+----+--------+--------+-------+
| id | stu_id | c_name | grade |
+----+--------+--------+-------+
| 14 |    901 | 计算机 |    98 |
| 15 |    901 | 英语   |    80 |
+----+--------+--------+-------+
2 rows in set (0.00 sec)
```

这两条记录被还原回来。因为 id 字段是自动增加的，所以取值是在原来记录的基础上进行了自动增加。

7. 删除二进制日志

使用 RESET MASTER 语句可以删除二进制日志。该语句执行完成后，使用 mysqlbinlog 来查看二进制日志文件，结果如下：

```
C:\>mysqlbinlog binlog.000001
/*!40019 SET @@session.max_insert_delayed_threads=0*/;
/*!50003 SET @OLD_COMPLETION_TYPE=@@COMPLETION_TYPE,COMPLETION_TYPE=0*/;
DELIMITER /*!*/;
# at 4
#091122 22:18:30 server id 1  end_log_pos 106   Start: binlog v 4, server
v 5.1.40-community-log created 091122 22:18:30
 at startup
# Warning: this binlog is either in use or was not closed properly.
ROLLBACK/*!*/;
BINLOG '
NkgJSw8BAAAAZgAAAGoAAAABAAQANS4xLjQwLWNvbW11bml0eS1sb2cAAAAAAAAAAAAAAAA
AAAAA
AAAAAAAAAAAAAAAAA2SAlLEzgNAAgAEgAEBAQEEgAAUwAEGggAAAAICAgC
'/*!*/;
DELIMITER ;
# End of log file
ROLLBACK /* added by mysqlbinlog */;
/*!50003 SET COMPLETION_TYPE=@OLD_COMPLETION_TYPE*/;
```

这个文件中没有 INSERT 语句，这说明这个二进制日志文件是新创建的，而原来的 binlog.000001 已经被删除了。

19.9　本 章 小 结

本章介绍了日志的含义、作用和优缺点，然后介绍了二进制日志、错误日志、通用查询日志和慢查询日志的内容。本章的重点内容是二进制日志、错误日志和通用查询日志，因为这几种日志的使用频率比较高。二进制日志是本章的难点。二进制日志的查询方法与其他日志不同，需要读者特别注意。而且，二进制日志可以还原数据库。通过本章的学习，读者对 MySQL 日志会有深入的了解。下一章将为读者介绍 MySQL 数据库的性能优化。

第 20 章   性 能 优 化

性能优化是通过某些有效的方法提高 MySQL 数据库的性能。性能优化的目的是为了使 MySQL 数据库运行速度更快、占用的磁盘空间更小。性能优化包括很多方面，例如优化查询速度、优化更新速度、优化 MySQL 服务器等。

本章的主要知识点如下：
- ❑ 性能优化的介绍；
- ❑ 优化查询；
- ❑ 优化数据库结构；
- ❑ 优化 MySQL 服务器。

20.1   优 化 简 介

优化 MySQL 数据库是数据库管理员的必备技能，通过不同的优化方式达到提高 MySQL 数据库性能的目的。本节将为读者介绍优化的基本知识。

MySQL 数据库的用户和数据非常少的时候，很难判断一个 MySQL 数据库的性能的好坏。只有当长时间运行，并且有大量用户进行频繁操作时，MySQL 数据库的性能就会体现出来了。例如，一个每天有几万用户同时在线的大型网站的数据库性能的优劣就很明显。这么多用户在同时连接 MySQL 数据库，并且进行查询、插入、更新的操作。如果 MySQL 数据库的性能很差，很可能无法承受如此多用户同时操作。试想用户查询一条记录需要花费很长时间，用户很难会喜欢这个网站。

因此，为了提高 MySQL 数据库的性能，需要进行一系列的优化措施。如果 MySQL 数据库中需要进行大量的查询操作，那么就需要对查询语句进行优化。对于耗费时间的查询语句进行优化，可以提高整体的查询速度。如果连接 MySQL 数据库的用户很多，那么就需要对 MySQL 服务器进行优化。否则，大量的用户同时连接 MySQL 数据库，可能会造成数据库系统崩溃。

数据库管理员可以使用 SHOW STATUS 语句查询 MySQL 数据库的性能，语法形式如下：

```
SHOW STATUS LIKE 'value' ;
```

其中，value 参数是常用的几个统计参数，这些常用参数介绍如下：
- ❑ Connections：连接 MySQL 服务器的次数。
- ❑ Uptime：MySQL 服务器的上线时间。
- ❑ Slow_queries：慢查询的次数。

- ❏ Com_select：查询操作的次数。
- ❏ Com_insert：插入操作的次数。
- ❏ Com_update：更新操作的次数。
- ❏ Com_delete：删除操作的次数。

🔲 说明：MySQL 中存在查询 InnoDB 类型的表的一些参数。例如，Innodb_rows_read 参数表示 SELECT 语句查询的记录数；Innodb_rows_inserted 参数表示 INSERT 语句插入的记录数；Innodb_rows_updated 参数表示 UPDATE 语句更新的记录数；Innodb_rows_deleted 参数表示 DELETE 语句删除的记录数。

如果需要查询 MySQL 服务器的连接次数，可以执行下面的 SHOW STATUS 语句：

```
SHOW STATUS LIKE 'Connections' ;
```

通过这些参数可以分析 MySQL 数据库的性能。然后根据分析结果，进行相应的性能优化。

20.2　优化查询

查询是数据库中最频繁的操作，提高了查询速度可以有效地提高 MySQL 数据库的性能。本节将为读者介绍优化查询的方法。

20.2.1　分析查询语句

通过对查询语句的分析，可以了解查询语句的执行情况。MySQL 中，可以使用 EXPLAIN 语句和 DESCRIBE 语句来分析查询语句。本小节将为读者介绍这两种分析查询语句的方法。

EXPLAIN 语句的基本语法如下：

```
EXPLAIN SELECT 语句 ;
```

通过 EXPLAIN 关键字可以分析后面的 SELECT 语句的执行情况，并且能够分析出所查询的表的一些内容。

【示例 1】　下面使用 EXPLAIN 语句来分析一个查询语句，代码执行如下：

```
mysql> EXPLAIN SELECT * FROM student \G
*************************** 1. row ***************************
           id: 1
  select_type: SIMPLE
        table: student
         type: ALL
possible_keys: NULL
          key: NULL
      key_len: NULL
          ref: NULL
         rows: 6
        Extra:
1 row in set (0.01 sec)
```

查询结果显示了 id、select_type、table、type、possible_keys、key 等信息，下面分别进行解释：

- ❑ id：表示 SELECT 语句的编号。
- ❑ select_type：表示 SELECT 语句的类型。该参数有几个常用的取值：SIMPLE 表示简单查询，其中不包括连接查询和子查询；PRIMARY 表示主查询，或者是最外层的查询语句；UNION 表示连接查询的第二个或后面的查询语句。
- ❑ table：表示查询的表。
- ❑ type：表示表的连接类型。该参数有几个常用的取值：system 表示表中只有一条记录；const 表示表中有多条记录，但只从表中查询一条记录；ALL 表示对表进行了完整的扫描；eq_ref 表示多表连接时，后面的表使用了 UNIQUE 或者 PRIMARY KEY；ref 表示多表查询时，后面的表使用了普通索引；unique_subquery 表示子查询中使用了 UNIQUE 或者 PRIMARY KEY；index_subquery 表示子查询中使用了普通索引；range 表示查询语句中给出了查询范围；index 表示对表中的索引进行了完整的扫描。
- ❑ possible_keys：表示查询中可能使用的索引。
- ❑ key：表示查询使用到的索引。
- ❑ key_len：表示索引字段的长度。
- ❑ ref：表示使用哪个列或常数与索引一起来查询记录。
- ❑ rows：表示查询的行数。
- ❑ Extra：查询过程的附件信息。

DESCRIBE 语句的使用方法与 EXPLAIN 语句是一样的，这两者的分析结果也是一样的。DESCRIBE 语句的语法形式如下：

```
DESCRIBE SELECT 语句 ;
```

DESCRIBE 可以缩写成 DESC。

20.2.2　索引对查询速度的影响

索引可以快速地定位表中的某条记录。使用索引可以提高数据库查询的速度，从而提高数据库的性能。本小节将为读者介绍索引对查询速度的影响。

如果查询时不使用索引，查询语句将查询表中的所有字段，这样查询的速度会很慢。如果使用索引进行查询，查询语句只查询索引字段。这样可以减少查询的记录数，达到提高查询速度的目的。

【示例 2】 下面是查询语句中不使用索引和使用索引的对比。现在分析未使用索引时的查询情况，EXPLAIN 语句执行如下：

```
mysql> EXPLAIN SELECT * FROM student WHERE name='张三'\G
*********************** 1. row ***********************
          id: 1
 select_type: SIMPLE
       table: student
        type: ALL
possible_keys: NULL
```

```
          key: NULL
      key_len: NULL
          ref: NULL
         rows: 6
        Extra: Using where
1 row in set (0.00 sec)
```

结果显示，rows 参数的值为 6。这说明这个查询语句查询了 6 条记录。现在在 name 字段上建立一个名为 index_name 的索引，CREATE 语句执行如下：

```
mysql> CREATE INDEX index_name ON student(name);
Query OK, 6 rows affected (0.09 sec)
Records: 6  Duplicates: 0  Warnings: 0
```

现在，name 字段上已经有索引了。然后再分析查询语句的执行情况，EXPLAIN 语句执行如下：

```
mysql> EXPLAIN SELECT * FROM student WHERE name='张三'\G
*************************** 1. row ***************************
           id: 1
  select_type: SIMPLE
        table: student
         type: ref
possible_keys: index_name
          key: index_name
      key_len: 22
          ref: const
         rows: 1
        Extra: Using where
1 row in set (0.01 sec)
```

结果显示，rows 参数的值为 1。这表示这个查询语句只查询了 1 条记录，其查询速度自然比查询 6 条记录快。而且 possible_keys 和 key 的值都是 index_name，这说明查询时使用了 index_name 这个索引。

20.2.3　使用索引查询

索引可以提高查询的速度。但是有些时候即使查询时使用的是索引，但索引并没有起作用。本小节将向读者介绍索引的使用。

1. 查询语句中使用LIKE关键字

查询语句中使用 LIKE 关键字进行查询时，如果匹配字符串的第一个字符是 "%" 时，索引不会被使用；如果 "%" 不是在第一个位置，索引就会被使用。

【示例3】 下面查询语句中使用 LIKE 关键字，并且匹配的字符串中含有 "%" 符号。EXPLAIN 语句执行如下：

```
mysql> EXPLAIN SELECT * FROM student WHERE name LIKE '%四' \G
*************************** 1. row ***************************
           id: 1
  select_type: SIMPLE
        table: student
         type: ALL
possible_keys: NULL
```

```
           key: NULL
       key_len: NULL
           ref: NULL
          rows: 6
         Extra: Using where
1 row in set (0.00 sec)

mysql> EXPLAIN SELECT * FROM student WHERE name LIKE '李%' \G
*************************** 1. row ***************************
            id: 1
   select_type: SIMPLE
         table: student
          type: range
possible_keys: index_name
           key: index_name
       key_len: 22
           ref: NULL
          rows: 1
         Extra: Using where
1 row in set (0.00 sec)
```

第一个查询语句执行后，rows 参数的值为 6，表示这次查询过程中查询了 6 条记录。第二个查询语句执行后，rows 参数的值为 1，表示这次查询过程只查询 1 条记录。同样是使用 name 字段进行查询，第一个查询语句没有使用索引，而第二个查询语句使用了索引 index_name。因为第一个查询语句的 LIKE 关键字后的字符串以"%"开头。

2．查询语句中使用多列索引

多列索引是在表的多个字段上创建一个索引。只有查询条件中的使用了这些字段中的第一个字段时，索引才会被使用。

【示例 4】　下面在 birth 和 department 两个字段上创建多列索引，然后验证多列索引的使用情况。

```
mysql> CREATE INDEX index_birth_department ON student(birth,department);
Query OK, 6 rows affected (0.01 sec)
Records: 6  Duplicates: 0  Warnings: 0

mysql> EXPLAIN SELECT * FROM student WHERE birth=1991 \G
*************************** 1. row ***************************
            id: 1
   select_type: SIMPLE
         table: student
          type: ref
possible_keys: index_birth_department
           key: index_birth_department
       key_len: 2
           ref: const
          rows: 1
         Extra: Using where
1 row in set (0.00 sec)

mysql> EXPLAIN SELECT * FROM student WHERE department='英语系' \G
*************************** 1. row ***************************
            id: 1
   select_type: SIMPLE
         table: student
          type: ALL
```

```
    possible_keys: NULL
              key: NULL
          key_len: NULL
              ref: NULL
             rows: 6
            Extra: Using where
1 row in set (0.00 sec)
```

在 birth 字段和 department 字段上创建一个多列索引。第一个查询语句的查询条件使用了 birth 字段，分析结果显示 rows 参数的值为 1，而且显示查询过程中使用了 index_birth_department 索引。第二个查询语句的查询条件使用了 department 字段，结果显示 rows 参数的值为 6，而且 key 参数的值为 NULL，这说明第二个查询语句没有使用索引。因为 name 字段是多列索引的第一个字段，只有查询条件中使用了 name 字段才会使 index_name_department 索引起作用。

3. 查询语句中使用OR关键字

查询语句只有 OR 关键字时，如果 OR 前后的两个条件的列都是索引时，查询中将使用索引，如果 OR 前后有一个条件的列不是索引，那么查询中将不使用索引。

【示例 5】　下面演示 OR 关键字的使用。

```
mysql> EXPLAIN SELECT * FROM student WHERE name='张三' or sex='女' \G
*************************** 1. row ***************************
               id: 1
      select_type: SIMPLE
            table: student
             type: ALL
    possible_keys: index_name
              key: NULL
          key_len: NULL
              ref: NULL
             rows: 6
            Extra: Using where
1 row in set (0.00 sec)

mysql> EXPLAIN SELECT * FROM student WHERE name='张三' or id=3 \G
*************************** 1. row ***************************
               id: 1
      select_type: SIMPLE
            table: student
             type: index_merge
    possible_keys: PRIMARY,id,index_name
              key: index_name,PRIMARY
          key_len: 22,4
              ref: NULL
             rows: 2
            Extra: Using union(index_name,PRIMARY); Using where
1 row in set (0.00 sec)
```

第一个查询语句没有使用索引，因为 sex 字段上没有索引。第二个查询语句使用了 index_name 和 PRIMARY 这两个索引，因为 name 字段和 id 字段上都有索引。

🔔说明：使用索引查询记录时，一定要注意索引的使用情况。例如，LIKE 关键字配置的字符串不能以 "%" 开头；使用多列索引时，查询条件必须要使用这个索引的第一个字段；使用 OR 关键字时，OR 关键字连接的所有条件都必须使用索引。

20.2.4　优化子查询

很多查询中需要使用子查询。子查询可以使查询语句很灵活，但子查询的执行效率不高。子查询时，MySQL 需要为内层查询语句的查询结果建立一个临时表，然后外层查询语句在临时表中查询记录。查询完毕后，MySQL 需要撤销这些临时表。因此，子查询的速度会受到一定的影响。如果查询的数据量比较大，这种影响就会随之增大。在 MySQL 中可以使用连接查询来替代子查询。连接查询不需要建立临时表，其速度比子查询要快。

20.3　优化数据库结构

数据库结构是否合理，需要考虑是否存在冗余、对表的查询和更新的速度、表中字段的数据类型是否合理等多方面的内容。本节将为读者介绍优化数据库结构的方法。

20.3.1　将字段很多的表分解成多个表

有些表在设计时设置了很多的字段，这个表中有些字段的使用频率很低。当这个表的数据量很大时，查询数据的速度就会很慢。本小节将为读者介绍优化这种表的方法。

对于这种字段特别多且有些字段的使用频率很低的表，可以将其分解成多个表。

【示例 6】　下面的学生表中有很多字段，其中有个 extra 字段存储着学生的备注信息。有些备注信息的内容特别多。但是，备注信息很少使用。这样就可以分解出另外一个表，将这个取名叫 student_extra。表中存储两个字段，分别为 id 和 extra。其中，id 字段为学生的学号，extra 字段存储备注信息。student_extra 表的结构如下：

```
mysql> DESC student_extra ;
+-------+--------+------+-----+---------+-------+
| Field | Type   | Null | Key | Default | Extra |
+-------+--------+------+-----+---------+-------+
| id    | int(11)| NO   | PRI | NULL    |       |
| extra | text   | YES  |     | NULL    |       |
+-------+--------+------+-----+---------+-------+
2 rows in set (0.00 sec)
```

如果需要查询某个学生的备注信息，可以用学号（id）来查询。如果需要将学生的学籍信息与备注信息同时显示时，可以将 student 表和 student_extra 表进行联表查询，查询语句如下：

```
SELECT * FROM student, student_extra WHERE student.id=student_extra.id ;
```

通过这种分解，可以提高 student 表的查询效率。因此，遇到这种字段很多，而且有些字段使用不频繁的，可以通过这种分解的方式来优化数据库的性能。

20.3.2　增加中间表

有时候需要经常查询某两个表中的几个字段。如果经常进行联表查询，会降低 MySQL

数据库的查询速度。对于这种情况，可以建立中间表来提高查询速度。本小节将为读者介绍增加中间表的方法。

先分析经常需要同时查询哪几个表中的哪些字段，然后将这些字段建立一个中间表，并从原来那几个表将数据插入到中间表中。之后就可以使用中间表来进行查询和统计了。

【示例 7】 下面有个学生表 student 和分数表 score，这两个表的结构如下：

```
mysql> DESC student;
+------------+------------+------+-----+---------+-------+
| Field      | Type       | Null | Key | Default | Extra |
+------------+------------+------+-----+---------+-------+
| id         | int(10)    | NO   | PRI | NULL    |       |
| name       | varchar(20)| NO   | MUL | NULL    |       |
| sex        | varchar(4) | YES  |     | NULL    |       |
| birth      | year(4)    | YES  | MUL | NULL    |       |
| department | varchar(20)| YES  |     | NULL    |       |
| address    | varchar(50)| YES  |     | NULL    |       |
+------------+------------+------+-----+---------+-------+
6 rows in set (0.03 sec)

mysql> DESC score;
+--------+------------+------+-----+---------+----------------+
| Field  | Type       | Null | Key | Default | Extra          |
+--------+------------+------+-----+---------+----------------+
| id     | int(10)    | NO   | PRI | NULL    | auto_increment |
| stu_id | int(10)    | NO   | MUL | NULL    |                |
| c_name | varchar(20)|      | YES |         | NULL           |
| grade  | int(10)    | YES  |     | NULL    |                |
+--------+------------+------+-----+---------+----------------+
4 rows in set (0.03 sec)
```

实际中经常要查学生的学号、姓名和成绩。根据这种情况可以创建一个 temp_score 表。temp_score 表中存储 3 个字段，分别是 id、name、grade。CREATE 语句执行如下：

```
mysql> CREATE TABLE temp_score(id INT NOT NULL,
    -> name VARCHAR(20) NOT NULL,
    -> grade FLOAT
    -> );
Query OK, 0 rows affected (0.00 sec)
```

然后从 student 表和 score 表中将记录导入到 temp_score 表中。INSERT 语句如下：

```
INSERT INTO temp_score SELECT student.id, student.name, score.grade
FROM student, score WHERE student.id=score.stu_id ;
```

将这些数据插入到 temp_score 表中以后，可以直接从 temp_score 表中查询学生的学号、姓名和成绩。这样就省去了每次查询时进行表连接，从而可以提高数据库的查询速度。

20.3.3 增加冗余字段

设计数据库表的时候尽量达到第三范式要求。但是，有时候为了提高查询速度，可以有意识地在表中增加冗余字段。本小节将为读者介绍通过增加冗余字段来提高查询速度的方法。

表的规范化程度越高，表与表之间的关系就越多。查询时可能经常需要多个表之间进行连接查询，而进行连接操作会降低查询速度。例如，学生的信息存储在 student 表中，院系信息存储在 department 表中，通过 student 表中的 dept_id 字段与 department 表建立关联关系。如果要查询一个学生所在系的名称，必须从 student 表中查找学生所在院系的编号（dept_id），然后根据这个编号去 department 查找系的名称。如果经常需要进行这个操作时，连接查询会浪费很多的时间。因此可以在 student 表中增加一个冗余字段 dept_name，该字段用来存储学生所在院系的名称。这样就不用每次都进行连接操作了。

☐技巧：分解表、增加中间表和增加冗余字段都浪费了一定的磁盘空间。从数据库性能来看，增加少量的冗余来提高数据库的查询速度是可以接受的。是否通过增加冗余来提高数据库性能，这要根据 MySQL 服务器的具体要求来定。如果磁盘空间很大，可以考虑牺牲一点磁盘空间。

20.3.4　优化插入记录的速度

插入记录时，索引、唯一性校验都会影响到插入记录的速度。而且，一次插入多条记录和多次插入记录所耗费的时间是不一样的。根据这些情况，分别进行不同的优化。本小节将为读者介绍优化插入记录的速度的方法。

1．禁用索引

插入记录时，MySQL 会根据表的索引对插入的记录进行排序。如果插入大量数据时，这些排序会降低插入记录的速度。为了解决这种情况，在插入记录之前先禁用索引。等到记录都插入完毕后再开启索引。禁用索引的语句如下：

```
ALTER TABLE 表名 DISABLE KEYS ;
```

重新开启索引的语句如下：

```
ALTER TABLE 表名 ENABLE KEYS ;
```

对于新创建的表，可以先不创建索引，等到记录都导入以后再创建索引。这样可以提高导入数据的速度。

2．禁用唯一性检查

插入数据时，MySQL 会对插入的记录进行唯一性校验，这种校验也会降低插入记录的速度。可以在插入记录之前禁用唯一性检查。等到记录插入完毕后再开启。禁用唯一性检查的语句如下：

```
SET UNIQUE_CHECKS=0;
```

重新开启唯一性检查的语句如下：

```
SET UNIQUE_CHECKS=1;
```

3．优化INSERT语句

插入多条记录时，可以采取两种写 INSERT 语句的方式。第一种是一个 INSERT 语句插入多条记录。INSERT 语句的情形如下：

```
INSERT  INTO  food  VALUES
      (NULL,'EE 果冻','EE 果冻厂', 1.5 ,'2007', 2 ,'北京') ,
      (NULL,'FF 咖啡','FF 咖啡厂', 20 ,'2002', 5 ,'天津') ,
      (NULL,'GG 奶糖','GG 奶糖', 14 ,'2003', 3 ,'广东') ;
```

第二种是一个 INSERT 语句只插入一条记录，执行多个 INSERT 语句来插入多条记录。INSERT 语句的情形如下：

```
INSERT INTO food VALUES (NULL,'EE 果冻','EE 果冻厂', 1.5 ,'2007', 2 ,'北京');
INSERT INTO food VALUES (NULL,'FF 咖啡','FF 咖啡厂', 20 ,'2002', 5 ,'天津');
INSERT INTO food VALUES (NULL,'GG 奶糖','GG 奶糖', 14 ,'2003', 3 ,'广东');
```

第一种方式减少了与数据库之间的连接等操作，其速度比第二种方式要快。

△技巧：当插入大量数据时，建议使用一个 INSERT 语句插入多条记录的方式。而且，如果能用 LOAD DATA INFILE 语句，就尽量用 LOAD DATA INFILE 语句。因为 LOAD DATA INFILE 语句导入数据的速度比 INSERT 语句的速度快。

20.3.5　分析表、检查表和优化表

分析表主要作用是分析关键字的分布；检查表主要作用是检查表是否存在错误；优化表主要作用是消除删除或者更新造成的空间浪费。本小节将为读者介绍分析表、检查表和优化表的方法。

1. 分析表

MySQL 中使用 ANALYZE TABLE 语句来分析表，该语句的基本语法如下：

```
ANALYZE TABLE 表名 1 [,表名 2...] ;
```

使用 ANALYZE TABLE 分析表的过程中，数据库系统会对表加一个只读锁。在分析期间，只能读取表中的记录，不能更新和插入记录。ANALYZE TABLE 语句能够分析 InnoDB 和 MyISAM 类型的表。

【示例 8】下面使用 ANALYZE TABLE 语句分析 score 表，分析结果如下：

```
mysql> ANALYZE TABLE score;
+------------+---------+----------+----------+
| Table      | Op      | Msg_type | Msg_text |
+------------+---------+----------+----------+
| test.score | analyze | status   | OK       |
+------------+---------+----------+----------+
1 row in set (0.05 sec)
```

上面结果显示了 4 列信息，这 4 列信息的含义如下：

❑ Table：表示表的名称。

❑ Op：表示执行的操作。analyze 表示进行分析操作；check 表示进行检查查找；optimize 表示进行优化操作。

❑ Msg_type：表示信息类型，其显示的值通常是状态、警告、错误和信息这四者之一。

❑ Msg_text：显示信息。

检查表和优化表之后也会出现这 4 列信息。

2．检查表

MySQL 中使用 CHECK TABLE 语句来检查表。CHECK TABLE 语句能够检查 InnoDB 和 MyISAM 类型的表是否存在错误。而且，该语句还可以检查视图是否存在错误。该语句的基本语法如下：

```
CHECK TABLE 表名1 [,表名2…] [option] ;
```

其中，option 参数有 5 个参数，分别是 QUICK、FAST、CHANGED、MEDIUM 和 EXTENDED。这 5 个参数的执行效率依次降低。option 选项只对 MyISAM 类型的表有效，对 InnoDB 类型的表无效。CHECK TABLE 语句在执行过程中也会给表加上只读锁。

3．优化表

MySQL 中使用 OPTIMIZE TABLE 语句来优化表。该语句对 InnoDB 和 MyISAM 类型的表都有效。但是，OPTILMIZE TABLE 语句只能优化表中的 VARCHAR、BLOB 或 TEXT 类型的字段。OPTILMIZE TABLE 语句的基本语法如下：

```
OPTILMIZE TABLE 表名1 [,表名2…] ;
```

通过 OPTIMIZE TABLE 语句可以消除删除和更新造成的磁盘碎片，从而减少空间的浪费。OPTIMIZE TABLE 语句在执行过程中也会给表加上只读锁。

说明：如果一个表使用了 TEXT 或者 BLOB 这样的数据类型，那么更新、删除等操作就会造成磁盘空间的浪费。因为，更新和删除操作后，以前分配的磁盘空间不会自动收回。使用 OPTIMIZE TABLE 语句就可以将这些磁盘碎片整理出来，以便以后再利用。

20.4 优化 MySQL 服务器

优化 MySQL 服务器可以从两个方面来理解：一个是从硬件方面来进行优化，另一个是从 MySQL 服务的参数进行优化。通过这些优化方式，可以提供 MySQL 的运行速度。但是这部分的内容很难理解，一般只有专业的数据库管理员才能进行这一类的优化。本节将为读者介绍优化 MySQL 服务器的方法。

20.4.1 优化服务器硬件

服务器的硬件性能直接决定着 MySQL 数据库的性能。例如，增加内存和提高硬盘的读写速度，这能够提高 MySQL 数据库的查询、更新的速度。本小节将为读者介绍优化服务器硬件的方法。

随着硬件技术的成熟，硬件的价格也随之降低。现在普通的个人电脑都已经配置了 2G 内存，甚至一些个人电脑配置 4G 内存。因为内存的读写速度比硬盘的读写速度快，可以在内存中为 MySQL 设置更多的缓冲区，这样可以提高 MySQL 访问的速度。如果将查询频率很高的记录存储在内存中，那么查询速度就会很快。

如果条件允许，可以将内存提高到 4G，并且选择 my-innodb-heavy-4G.ini 作为 MySQL 数据库的配置文件。但是，这个配置文件主要支持 InnoDB 存储引擎的表。如果使用 2G 内存，可以选择 my-huge.ini 作为配置文件。而且，MySQL 所在的计算机最好是专用数据库服务器。这样数据库可以完全利用该机器的资源。

> 说明：服务器类型分为 Developer Machine、Server Machine 和 Dedicate MySQL Server Machine。其中 Developer Machine 用来做软件开发的时候使用，数据库占用的资源比较少。后面两者占用的资源比较多，尤其是 Dedicate MySQL Server Machine，其几乎要占用所有的资源。

另一种提高 MySQL 性能的方式是使用多块磁盘来存储数据。因为可以从多个磁盘上并行读取数据，这样可以提高读取数据的速度。通过镜像机制可以将不同计算机上的 MySQL 服务器进行同步，这些 MySQL 服务器中的数据都是一样的，通过不同的 MySQL 服务器来提供数据库服务。这样可以降低单个 MySQL 服务器的压力，从而提高 MySQL 的性能。

20.4.2　优化 MySQL 的参数

内存中会为 MySQL 保留部分的缓存区，这些缓存区可以提高 MySQL 数据库的处理速度。缓存区的大小都是在 MySQL 的配置文件中进行设置的。本小节将为读者介绍这些配置参数。

MySQL 中比较重要的配置参数都在 my.cnf 或者 my.ini 文件的[mysqld]组中。下面对几个很重要的参数进行详细的介绍：

- ❑ key_buffer_size：表示索引缓存的大小。这个值越大，使用索引进行查询的速度越快。
- ❑ table_cache：表示同时打开的表的个数。这个值越大，能够同时打开的表的个数越多。这个值不是越大越好，因为同时打开的表太多会影响操作系统的性能。
- ❑ query_cache_size：表示查询缓存区的大小。使用查询缓存区可以提高查询的速度。这种方式只适用于修改操作少且经常执行相同的查询操作的情况。其默认值是 0，当取值为 2 时，只有 SELECT 语句中使用了 SQL_CACHE 关键字，查询缓存区才会使用。例如，"SELECT SQL_CACHE * FROM score"。
- ❑ query_cache_type：表示查询缓存区的开启状态。其取值为 0 时表示关闭，取值为 1 时表示开启，取值为 2 时表示按要求使用查询缓存区。
- ❑ max_connections：表示数据库的最大连接数。这个连接数不是越大越好，因为这些连接会浪费内存的资源。
- ❑ sort_buffer_size ：表示排序缓存区的大小。这个值越大，进行排序的速度越快。

- read_buffer_size ：表示为每个线程保留的缓存区的大小。当线程需要从表中连续读取记录时需要用到这个缓存区。SET SESSION read_buffer_size=n 可以临时设置该参数的值。
- read_rnd_buffer_size ：表示为每个线程保留的缓存区的大小，与 read_buffer_size 相似。但主要用于存储按特定顺序读取出来的记录。也可以用 SET SESSION read_rnd_buffer_size=n 来临时设置该参数的值。
- innodb_buffer_pool_size：表示 InnoDB 类型的表和索引的最大缓存。这个值越大，查询的速度就会越快。但是这个值太大了会影响操作系统的性能。
- innodb_flush_log_at_trx_commit：表示何时将缓存区的数据写入日志文件，并且将日志文件写入磁盘中。该参数有 3 个值，分别是 0、1 和 2。值为 0 时表示每隔一秒将数据写入日志文件并将日志文件写入磁盘；值为 1 时表示每次提交事务时将数据写入日志文件并将日志文件写入磁盘；值为 2 时表示每次提交事务时将数据写入日志文件，每隔一秒将日志文件写入磁盘。该参数的默认值是 1，这个默认值是最安全最合理的。

合理地配置这些参数可以提高 MySQL 服务器的性能。除上述参数以外，还有 innodb_log_buffer_size、innodb_log_file_size 等参数。配置完参数以后，需要重新启动 MySQL 服务才会生效。

20.5 本章实例

本节将对 MySQL 进行优化操作。本节要求的操作如下：
（1）查看 InnoDB 表的查询的记录数和更新的记录数。
（2）分析查询语句的性能，SELECT 语句如下：

```
SELECT * FROM score WHERE stu_id=902 ;
```

（3）分析 score 表。
本实例的执行步骤如下：

1. 查看InnoDB表的查询次数和更新次数

Innodb_rows_read 参数表示 InnoDB 表查询的记录数，InnoDB_rows_updated 参数表示 InnoDB 表更新的记录数。使用 SHOW STATUS 语句来查询这两个参数的值，语句执行如下：

```
mysql> SHOW STATUS LIKE 'Innodb_rows_read'\G
*********************** 1. row ***********************
Variable_name: Innodb_rows_read
      Value: 5
1 row in set (0.13 sec)

mysql> SHOW STATUS LIKE 'Innodb_rows_updated'\G
*********************** 1. row ***********************
Variable_name: Innodb_rows_updated
      Value: 7
1 row in set (0.00 sec)
```

2．分析查询语句的性能

MySQL 中，使用 EXPLAIN 语句来分析查询语句的性能。下面是分析中给出的 SELECT 语句的性能：

```
mysql> EXPLAIN SELECT * FROM score WHERE stu_id=902 \G
*************************** 1. row ***************************
           id: 1
  select_type: SIMPLE
        table: score
         type: ref
possible_keys: index_stu_id
          key: index_stu_id
      key_len: 4
          ref: const
         rows: 2
        Extra:
1 row in set (0.00 sec)
```

结果显示，查询类型为 SIMPLE，说明这是一个简单查询。type 值为 ref，表示查询时使用了普通索引。查询时使用的索引是 index_stu_id。rows 的值为 2，表示查询结果有两条记录。

3．分析score表

MySQL 中使用 ANALYZE TABLE 语句来分析 score 表，ANALYZE TABLE 语句执行如下：

```
mysql> ANALYZE TABLE score;
+------------+---------+----------+----------+
| Table      | Op      | Msg_type | Msg_text |
+------------+---------+----------+----------+
| test.score | analyze | status   | OK       |
+------------+---------+----------+----------+
1 row in set (0.02 sec)
```

分析结果显示，score 表的状态正常。

20.8　本　章　小　结

本章介绍了数据库优化的含义和查看数据库性能参数的方法。然后，介绍了优化查询的方法、优化数据库结构的方法和优化 MySQL 服务器的方法。优化查询的方法和优化数据库结构的方法是本章的重点内容，优化查询部分主要介绍了索引对查询速度的影响，优化数据库结构部分主要介绍了如何对表进行优化。本章的难点是优化 MySQL 服务器，因为这部分涉及很多 MySQL 配置文件和配置文件中的参数。

附录 A MySQL 常用命令

1．MySQL服务的启动和停止

【格式】

```
Service mySQL stant
Service mySQL stop
```

2．登录MySQL

【格式】

```
MySQL -u 用户名 -p 用户密码
```

输入命令 MySQL -uroot -p，按回车键后提示用户输入密码，输入 12345，然后按回车键即可进入到 MySQL 中了，MySQL 的提示符是：

```
MySQL>
```

🔔注意：如果是连接到另外的机器上，则需要加入一个参数：-h 机器 IP。

3．增加新用户

【格式】

```
grant 权限 on 数据库.* to 用户名@登录主机 identified by "密码"
```

如增加一个用户 user1，密码为 password1，让其可以在本机上登录，并对所有数据库有查询、插入、修改、删除的权限。首先可以 root 用户连入 MySQL，然后输入以下命令：

```
grant select,insert,update,delete on *.* to user1@localhost Identified by
"password1";
```

如果希望该用户能够在任何机器上登陆 MySQL，则将 localhost 改为"%"。如果不想 user1 有密码，可以再输入一个命令将密码去掉：

```
grant select,insert,update,delete on mydb.* to user1@localhost identified
by "";
```

4．显示数据库列表

【格式】

```
show databases;
```

默认有两个数据库：MySQL 和 test。 MySQL 库存放着 MySQL 的系统和用户权限信息，要改密码和新增用户，实际上就是对这个库进行操作。

5. 显示库中的数据表

【格式】

```
use MySQL;        --打开数据库
show tables;      --显示表
```

6. 显示数据表的结构

【格式】

```
describe 表名;
```

7. 建库与删库

【格式】

```
create database 库名;
drop database 库名;
```

8. 建表

【格式】

```
use 库名;
create table 表名(字段列表);
drop table 表名;
```

9. 清空表中记录

【格式】

```
delete from 表名;
```

10. 显示表中的记录

【格式】

```
select * from 表名;
```

11. 导出数据

【格式】

```
MySQLdump --opt test > MySQL.test
```

上述代码将数据库 test 数据库导出到 MySQL.test 文件，后者是一个文本文件。

【示例】

```
MySQLdump -u root -p123456 --databases dbname > MySQL.dbname
```

就是把数据库 dbname 导出到文件 MySQL.dbname 中。

12. 导入数据

【格式】

```
MySQLimport -u root -p123456 < MySQL.dbname.
```

13．将文本数据导入数据库

文本数据的字段数据之间用 tab 键隔开。

【格式】

```
use test;
load data local infile "文件名" into table 表名;
```

14．使用SHOW语句找出在服务器上当前存在什么数据库

【格式】

```
MySQL> SHOW DATABASES;
```

15．创建一个数据库MySQLDATA

【格式】

```
MySQL> CREATE DATABASE MySQLDATA;
```

16．选择你所创建的数据库

【格式】

```
MySQL> USE MySQLDATA;
```

按回车键出现 Database changed 时说明操作成功!

17．创建一个数据库表

【格式】

```
MySQL> CREATE TABLE MYTABLE (name VARCHAR(20),sex CHAR(1));
```

18．往表中加入记录

【格式】

```
MySQL> insert into MYTABLE values ("zjx","F");
```

19．用文本方式将数据装入数据库表中

假设文本文件是 C:\MySQL.txt

【格式】

```
MySQL> LOAD DATA LOCAL INFILE "C:\MySQL.txt" INTO TABLE MYTABLE;
```

20．导入.sql文件命令(例如D:\MySQL.sql)

【格式】

```
MySQL>use database;
MySQL>source d:/MySQL.sql;
```

21．删除表

【格式】

```
MySQL>drop TABLE MYTABLE;
```

22．更新表中数据

【格式】

```
MySQL>update MYTABLE set sex="f" where name='hyq';
```

23．备份数据库

【格式】

```
MySQLdump -u root 库名>xxx.data
```

24．连接到远程主机上的MySQL

假设远程主机的 IP 为：192.128.0.125，用户名为 root，密码为 123456。则输入以下命令：

【格式】

```
MySQL -h192.128.0.125 -uroot -p123456
```

注意：u 与 root 可以不用加空格，其他也一样。

25．退出MySQL命令

【格式】

```
exit（回车键）
```